大学计算机基础教程：
Win10＋Office2016

康辉英　　王妞　　王帆　主编

哈尔滨工业大学出版社

图书在版编目(CIP)数据

大学计算机基础教程：Win10＋Office2016 / 康辉英,王妞,

王帆主编.—哈尔滨：哈尔滨工业大学出版社,2021.8

ISBN 978-7-5603-9621-7

Ⅰ.①大… Ⅱ.①康… ②王… ③王… Ⅲ.①Windows 操作系统－高等学校－教材
②办公自动化－应用软件－高等学校－教材 Ⅳ.①TP316.7 ②TP317.1

中国版本图书馆 CIP 数据核字(2021)第 149294 号

大学计算机基础教程:Win10＋Office2016

DAXUE JISUANJI JICHU JIAOCHENG:Win10＋Office2016

策划编编	张凤涛
责任编辑	周一瞳　周轩毅
装帧设计	博利图书
出版发行	哈尔滨工业大学出版社
社　　址	哈尔滨市南岗区复华四道街 10 号　邮箱 150006
传　　真	0451－86414749
网　　址	http://hitpress.hit.edu.cn
印　　刷	济南圣德宝印业有限公司
开　　本	787mm×1092mm　1/16　印张 16.5　字数 430 千字
版　　次	2021 年 8 月第 1 版　2021 年 8 月第 1 次印刷
书　　号	ISBN 978-7-5603-9621-7
定　　价	50.00 元

(如因印装质量问题影响阅读,我社负责调换)

前　　言

在信息时代,随着计算机科学与技术的飞速发展和广泛应用,计算机已经渗透到科学技术的各个领域,渗透到人们的工作、学习和生活之中。如何将计算机教学建立在现代教育思想、现代教育技术、现代科学发展水平的基础之上,培养出 21 世纪社会需要的人才,是现阶段面临的重要课题。同时,新世纪的大学生,尽快了解、掌握计算机及其信息技术的基础知识,迅速熟悉、学会应用计算机及计算机网络的基本技能,更是首要任务之一。

本书根据普通高等院校计算机基础教学的特点,结合当前计算机的最新发展及计算机基础课程的要求,由长期工作在一线的教师结合多年的教学经验组织编写而成。

本书由 8 章组成,分别为信息技术与计算机系统基础知识、微型计算机系统、Windows 10 操作系统、Word 2016 文字处理软件、Excel 2016 电子表格软件、PowerPoint 2016 演示文稿软件、Office 2016 综合应用、计算机网络与因特网初步知识及应用。

本书具有如下特点:

1.内容丰富实用,叙述简练清晰、通俗易懂、实例与知识点结合恰当,习题安排合理。

2.内容较先进,本书注重将信息技术、计算机技术最新成果和最新技术适当纳入教材之中,保持教材内容的先进性。

3.图文并茂,在讲解知识点的过程中配有丰富的图解说明,有很强的使用性和可操作性。

4.本书的内容既符合高端学校各专业计算机基础课程的教学要求,同时又兼顾全国计算机等级考试大纲的要求。

本书由河北地质大学华信学院康辉英、王妞、王帆担任主编。

限于时间紧迫以及编者水平,书中难免存在疏漏和不足之处,恳请广大师生提出宝贵的意见,在此表示感谢!

编　者

2021 年 6 日

目　录

第1章　信息技术与计算机系统基础知识

1.1　计算机与信息社会

随着科学技术的发展,人类进入了信息化社会。信息化社会是以计算机信息处理技术和传输手段的广泛应用为基础和标志的新技术革命,影响和改造社会生活方式与管理方式的过程。社会信息化指在经济生活全面信息化的进程中,人类社会生活的其他领域也逐步利用先进的信息技术,建立起各种信息网络,同时大力开发有关人们日常生活的内容,不断丰富人们的精神文化生活,提升生活质量的过程。

1.1.1　计算机的产生与发展

计算机是由电子元件组装而成,能自动、高速进行大量计算工作,具有逻辑判断和存储记忆功能的机器。世界上第一台计算机 ENIAC 是 1946 年问世的,如图 1-1 所示。半个多世纪以来,计算机获得突飞猛进的发展,在人类科技史上还没有一种学科可以与计算机的发展相提并论。人们根据计算机的性能和当时的硬件技术状况,将计算机的发展分成四个阶段,每个阶段在技术上都是一次新的突破,在性能上都是一次质的飞跃。

图 1-1　ENIAC

1.第一代电子计算机

第一代电子计算机的主要特征如下。

(1)采用电子管作为基本逻辑部件,体积大,耗电量大,寿命短,成本高,运算速度慢,为每秒几千次到几万次。

(2)采用电子射线管作为存储部件,容量很小。后来外存储器使用了磁鼓存储信息,扩充了容量。

(3)输入输出装置落后,主要使用穿孔卡片,传输速度慢。

(4)没有系统软件,只能用机器语言和汇编语言编写程序。

这一阶段的计算机主要用于军事和科学研究工作,代表机型有 ENIAC、IBM650 等。

2.第二代电子计算机

第二代电子计算机的主要特征如下。

(1)采用晶体管制作基本逻辑部件,体积减小,质量减轻,能耗降低,成本下降,计算机的可靠性和运算速度均得到提高,运算速度为每秒几十万次。

(2)普遍采用磁芯作为主存,采用磁盘/磁鼓作为外存储器。

(3)开始有了系统软件(监控程序),提出了操作系统概念,出现了 FORTRAN 等高级语言。

这一阶段的计算机除进行科学计算外,还可应用于数据处理和事务处理,代表机型有 IBM7090、CDC7600 等。

3.第三代电子计算机

第三代电子计算机的主要特征如下。

(1)采用中、小规模集成电路制作各种逻辑部件，从而使计算机体积更小，质量更轻，耗电更省，寿命更长，成本更低，运算速度有了更大的提高，达到了每秒几百万次。

(2)采用半导体存储器作为主存，取代了磁芯存储器，使存取速度有了大幅度的提高，提升了系统的处理能力。

(3)系统软件高速发展，出现了分时操作系统，多用户可以共享计算机软硬件资源。

(4)在程序设计方面，采用了结构化程序设计，高级程序语言有了很大发展，为开发更加复杂的软件提供了技术上的保证。

4.第四代电子计算机

第四代电子计算机的主要特征如下。

(1)基本逻辑部件采用大规模、超大规模集成电路，使计算机的体积、质量、成本均大幅度降低，出现了微型机，运算速度最高可以达到每秒几十万亿次浮点运算。

(2)作为主存的半导体存储器集成度越来越高，容量越来越大，外存储器除广泛使用软、硬磁盘外，还引进了光盘。

(3)各种使用方便的输入输出设备相继出现。

(4)软件产业高度发达，各种实用软件层出不穷，极大地方便了用户。

(5)计算机技术与通信技术相结合，计算机网络把世界紧密地联系在一起。

(6)多媒体技术崛起，计算机集图像、图形、声音、文字处理于一体，在信息处理领域掀起了一场革命。与之对应的，信息高速公路正在紧锣密鼓地筹划实施。

从 20 世纪 80 年代开始，日本、美国、欧洲等发达国家和地区都宣布开始新一代计算机的研究。普遍认为新一代计算机应该是智能型的，它能模拟人的智能行为，理解人类自然语言，并继续向着微型化、网络化发展。

1.1.2　计算机的特点

计算机是一种能存储程序，能自动连续对各种数字化信息进行算术、逻辑运算的电子装置，在现代信息化社会进程中起着举足轻重的作用。计算机有如此重要的作用是由计算机的特点决定的。

计算机的基本特点如下。

1.高速的处理能力

它具有神奇的运算速度，其速度可以达到每秒几十亿次乃至上百亿次。高速的运算能力为完成那些计算量大、时间性要求强的工作提供了保证，如天气预报、导弹发射参数的计算、情报、人口普查等超大量数据的检索处理等。

2.计算精度高与逻辑判断准确

它能完成人类无能为力的高精度控制或高速操作任务，也具有可靠的判断能力，以实现计算机工作的自动化，从而保证计算机控制的判断可靠、反应迅速、控制灵敏。

3.记忆能力强

在计算机中有容量很大的存储装置，它不仅可以长久性地存储大量的文字、图形、图像、声音等信息资料，还可以存储指挥计算机工作的程序。

4.能自动完成各种操作

计算机是由内部控制和操作的,只要将事先编制好的应用程序输入计算机,计算机就能自动按照程序规定的步骤完成预定的处理任务。

1.1.3　计算机的分类

计算机按照其用途,可分为通用计算机和专用计算机;按照1989年由IEEE科学巨型机委员会提出的运算速度、处理能力来分类,可分为大型通用机、巨型机、小型机、工作站、服务器和微型计算机;按照所处理的数据类型,可分为模拟计算机、数字计算机和混合型计算机;等等。

1.大型通用机

大型通用机具有极强的综合处理能力和极大的性能覆盖面。在一台大型机中可以使用几十台微机或微机芯片,用来完成特定的操作,可同时支持上万个用户,可支持几个大型数据库。大型通用机主要应用在政府部门、银行、大公司、大企业等。

2.巨型机

巨型机有极高的速度和极大的容量,用于国防尖端技术、空间技术、大范围长期性天气预报、石油勘探等方面。目前,这类机器的运算速度可达每秒百亿次。这类计算机在技术上朝两个方向发展:一是开发高性能器件,特别是缩短时钟周期,提高单机性能;二是采用多处理器结构,构成超并行计算机,通常由100台以上的处理器组成超并行巨型计算机系统,它们通过同时解算一个课题,来达到高速运算的目的。

3.小型机

小型机的机器规模小,结构简单,设计周期短,便于及时采用先进工艺技术,软件开发成本低,易于操作维护。它们已广泛应用于工业自动控制、大型分析仪器、测量设备、企业管理、大学和科研机构等,也可以作为大型与巨型计算机系统的辅助计算机。近年来,小型机的发展也足够引人注目。特别是精简指令系统计算机(Reduced Instruction Set Computer,RISC)体系结构,顾名思义是指令系统简化、缩小了的计算机,而过去的计算机则统属于复杂指令系统计算机(Complex Instruction Set Computer,CISC)。RISC的思想是把那些很少使用的复杂指令用子程序来替代,将整个指令系统限制在数量足够少的基本指令范围内,并且绝大多数指令的执行都只占一个时钟周期甚至更少,优化编译器,从而提高机器的整体性能。

4.工作站

工作站是介于个人计算机(PC机)和小型计算机之间的一种高档微型机。近年来,工作站迅速发展,现已成为专门处理某类特殊事务的一种独立的计算机系统。工作站通常配有高档CPU、高分辨率的大屏幕显示器和大容量的内外存储器,具有较强的数据处理能力和高性能的图形功能。它主要用于图像处理、计算机辅助设计(Computer Aided Design,CAD)等领域。

5.服务器

服务器是一种在网络环境中为多个用户提供服务的计算机系统。服务器一般具有大容量的存储设备和丰富的外部设备,其上运行网络操作系统,要求有较高的运行速度。对此,很多服务器配置了双CPU。服务器上的资源可供网络用户共享。

6.微型机(个人计算机)

微型机技术在近10年内发展速度迅猛,平均每2～3个月就有新产品出现,1～2年产品就更新换代一次。平均每2年芯片的集成度可提高一倍,性能提高一倍,价格降低50%,目前还

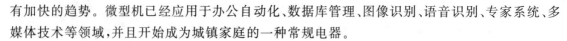

有加快的趋势。微型机已经应用于办公自动化、数据库管理、图像识别、语音识别、专家系统、多媒体技术等领域，并且开始成为城镇家庭的一种常规电器。

1.1.4　计算机的应用

计算机在其出现的早期主要用于数值计算。今天，计算机的应用已经渗透到科学技术的各个领域和社会生活的各个方面。概括起来，计算机的主要应用领域如下。

1.数值计算

数值计算又称科学计算，是指解决科学研究和工程技术中所提出的数学问题的过程，如人造卫星轨迹的计算、水坝应力的计算、气象预报的计算等，速度快，精度高，可以大大缩短计算周期，节省人力和物力。

2.数据处理与管理

数据处理与管理是目前计算机应用最广泛的领域。例如，银行可用计算机来管理账目，工矿企业可用计算机进行生产情况统计、成本核算、库存管理、物资供应、管理生产调度等。办公自动化系统（Office Automation，OA）、管理信息系统（Management Information System，MIS）、决策支持系统（Decision Support System，DSS）也离不开计算机，这些工作的核心是数据处理，如数据加工、合并、分类等，它们采用的计算方法比较简单，但数据处理量大。

3.过程控制

过程控制又称实时控制，是指计算机实时采集检测到的数据，按最佳方法迅速对被控制对象进行自动控制或自动调节的操作。计算机控制技术对现代化国防和空间技术具有重大意义，导弹、人造卫星、宇宙飞船等都采用计算机控制。

4.辅助工程

辅助工程包括计算机辅助设计、计算机辅助教育（Computer Aided Instruction，CAI）、计算机辅助制造（Computer Aided Manufacturing，CAM）、计算机辅助测试（Computer Aided Testing，CAT）、计算机辅助软件工程（Computer Aided Software Engineering，CASE）等。

5.人工智能

人工智能（Artificial Intelligence，AI）是指使用计算机模拟人的某些智能，使计算机能像人一样具有识别文字、图像、语音以及推理和学习等能力。在某些方面，智能计算机能够代替和超越人类进行脑力劳动，它能够给病人诊断开处方、与人下棋、进行文字翻译、查询图书资料等。

6.计算机网络通信

利用计算机网络（Computer Network）使不同地区的计算机之间实现软硬件资源共享，大大地促进和发展了地区间、国际间的通信和各种数据的传输及处理。现代计算机的应用已经离不开计算机网络。

7.电子商务

电子商务指在互联网上进行的商务活动，它涉及企业和个人各种形式的基于数字化信息处理和传输的商业交易，其中的数字化信息包括文字、语音和图像。从广义上讲，电子商务包括电子邮件（E-mail）、电子数据交换（Electronic Data Interchange，EDI）、电子资金转账（Electronic Funds Transfer，EFT）、快速响应（Quick Response，QR）、系统电子表单和信用卡交易等。电子商务的一系列应用又包括支持电子商务的信息基础设施。从狭义上讲，电子商务仅指企业与企业、企业与消费者之间的电子交易。电子商务的主要功能包括网上广告和宣传、订货付款、货物

递交、客户服务等,另外还包括市场调查、分析财务核算及生产安排等。

8.多媒体技术

多媒体包括文本、图形、静态图像、声音、动画、视频剪辑等基本要素。多媒体技术应用计算机技术将文字、图像、图形和声音等信息以数字化的方式进行综合处理,从而使计算机具有表现、处理、存储各种媒体信息的能力。多媒体以很快的步伐应用在医疗、教育、商业、银行、保险、行政管理、军事、工业、广播和出版等领域。

1.1.5 计算机的发展趋势

随着科学技术的不断进步,大规模、超大规模的集成电路得到了广泛的应用,计算机在存储容量、运算速度等各方面得到了很大的提高。未来的计算机将以超大规模集成电路为基础,向巨型化、微型化、网络化和智能化的方向发展。

1.巨型化

计算机应用巨型化是指计算机的运算速度更高、存储容量更大、功能更强。在研制的巨型计算机中,其运算速度可达每秒百亿次。

2.微型化

微型计算机已进入仪器、仪表、家用电器等小型仪器设备中,同时也作为工业控制过程的心脏,使仪器设备实现智能化。随着微电子技术的进一步发展,笔记本型、掌上型等微型计算机必将以更优的性价比受到人们的欢迎。

3.网络化

随着计算机应用的深入,特别是家用计算机越来越普及,一方面希望众多用户能共享信息资源,另一方面也希望各计算机之间能互相传递信息进行通信。计算机网络是现代通信技术与计算机技术相结合的产物。计算机网络已在现代企业的管理中发挥着越来越重要的作用,如银行系统、商业系统、交通运输系统等。

4.智能化

计算机人工智能的研究是建立在现代科学基础之上的。智能化是计算机发展的一个重要方向,新一代计算机将模拟人的感觉行为和思维过程的机理,进行"看""听""说""想""做",具有逻辑推理、学习与证明的能力。

1.1.6 未来的计算机

未来的计算机技术将向超高速、超小型、平行处理、智能化的方向发展。随着大规模集成电路工艺的发展,芯片的集成度越来越高,但是硅芯片技术的高速发展同时也意味着硅技术越来越接近其物理极限。为此,世界各国的研究人员正在加紧研究开发新型计算机。计算机从体系结构的变革到器件技术革命都要产生一次量的乃至质的飞跃。高速超导计算机、能识别自然语言的计算机、纳米计算机、光计算机、量子计算机、DNA 计算机、神经元计算机、生物计算机等必将会走进人们的生活,遍布各个领域。

1.高速超导计算机

高速超导计算机的耗电仅为半导体器件计算机的几千分之一,它执行一条指令只需十亿分之一秒,比半导体元件快几十倍。以目前的技术制造出的超导计算机的集成电路芯片只有 3～5 mm² 大小。

2.能识别自然语言的计算机

未来的计算机将在模式识别、语言处理、句式分析和语义分析的综合处理能力上获得重大突破。它可以识别孤立单词、连续单词、连续语言和特定或非特定对象的自然语言（包括口语）。今后，人类将越来越多地与机器对话，如向个人计算机"口授"信件、与洗衣机"讨论"保护衣物的程序等。键盘和鼠标的时代将渐渐结束。

3.纳米计算机

纳米是一个计量单位，用 nm 表示，1 nm＝10^{-9}m，大约是氢原子直径的 10 倍。纳米技术是从 20 世纪 80 年代初迅速发展起来的新的前沿科研领域，最终目标是人类按照自己的意志直接操纵单个原子，制造出具有特定功能的产品。现在纳米技术正从微电子机械系统（Micro-Electro-Mechanical System，MEMS）起步，把传感器、电动机和各种处理器都放在一个硅芯片上，构成一个系统。应用纳米技术研制的计算机内存芯片，其体积不过数百个原子大小，相当于人头发丝直径的千分之一。纳米计算机不仅几乎不需要耗费能源，而且性能比现在的计算机也强大许多倍。

4.光计算机

光计算机是利用光作为载体进行信息处理的计算机，又称光脑，其运算速度将比普通的电子计算机快至少 1 000 倍。它依靠光束进入由反射镜和透镜组成的阵列中来对信息进行处理。

与电子计算机的相似之处是，光计算机也靠一系列逻辑操作来处理和解决问题。光束在一般条件下互不干扰的特性，使得光计算机能够在极小的空间内开辟很多平行的信息通道，密度大得惊人。一块截面等于 5 分硬币平面大小的棱镜，其通过能力超过全球现有全部电缆的许多倍。光的并行、高速决定了光计算机的并行处理能力很强，具有超高速运算速度。超高速电子计算机只能在低温下工作，而光计算机在室温下即可开展工作。光计算机还具有与人脑相似的容错性。系统中某一元件损坏或出错时，并不影响其最终的计算结果。

5.量子计算机

量子力学证明，个体光子通常不相互作用，但是当它们与光学谐腔内的原子聚在一起时，相互之间会产生强烈影响。光子的这种特性可用来发展量子力学效应的信息处理器件——光学量子逻辑门，进而制造量子计算机。量子计算机利用原子的多重自旋进行。量子计算机可以在量子位上计算，也可以在 0～1 内计算。在理论方面，量子计算机的性能能够超过任何可以想象的标准计算机。

6.DNA 计算机

科学家研究发现，脱氧核糖核酸（Decxyribonucleic Acid，DNA）有一种特性，能够携带生物体的大量基因物质。数学家、生物学家、化学家及计算机专家从中得到启迪，正在合作研究制造未来的液体 DNA 电脑。这种 DNA 电脑的工作原理以瞬间发生的化学反应为基础，通过和酶的相互作用，将发生过程进行分子编码，把二进制数翻译成遗传密码的片段，每一个片段就是双螺旋的一个链，然后对问题以新的 DNA 编码形式加以解答。与普通的电脑相比，DNA 电脑的体积小，但存储的信息量却超过现在世界上所有的计算机。

7.神经元计算机

人类神经网络的强大与神奇是人所共知的。未来，人们将制造能够完成类似人脑功能的计算机系统，即人造神经元网络。神经元计算机最有前途的应用领域是国防，它可以识别物体和目标、处理复杂的雷达信号、决定要击毁的目标等。神经元计算机的联想式信息存储、对学习的自然适应性、数据处理中的平行重复现象等性能都将异常有效。

8.生物计算机

生物计算机主要是用生物电子元件构建的计算机。它利用蛋白质的开关特性，用蛋白质分子作为元件从而制成生物芯片，其性能是由元件与元件之间电流启闭的开关速度来决定的。用蛋白质制成的计算机芯片，它的一个存储点只有一个分子大小，所以它的存储容量可以达到普通计算机的十亿倍。由蛋白质构成的集成电路，其大小只相当于硅片集成电路的十万分之一。而且运行速度更快，只有 10^{11} s，大大超过人脑的思维速度。

1.2 信息与信息化社会

信息时代、知识经济的来临，迅速深刻地改变着人类社会，对传统的经济结构、生产制造方式、通信交流方式、学习管理方式、工作和生活方式及思想观念造成重大、深远的影响。知识和信息是推动信息社会发展的直接动力，信息拾取、分析处理、传递交流和开发应用的能力是现代人必须具备的信息素质。

1.2.1 信息及其特征

1.信息的定义

信息是对客观世界中各种事物的运动状态和变化的反映，是客观事物之间相互联系和相互作用的表征，表现的是客观事物运动状态和变化的实质内容。

2.信息的主要特征

(1)可识别性。

信息是可以识别的，识别又可分为直接识别和间接识别。直接识别是指通过感官的识别；间接识别是指通过各种测试手段的识别。不同的信息源有不同的识别方法。

(2)可存储性。

信息是可以通过各种方法存储的。大脑就是一个天然信息存储器，人类发明的文字、摄影、录音、录像及计算机存储器等都可以进行信息存储。

(3)可扩充性。

信息随着时间的变化将不断扩充。

(4)可压缩性。

人们对信息进行加工、整理、概括、归纳就可使之精练，从而浓缩。

(5)可传递性。

信息的可传递性是信息的本质等征。

(6)可转换性。

信息可以由一种形态转换成另一种形态。

(7)不灭性。

不灭性是信息最特殊的一种性质，即信息并不会因为被使用而消失。信息是可以被广泛使用、多重使用的，这也导致其传播具有广泛性。

(8)共享性。

信息作为一种资源，不同个体或群体在同一时间或不同时间可以共享。

(9)特定范围有效性。

信息在特定的范围内是有效的,否则是无效的。信息有许多特性,这是信息区别于物质和能量的特性。

1.2.2 信息在现代社会中的作用

在信息社会中,信息、知识是重要的生产力要素,与物质、能量一起构成社会赖以生存的三大资源。信息社会是以信息经济、知识经济为主导的经济,它有别于农业社会是以农业经济为主导,工业社会是以工业经济为主导的经济。随着科学技术的发展,信息在现代社会中的作用越来越重要。

(1)认知作用。

科学研究在很大程度上是要弄清和掌握天文、地理、自然界的各种情况,即获取某种信息,有的是直接从自然界取得的,有的是通过实验取得的。例如,地质勘探就是用科技手段采集信息的过程。

教育过程是信息在教师和学生间传递的过程或者学习者从书本中汲取知识(信息)的过程。各种报刊、声像广播广泛传播各种消息(信息)给全社会。

(2)管理作用。

从管理过程来说,掌握情况、分析、决策、执行、反馈,每个环节都离不开信息,整个管理过程也是一个信息流动的过程。

大至国家,小至一个地方、一个企业,管理都需要信息。从国家管理来说,政治、经济、军事、社会管理,下情上达、上情下达,在现代社会里离开先进的信息系统的情况已令人难以想象了。一个现代企业内部人财物、产供销管理也必须要有信息系统,进一步实现综合管理系统。

(3)控制作用。

控制作用主要是指生产、工作流程中的控制。管理与控制的区别在于控制是对生产过程本身的控制,是生产力的范畴;而管理则既有生产力,又含有生产关系和上层建筑。当然,在一个具体企业中二者有时密切交织在一起。

(4)交流作用。

交流作用主要指社会成员个人之间的联系。无论是信件还是电话、传真直至电子信函,都是人与人之间思想、观点、感情的交流。

(5)娱乐作用。

电影、广播、电视等早已深入人们生活。随着各种新的声像传播方式的出现,在声像质量越来越高、越逼真的同时,可选择性、智能型的种种娱乐层出不穷。

(6)其他作用。

在某些行业中,信息的作用还超出了上述作用,如金融业中的信息就已超出一般管理控制的范畴,电子货币本身已是一种信息,信息已经成为生产流程的基本内容。

1.2.3 信息技术

1.信息技术的概念

信息技术是指对信息进行采集、传输、存储、加工、表达的各种技术之和。信息技术包括信息传递过程中的各个方面,即信息的产生、收集、交换、存储、传输、显示、识别、提取、控制、加工和利用等。

通俗地讲,信息技术(Information Technology,IT)是主要用于管理和处理信息所采用的各种技术总称,主要是应用计算机科学和通信技术来设计、开发、安装和实施信息系统及应用软件,也常称为信息和通信技术(Information and Communications Technology,ICT)。信息技术的研究包括科学、技术、工程及管理等学科。

现代信息技术以计算机技术、微电子技术和通信技术为特征,主要包括传感技术、计算机技术和通信技术。

2.信息技术的应用

信息技术的应用包括计算机硬件和软件、网络和通信技术、应用软件开发工具等。计算机和互联网普及以来,人们日益普遍地使用计算机来生产、处理、交换和传播各种形式的信息(如书籍、商业文件、报刊、唱片、电影、电视节目、语音、图形、影像等)。

信息技术代表着当今先进生产力的发展方向,信息技术的广泛应用使信息的重要生产要素和战略资源的作用得以发挥,使人们能更高效地进行资源优化配置,从而推动传统产业不断升级,提高社会劳动生产率和社会运行效率。信息技术的应用包括:将信息技术嵌入传统的机械产品中;计算机辅助设计技术、网络设计技术可显著提高企业的技术创新能力;利用信息系统实现企业经营管理的科学化,统一整合调配企业人力物力和资金等资源;利用互联网开展电子商务。

物联网和云计算作为信息技术新的高度和形态被提出并发展。根据中国物联网校企联盟的定义,物联网为当下几乎所有技术与计算机互联网技术的结合,让信息更快更准地收集、传递、处理并执行,是科技的最新呈现形式与应用。

1.2.4　信息化和信息化社会

随着信息发生量及社会对信息需求量迅速的大量增加,信息传输手段受到世界主要国家政府的高度重视,以信息处理技术为基础的信息传输手段现代化就是目前社会信息化的主要内容。信息传输手段的现代化,以现代信息网络建设为核心。现代信息网络以其速度快、容量大等特征被称为信息高速公路,并成为信息化建设中的重点工程。现代信息网络的建设与使用使信息传输手段有了质的改变,带动了信息产业化,提高了社会信息化的程度。

在信息化社会中,信息成为比物质和能源更为重要的资源,以开发和利用信息资源为目的的信息经济活动迅速扩大,逐渐取代工业生产活动,成为国民经济活动的主要内容。信息经济在国民经济中占据主导地位,并构成了社会信息化的物质基础。以计算机、微电子和通信技术为主的信息技术革命是社会信息化的动力源泉。信息技术在生产、科研教育、医疗保健、企业和政府管理及家庭中的广泛应用对经济和社会发展产生了巨大而深刻的影响,从根本上改变了人们的生活方式、行为方式和价值观念。

1.2.5　计算机病毒

1.计算机病毒的概念

编制者在计算机程序中插入的破坏计算机功能或者破坏数据,影响计算机使用并且能够自我复制的一组计算机指令或者程序代码称为计算机病毒(Computer Virus)。

计算机病毒与医学上的病毒不同,计算机病毒不是天然存在的,而是某些人利用计算机软件和硬件固有的脆弱性编制的一组指令集或程序代码。它能通过某种途径潜伏在计算机的存储介质(或程序)里,当达到某种条件时被激活,通过修改其他程序的方法将自己的精确拷贝或者可能演化的形式放入其他程序中,从而感染其他程序,对计算机资源进行破坏。计算机病毒是人为制造出来的,对其他用户的危害性很大。

2.计算机病毒的特征

（1）传染性。

计算机病毒不仅具有破坏性，而且具有传染性，一旦病毒被复制或产生变种，其传染速度之快令人难以预防。计算机病毒通过各种渠道从已被感染的计算机扩散到未被感染的计算机，在某些情况下会造成被感染的计算机工作失常甚至瘫痪。只要一台计算机染毒，如不及时处理，那么病毒就会在这台电脑上迅速扩散。计算机病毒可通过各种可能的渠道，如软盘、硬盘、移动硬盘、计算机网络去传染其他的计算机。是否具有传染性是判别一个程序是否为计算机病毒的最重要条件。

（2）繁殖性。

计算机病毒可以像生物病毒一样进行繁殖，当正常程序运行时，它也随之运行，自身复制。是否具有繁殖、感染的特征是判断某段程序是否为计算机病毒的首要条件。

（3）破坏性。

计算机中毒后，可能会导致正常的程序无法运行，计算机内的文件可能会受到不同程度的损坏，通常表现为增、删、改、移。

（4）潜伏性。

有些病毒像定时炸弹一样，发作时间是预先设计好的。一个编制精巧的计算机病毒程序，进入系统之后一般不会马上发作，因此病毒可以静静地躲在磁盘或磁带里几天甚至几年，一旦时机成熟，得到运行机会，就又要四处繁殖、扩散，继续造成危害。病毒的潜伏性越好，其在系统中的时间就会越长，病毒的传染范围就会越大。

（5）隐蔽性。

计算机病毒具有很强的隐蔽性，有的可以通过病毒软件检查出来，有的不能，有的时隐时现、变化无常，这类病毒处理起来通常很困难。

（6）可触发性。

病毒因某个事件或数据的出现，实施感染或进行攻击的特性称为可触发性。为隐蔽自己，病毒必须潜伏，少做动作。如果完全不动，一直潜伏，则病毒既不能感染也不能进行破坏，便失去了杀伤力。病毒若既要隐蔽又要维持杀伤力，那么它必须具有可触发性。病毒具有预定的触发条件，这些条件可能是时间、日期、文件类型或某些特定数据等。一旦满足这些条件，病毒就会发作，被感染的病毒文件或系统将被破坏。

3.计算机病毒的分类

按照计算机病毒的特性，计算机病毒的分类有很多种。

（1）根据病毒存在的媒体分类。

可分为网络病毒、文件病毒、引导型病毒。网络病毒通过计算机网络传播，感染网络中的可执行文件；文件病毒感染计算机中的文件（如 COM、EXE、DOC 等）；引导型病毒感染启动扇区（Boot）和硬盘的系统引导扇区（Master Boot Record，MBR）。还有这三种情况的混合型，如多型病毒（文件和引导型）感染文件和引导扇区两种目标。这样的病毒通常都具有复杂的算法，它们使用非常规的办法侵入系统，同时使用了加密和变形算法。

（2）根据病毒传染的方法分类。

可分为驻留型病毒和非驻留型病毒。驻留型病毒感染计算机后，把自身的内存驻留部分放在内存（Random Access Memory，RAM）中，这一部分程序挂接系统调用并合并到操作系统中，它处于激活状态,直到关机或重新启动。非驻留型病毒在得到机会激活时并不感染计算机内存,一些病毒在内存中留有小部分,但是并不通过这一部分进行传染。

(3)根据破坏能力分类。

可分为以下四种类型。

①无害型。除传染时减少磁盘的可用空间外,对系统没有其他影响。

②无危险型。这类病毒只是减少内存、显示图像、发出声音及同类音响。

③危险型。这类病毒在计算机系统操作中造成严重的错误。

④非常危险型。这类病毒删除程序、破坏数据、清除系统内存区和操作系统中重要的信息。这些病毒对系统造成的危害并不是本身的算法中存在危险的调用,而是当它们传染时会引起无法预料的和灾难性的破坏。由病毒引起其他程序产生的错误也会破坏文件和扇区,这些病毒也按照它们引起的破坏能力划分。

(4)根据病毒程序入侵系统的途径分类。

可分为以下四种类型。

①操作系统型。这种病毒最常见,危害性也最大。

②外壳型。这种病毒主要隐藏在合法的主程序周围,且很容易编写,也容易检查和删除。

③入侵型。这种病毒是将病毒程序的一部分插入到合法的主程序中,破坏原程序。这种病毒的编写比较困难。

④源码型。这种病毒在源程序被编译前,将病毒程序插入高级语言编写的源程序中,经过编译后,成为可执行程序的合法部分。这种程序的编写难度较大,一旦插入,其破坏性极大。

4.计算机病毒的预防

加强内部网络管理人员及使用人员的安全意识,使用计算机系统常用口令来控制对系统资源的访问,这是预防病毒进程中最容易和最经济的方法之一。另外,安装杀毒软件并定期更新也是预防病毒的重中之重。

(1)注意对系统文件、重要可执行文件和数据进行写保护。

(2)不使用来历不明的程序或数据。

(3)使用正版软件,不断为系统升级打补丁。

(4)使用正版杀毒软件,并不断升级。

(5)不轻易打开来历不明的电子邮件。

(6)不随意访问未知的网络站点。

(7)不在互联网上随意下载软件。

(8)使用新的计算机系统或软件时,要先杀毒后使用。

(9)备份系统和参数,建立系统的应急计划等。

(10)专机专用等。

1.2.6　信息安全

1.信息安全的概念

信息安全是指信息系统(包括硬件、软件、数据、人、物理环境及其基础设施)受到保护,不受偶然的或者恶意的影响而遭到破坏、更改、泄露,系统连续可靠正常地运行,信息服务不中断,最终实现业务连续性。信息安全主要包括以下五方面的内容,即需保证信息的保密性、真实性、完整性、未授权拷贝和所寄生系统的安全性。其实质就是要保护信息系统或信息网络中的信息资源免受各种类型的威胁、干扰和破坏,即保证信息的安全性。

根据国际标准化组织的定义,信息安全性的含义主要是指信息的完整性、可用性、保密性和可靠性。信息安全是任何国家、政府、部门、行业都必须十分重视的问题,是不容忽视的国家安全战略。

2.信息安全面临的主要威胁

信息安全本身包括的范围很大,其面临的威胁主要来自以下几个方面。

(1)信息泄露。信息被泄露或透露给某个非授权的实体。

(2)破坏信息的完整性。数据被非授权地进行增删、修改或破坏而受到损失。

(3)拒绝服务。对信息或其他资源的合法访问被无条件地阻止。

(4)非法使用(非授权访问)。某一资源被某个非授权的人,或以非授权的方式使用。

(5)窃听。用各种可能的合法或非法的手段窃取系统中的信息资源和敏感信息。例如,对通信线路中传输的信号搭线监听,或者利用通信设备在工作过程中产生的电磁泄露截取有用信息等。

(6)业务流分析。通过对系统进行长期监听,利用统计分析方法对通信频度、通信的信息流向、通信总量的变化等参数进行研究,从中发现有价值的信息和规律。

(7)假冒。通过欺骗通信系统(或用户)达到非法用户冒充成为合法用户,或者特权小的用户冒充成为特权大的用户的目的。黑客大多采用假冒攻击。

(8)旁路控制。攻击者利用系统的安全缺陷或安全性上的脆弱之处获得非授权的权利或特权。例如,攻击者通过各种攻击手段发现原本应保密但是却又暴露出来的一些系统"特性",利用这些"特性",攻击者可以绕过防线守卫者侵入系统的内部。

(9)授权侵犯。被授权以某一目的使用某一系统或资源的某个人,却将此权限用于其他非授权的目的,又称"内部攻击"。

(10)特洛伊木马。软件中含有一个觉察不出的有害程序段,当它被执行时,会破坏用户的安全,这种应用程序称为特洛伊木马(Trojan Horse)。

(11)重放。出于非法目的,将所截获的某次合法的通信数据进行拷贝和重新发送。

(12)计算机病毒。一种在计算机系统运行过程中能够实现传染和侵害功能的程序。

(13)窃取。重要的安全物品(如令牌或身份卡)被盗等。

3.信息安全的意义和安全策略

信息安全可以建立、采取有效的技术和管理手段,保护计算机信息系统和网络内的计算机硬件、软件、数据及应用等不因偶然或恶意的原因而遭到破坏、更改和泄漏,保证信息系统能够连续、正常运行。信息安全直接关系到国家的安全和政权巩固,国家、国防信息的命根在于安全。

信息安全策略是指为保证提供一定级别的安全保护所必须遵守的规则。实现信息安全,不仅要靠先进的技术,而且也要靠严格的安全管理、法律约束和安全教育。

(1)制定严格的法律、法规。计算机网络是一种新生事物,它的许多行为无法可依,无章可循,导致网络上计算机犯罪处于无序状态。面对日趋严重的网络上犯罪,必须制定与网络安全相关的法律法规,使非法分子慑于法律,不敢轻举妄动。

(2)严格的安全管理。各计算机网络使用机构、企业和单位应建立相应的网络安全管理办法,加强内部管理,建立合适的网络安全管理系统,加强用户管理和授权管理,建立安全审计和跟踪体系,提高整体网络安全意识。

(3)先进的信息安全技术是网络安全的根本保证。用户对自身面临的威胁进行风险评估,决定其所需要的安全服务种类,选择相应的安全机制,然后集成先进的安全技术,形成一个全方位的安全系统。

为达到信息安全的目标,各种信息安全技术的使用必须遵守以下基本原则。

(1)最小化原则。受保护的敏感信息只能在一定范围内被共享,即履行工作职责和职能的安全主体,在法律和相关安全策略允许的前提下,为满足工作需要,仅被授予其访问信息的适当权限,称为最小化原则。

(2)分权制衡原则。在信息系统中,对所有权限应该进行适当的划分,使每个授权主体只能拥有其中的一部分权限,使它们之间相互制约、相互监督,共同保证信息系统的安全。

(3)安全隔离原则。隔离和控制是实现信息安全的基本方法,隔离是进行控制的基础。信息安全的一个基本策略就是将信息的主体与客体分离,按照一定的安全策略,在可控和安全的前提下实施主体对客体的访问。

在这些基本原则的基础上,人们在生产实践过程中还总结出一些实施原则,它们是基本原则的具体体现和扩展,包括整体保护原则、谁主管谁负责原则、适度保护的等级化原则、分域保护原则、动态保护原则、多级保护原则、深度保护原则和信息流向原则等。

1.3　计算机运算基础

计算机最基本的功能是对数据进行计算和加工处理,这些数据包括数值、字符、图形、图像和声音。在计算机系统中,这些数据都要转换成0或1的二进制形式存放,因此必须将各种信息转换成计算机能够接收和处理的二进制数据。同样,从计算机输出的数据也要进行逆向转换。

1.3.1　计算机中的数制

在日常生活中使用的数制很多。数制又称计数制,是用一组固定的符号和统一的规则来表示数值的方法,如1元等于10角(十进制)、1周有7天(七进制)、1年有12个月(12进制)、半斤八两(十六进制)等。人们使用最多的是十进制,而计算机中使用的是二进制。为书写和表示方便,还引入了八进制和十六进制。

1.基本概念

(1)进制。

在数制中有一个规则,就是R进制一定是“逢R进一”。例如,十进制是“逢十进一”,二进制是“逢二进一”,八进制是“逢八进一”,十六进制是“逢十六进一”,等等。

(2)数码。

数制中表示基本数值大小的不同数字符号称为数码。例如,十进制有10个数码,即0、1、2、3、4、5、6、7、8、9;二进制有2个数码,即0、1。

(3)基数。

数制所使用数码的个数称为基数,用R表示。例如,二进制的基数为2;十进制的基数为10;八进制的基数为8;十六进制的基数为16。

(4)位权值。

任何一种数制的数都是由一串数码表示的,其中每一位数码所表示的实际值大小,除数码本身的数值外,还与它所处的位置有关。由位置决定的值就称为位权,位权用基数R的i次幂表示。例如，十进制中的 123,1 的位权是 10^2,2 的位权是 10^1,3 的位权是 10^0；二进制中的 1011,左起第一个 1 的位权是 2^3,0 的位权是 2^2,第二个 1 的位权是 2^1,第三个 1 的位权是 2^0。

(5)数制的按权展开。

任何一个 R 进制数的值都可以表示为各位数码本身的值与其权的乘积之和。

十进制数 123.45 按权展开：

$$123.45=1\times10^2+2\times10^1+3\times10^0+4\times10^{-1}+5\times10^{-2}$$

二进制数 1011.11 按权展开：

$$1011.11B=1\times2^3+0\times2^2+1\times2^1+1\times2^0+1\times2^{-1}+1\times2^{-2}$$

八进制数 731.34 按权展开：

$$731.34O=7\times8^2+3\times8^1+1\times8^0+3\times8^{-1}+4\times8^{-2}$$

十六进制数 A3B9.4C 按权展开：

$$A3B9.4CH=10\times16^3+3\times16^2+11\times16^1+9\times16^0+4\times16^{-1}+12\times16^{-2}$$

2.常用数制的基数和数码

常用的数制为十进制、二进制、八进制、十六进制。常用数制见表1—1。

表1—1 常用数制

数制	十进制	二进制	八进制	十六进制
数码	0～9	0、1	0～7	0～9、A～F
基数	10	2	8	16
位权	10^i	2^i	8^i	16^i
计数规则	逢十进一	逢二进一	逢八进一	逢十六进一

3.书写规则

为区分各数制数,采用如下方法。

(1)在数字后面加相应的英文字母作为标识。二进制 B(binary),如 1011B；八进制 O (octal),如 2351O；十进制 D(decimal),如 1289D；十六进制 H(hexadecimal),如 A2B3H。

(2)在括号外面加数字下标。例如,二进制数为$(1011)_2$；八进制数为$(2350)_8$；十进制数为$(1289)_{10}$；十六进制数为$(A2B3)_{16}$。

1.3.2 数制之间的转换

1.非十进制数转换为十进制数

利用按权展开的方法,可以把任一进制的数转换为十进制数。

例 1—1 将二进制数$(1011.11)_2$转换为十进制数。

解：　$(1011.11)_2=1\times2^3+0\times2^2+1\times2^1+1\times2^0+1\times2^{-1}+1\times2^{-2}=11.75$

例 1—2 将八进制数$(203.64)_8$转换为十进制数。

解：　$(203.64)_8=2\times8^2+0\times8^1+3\times8^0+6\times8^{-1}+4\times8^{-2}=131.812\,5$

例 1—3 将十六进制数$(2A3.4)_{16}$转换为十进制数。

解：　$(2A3.4)_{16}=2\times16^2+10\times16^1+3\times16^0+4\times16^{-1}=675.25$

2.十进制数转换为二进制数

把一个十进制数转换为二进制数,对其整数部分和小数部分的处理方法不同,下面分别介绍。

(1)整数部分的转换——除 2 取余法。

整数部分的转换采用除 2 取余法。用 2 整除十进制整数,可以得到一个商和余数,再用 2 去除商,又会得到一个商和余数,如此进行下去,直至商为 0,每次相除所得余数按照"第一次除 2 所得余数是二进制数的最低位、最后一次相除所得余数是最高位"的规则排列起来,便是对应的二进制数。

例 1－4　将十进制数$(57)_{10}$转换为二进制。

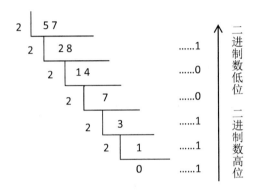

可得$(57)_{10}＝(111001)_2$。

(2)小数部分的转换——乘 2 取整法。

小数部分的转换采用乘 2 取整法。将小数部分乘以 2,然后取整数部分,剩下的小数部分继续乘以 2,然后取整数部分剩下的小数部分又乘以 2,一直取到小数部分为 0 为止。如果永远不能为 0,就与十进制四舍五入一样,按要求保留多位小数,就根据后面一位是 0 还是 1 取舍,如果是 0 则舍掉,如果是 1 与向前一位。

例 1－5　将十进制数$(0.6875)_{10}$转换为二进制数。

$$0.6875×2=1.3750 \quad ……1$$
$$0.3750×2=0.7500 \quad ……0$$
$$0.7500×2=1.5000 \quad ……1$$
$$0.5000×2=1.0000 \quad ……1$$

二进制小数首位　二进制小数末位

可得$(0.6875)_{10}＝(0.1011)_2$。

3.十进制数转换为八进制数、十六进制数

将十进制数转换为八进制数、十六进制数的方法同上。整数部分转换采用除以 8(除以 16)取余倒排列法;小数部分转换采用乘以 8(乘以 16)取整正排列法。

例 1－6　将十进制数$(1617.6875)_{10}$转换为八进制数。

解：整数部分 1617 和小数部分 0.6875 转换过程如下。

可得$(1617.6875)_{10}＝(3121.54)_8$。

例 1－7　将十进制数$(12345.671875)_{10}$转换为十六进制数。

解：整数部分 12345 和小数部分 0.671875 转换过程如下。

可得$(12345.671875)_{10}＝(3039.AC)_{16}$。

4.二进制数、八进制数、十六进制数之间的转换

(1)二进制数与八进制数之间的转换。

因为三位二进制数正好表示 0～7 八个数字，二进制、八进制和十六进制之间的关系见表 1－2，所以一个二进制数要转换成八进制数时，以小数点为界分别向左向右开始每三位分为一组，一组一组地转换成对应的八进制数字。若最后不足三位时，整数部分在最高位前面加 0 补足三位，小数部分在最低位之后加 0 补足三位，转换，然后按原来的顺序排列得到八进制数。同理，由八进制数转换为二进制数时，只要将每位八进制数写成对应的三位二进制数，再按原来的顺序排列起来就可以了。

表 1－2　二进制与八进制和十六进制之间的关系

二进制	八进制	二进制	十六进制	二进制	十六进制
000	0	0000	0	1000	8
001	1	0001	1	1001	9
010	2	0010	2	1010	A
011	3	0011	3	1011	B
100	4	0100	4	1100	C
101	5	0101	5	1101	D
110	6	0110	6	1110	E
111	7	0111	7	1111	F

例 1－8　将二进制数$(10111100101.01011)_2$转换为八进制数。

解：
$$010\ 111\ 100\ 101.010\ 110$$
$$2\ \ \ \ 7\ \ \ \ 4\ \ \ \ 5\ \ \ \ 2\ \ \ \ 6$$

可得$(10111100101.01011)_2 = (2745.26)_8$。

例1—9 将八进制数$(562.17)_8$转换为二进制数。

解：

5	6	2 .	1	7
101	110	010	001	111

可得$(562.17)_8 = (101110010.001111)_2$。

(2)二进制与十六进制之间的转换。

因为四位二进制数正好可以表示十六进制数的十六个符号,见表1—2,所以一个二进制数要转换为十六进制数时,以小数点为界分别向左向右开始每四位分为一组,一组一组地转换成为对应的十六进制数。最后不足四位时,整数部分在最高位前面加0补足四位,小数部分在最低位之后加0补足四位,转换,然后按原来的顺序排列就得到十六进制数了。同理,由十六进制数转换为二进制数时,只要将每位十六进制数字写成对应的四位二进制数,再按原来的顺序排列起来就可以了。

例1—10 将二进制数$(10111100101.01011)_2$转换为十六进制数。

解：

0101	1110	0101 .	0101	1000
5	E	5	5	8

可得$(10111100101.01011)_2 = (5E5.58)_{16}$。

例1—11 将十六进制数$(3A4F.2D)_{16}$转换为二进制数。

解：

3	A	4	F .	2	D
0011	1010	0100	1111	0010	1101

可得$(3A4F.2D)_{16} = (11101001001111.00101101)_2$。

1.3.3 计算机中数据类型及编码

计算机中的数据包括数值型和非数值型两大类。

数值型数据指可以参加算术运算的数据,如$(123)_{10}$、$(1001.101)_2$等。

非数值型数据不参与算术运算,如字符串"电话号码2519603""4的3倍等于12"等都是非数值数据。注意这两个例子中均含有数字,如2519603、4、3、12,但它们不能也不需要参加算术运算,因此仍属于非数值数据。非数值型数据还包括字符、符号等。

任何形式的数据进入计算机都必须进行0和1的二进制转换。采用二进制编码的优点如下。

(1)运算简单,通用性强。

(2)物理上容易实现,可靠性高。

(3)计算机中二进制的0和1数码与逻辑量"真"和"假"的0与1相吻合,便于表示和进行逻辑运算。

1.数值数据的编码

数值信息在计算机内的表示方法就是用二进制来表示。数值数据有大小、正负之分,能够进行算术运算。在计算机中,如果再对数的正、负符号进行编码,就可以在计算机中表示十进制数了。为运算简单,在不同的场合还采用了原码、反码、补码等不同的编码方法,采用定点数和浮点数的方式分别表示整型数和实型数。

(1)机器数。

在计算机中,因为只有 0 和 1 两种形式,所以数的正负也必须用 0 和 1 表示。通常把一个数的最高位定义为符号位,用 0 表示正,1 表示负,称为数符,其余位仍表示数值。把在机器内存放的正、负号数码化为一个整体来处理的二进数串称为机器数,而把机器外部由正、负表示的数称为真值数。

例如,真值为(＋1010011)B 的机器数为 01010011,存放在机器中,等效于＋83。需注意的是,机器数表示的范围受到字长和数据的类型的限制。字长和数据类型确定了,机器数表示的数值范围也就确定了。例如,若表示一个整数,字长为 8 位,则最大的正数为 01111111,最高位为符号位,即最大值为 127。若数值超出 127,则溢出。

(2)数的定点表示法和浮点表示法。

当计算机所需处理的数含有小数部分时,又出现了如何表示小数点的问题。计算机中并不单独利用某一个二进制位来表示小数点,而是隐含规定小数点的位置。根据小数点位置是否固定,计算机中的数可分为定点数和浮点数两种。

①定点表示法。

所谓定点表示法,就是小数点在数中的位置固定不变,它总是隐含在预定位置上。通常,对于整型数,小数点固定在数值部分的右端,即在数的最低位之后,定点整数的存储格式如图 1—2 所示;对于小数,小数点固定在数值部分左端,即在数的符号位之后、最高数位之前,定点小数的存储格式如图 1—3 所示。

例如,定点整数 120 用 8 位二进制数可表示为 01111000,其中最高位 0 表示符号为正。根据计算机字长不同,如果用 n 个二进制位存放一个定点整数,那么它的表示范围为 $-2^{n-1} \sim 2^{n-1}-1$。

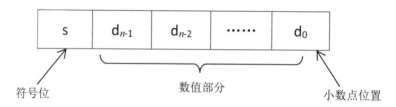

图 1—2　定点整数的存储格式

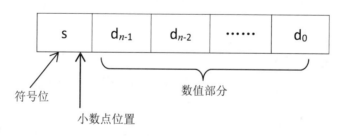

图 1—3　定点小数的存储格式

说明:上面表示的整数的范围是以补码形式表示的,有关补码的知识在后面介绍。

定点小数－0.125 用 8 位二进制数可表示为 10010000,其中最高位 1 表示号为负。根据计算机字长不同,如果用 n 个二进制位存放一个定点小数(纯小数),其表示范围为 $-1 \sim 2^{-(n-1)}$。

②浮点表示法。

定点数用来表示整数或纯小数,如果一个数既有整数部分又有小数部分,采用定点格式就会引起一些麻烦和困难。因此,计算机中使用浮点表示法。

浮点表示法对应科学(指数)计数法,如数 110.011 可表示为

$$N=110.011=1.10011\times 2^{10}=11001.1\times 2^{-10}=0.110011\times 2^{11}$$

浮点表示法中的小数点在数中的位置不是固定不变的,而是浮动的。任何浮点数都由阶码和尾数两部分组成,阶码是指数,尾数是纯小数。浮点数存储格式如图 1-4 所示。其中,数符和阶符都各占一位,数符是尾数(纯小数)部分的符号位,而阶符为阶码(指数部分)的符号位。阶码的位数随数值的表示范围而定,尾数的位数则依数的精度而定。

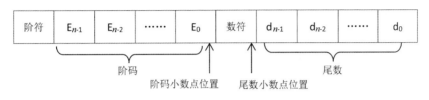

图 1-4 浮点数存储格式

当一个数的阶码大于机器所能表示的最大阶码或小于机器所能表示的最小阶码时会产生溢出。

例如,设尾数为 4 位,阶码为 2 位,则二进制数 $N=10^{11}\times 1011$ 的浮点数表示形式为

应当注意的是,浮点数的正负是由尾数的数符确定的,而阶码的正、负只决定小数点的位置,即决定浮点数的绝对值的大小。当浮点数的尾数为零或阶码为最小值时,机器通常规定,把该数看作零,称为机器零。

(3)带符号数的表示。

在计算机中,带符号数可以用不同方法表示,常用的有原码、反码和补码。

①原码。

数的原码表示规则为:将符号位(即最高位)用来表示数的符号,0 表示正数,1 表示负数,而其他位按一般的方法表示数的绝对值,用这种方法得到的数码就是该数的原码。例如:

$$x=(+100)_{10} \qquad [x]_{原}=(01100100)_2$$
$$y=(-100)_{10} \qquad [y]_{原}=(11100100)_2$$

0 的原码表示有两种,即$[+0]_{原}=00000000$,$[-0]_{原}=10000000$。

②反码。

数的反码表示规则为:将符号位(即最高位)用来表示数的符号,0 表示正数,1 表示负数。正数的反码与原码相同,负数的反码为其原码除符号外的各位按位取反(即 0 变 1,1 变 0)。例如:

$$x=(+100)_{10} \qquad [x]_{反}=[x]_{原}=(01100100)_2$$
$$y=(-100)_{10} \qquad [y]_{原}=(11100100)_2 \qquad [y]_{反}=(10011011)_2$$

反码表示方式中,0 有两种表示方法,即$[+0]_反=00000000$,$[-0]_反=11111111$。

③补码。

数的补码表示规则:将符号位(即最高位)用来表示数的符号,0 表示正数,1 表示负数。正数的补码与反码及原码相同,负数的补码为其反码在其最低位加 1,即原码除符号外的各位按位取反(即 0 变 1,1 变 0),再末尾加 1。例如:

$x=(+100)_{10}$ 　　　　$[x]_补=[x]_原=[x]_反=(01100100)_2$

$y=(-100)_{10}$ 　　　　$[y]_原=(11100100)_2$ 　$[y]_反=(10011011)_2$ 　$[y]_补=(10011100)_2$

在补码中,0 有唯一的编码,即$[+0]_补=[-0]_补=00000000$。

补码可以将减法运算转化为加法运算,即实现类似代数中的 $x-y=x+(-y)$ 的运算。补码的加减法运算规则为$[x+y]_补=[x]_补+[y]_补$,$[x-y]_补=[x]_补+[-y]_补$。

(4)二进制数的常用单位。

在计算机内部,一切数据都用二进制的编码来表示。为了衡量计算机中数据的量,规定了二进制的常用单位,如位、字节、字等。

①位。

位(bit)是二进制中的一个数位,可以是 0 或 1。它是计算机中数据的最小单位,称为比特(bit)。

②字节。

通常将 8 位二进制数组成一组,称为一个字节(Byte)。字节是计算机中数据处理和存储容量的基本单位,如存放一个西文字母在存储器中占一个字节。书写时,常将字节英文单词 Byte 简写成 B。常用的单位还有 KB(千字节)、MB(兆字节)、GB(吉字节)等,它们之间的关系为

$$1\ B=8\ bit$$
$$1\ KB=2^{10}=1024\ B$$
$$1\ MB=2^{20}=1024\ KB$$
$$1\ GB=2^{30}=1024\ MB$$

③字。

字(Word)指计算机一次能存取、加工、运算和传输的数据长度。一个字一般由一个或者几个字节组成,它是衡量计算机性能的一个重要指标。

2.字符数据的编码

在计算机系统中,除处理数字外,还需要把符号、文字等利用二进制表示,这样的二进制数称为字符编码。

(1)ASCII 码(American Standard Code of Information Interchange)是"美国标准信息交换代码"的缩写。该种编码后来被国际标准化组织 ISO 采纳,作为国际通用的字符信息编码方案。ASCII 码用 7 位二进制数的不同编码来表示 128 个不同的字符(因 $2^7=128$),它包含十进制数符 0~9、大小写英文字母及专用符号等 95 种可打印字符,还有 33 种通用控制字符(如回车、换行等),共 128 个。ASCII 码表见表 1-3。ASCII 码中,每一个编码转换为十进制数的值称为该字符的 ASCII 码值。例如,大写字母"A"的 ASCII 码值为 65(41H),小写字母"a"的 ASCII 码值为 97(61H)。

表 1－3　ASCII 码表

$b_3 b_2 b_1 b_0$	$b_6 b_5 b_4$							
	000	001	010	011	100	101	110	111
0000	NUL	DLE	SP	0	@	P	、	p
0001	SOH	DC	!	1	A	Q	a	q
0010	STX	DC	"	2	B	R	b	r
0011	ETX	DC	♯	3	C	S	c	s
0100	EOT	DC	$	4	D	T	d	t
0101	ENQ	NAK	％	5	E	U	e	u
0110	ACK	SYN	&.	6	F	V	f	v
0111	BEL	ETB	'	7	G	W	g	w
1000	BS	CAN	(	8	H	X	h	x
1001	HT	EM	)	9	I	Y	i	y
1010	LF	SUB	*	:	J	Z	j	z
1011	VT	ESC	＋	;	K	[	k	{
1100	FF	FS	,	<	L	\	l	|
1101	CR	GS	－	=	M	]	m	}
1110	SO	RS	.	>	M	^	n	~
1111	SI	US	/	?	O	-	o	DEL

(2)BCD 码。

BCD(Binary Coded Decimal)码是"二进制编码的十进制"的缩写。有 4 位 BCD 码、6 位 BCD 码和扩展 BCD 码 3 种。

①8421 BCD 码。

8421 BCD 码又可简称为 8421 码,曾被广泛使用。它用 4 位二进制数表示一个十进制数字,4 位二进制数从左向右其权分别为 8、4、2、1。为对一个多位十进制数进行编码,需要有与十进制数的位数一样多的 4 位组。显然,8421 BCD 码只能表示十进制数的 10 个字符 0~9。

②扩展 BCD 码。

8421 BCD 码只能表示 10 个十进制数,自然字符数太少。即使后来产生的 6 位 BCD 码也只能表示 64 个字符,其中包括 10 个十进制数、26 个英文字母和 28 个特殊字符。而在某些场合,英文字母还需要区分大小写。扩展 BCD 码(Extended Binary Coded Decimal Interchange Coded,EBCDIC)由 8 位组成,可表示 256 个符号。EBCDIC 码是常用的编码之一,IBM 及 UNIVAC 计算机系统就曾采用这种编码。

（3）Unicode 码。

如果有一种编码，将世界上所有的符号都纳入其中，无论是英文、日文还是中文或其他语言，大家都使用这个编码表，那么就不会出现编码不匹配现象。每个符号对应一个唯一的编码，乱码问题就不存在了。这就是 Unicode 编码。

Unicode 是一种 16 位的编码，能够表示 654 000 多个字符或符号，而目前世界上的各种语言一般都用 34 000 多个字母或符号，所以 Unicode 可以用于任何一种语言。另外，Unicode 保留 30 000 多个符号供将来使用，如古代语言或用户自定义符号。Unicode 与现在流行的 ASCII 码完全兼容，因为二者前 256 个符号是一样的。

3.汉字编码

汉字在计算机内也采用二进制的数字化信息编码。由于汉字的数量大，常用的也有几千个之多，显然比 ASCII 码表更复杂，因此用一个字节（8 bit）是不够的。目前的汉字编码方案有二字节、三字节甚至四字节的。在一个汉字处理系统中，输入、内部处理、输出对汉字的要求不同，所用代码也不尽相同。汉字信息处理系统在处理汉字词语时，要进行国标码、输入码、机内码、字形码等一系列汉字代码转换。

（1）国标码。

1981 年，我国制定了《中华人民共和国国家标准信息交换汉字编码》（GB 2312—80）标准，这种编码称为国标码。国标码字符集中共收录了汉字和图形符号 7 445 个，其中一级汉字 3 755 个，二级汉字 3 008 个，西文和图形符号 682 个。

国标 GB 2312—80 规定，所有的国标汉字与符号组成一个 94×94 的矩阵。在此矩阵中，每一行称为一个区（区号分别为 01～94），每个区内有 94 个位（位号分别为 01～94）的汉字字符集。

汉字与符号在方阵中的分布情况如下。

①1～15 区为图形符号区。

②16～55 区为一级和常用二级汉字区。

③56～87 区为不常用的二级汉字区。

④88～94 区为自定义汉字区。

（2）汉字输入码与机内码。

计算机处理时，由于汉字具有特殊性，因此汉字输入、存储、处理及输出过程所使用的代码均不相同，其中包含用于汉字输入的输入码、用于机内存储和处理的机内码、用于显示及打印的字模点阵码（字形码）。

①输入码（外码）。

汉字由各种输入设备以不同方式输入计算机所用到的编码，每一种输入码都与相应的输入方案有关。根据不同的输入编码方案不同，一般可分类为数字编码（如区位码）、音码（如拼音编码）、字形码（如五笔字型编码）及音形混合码等。

②机内码。

汉字系统中对汉字的存储和处理使用了统一的编码，即汉字机内码。机内码与国标码稍有区别，如果直接用国标码作为内码，就会与 ASCII 码冲突。在汉字输入时，根据输入码通过计算或查找输入码表完成输入码到机内码的转换，如汉字国标码（H）＋8080（H）＝汉字机内码（H）。

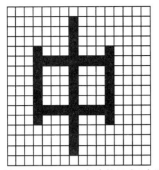

图1—5　16×16点阵的汉字"中"

（3）汉字库与汉字字形码。

汉字在显示和打印输出时，是以汉字字形信息表示的，即以点阵的方式形成汉字图形。汉字字形码是指确定一个汉字字形点阵的代码（汉字字模）。图1—5所示为16×16点阵的汉字"中"，用1表示黑点，0表示白点，则黑白信息就可以用二进制数来表示。每一个点用一位二进制数来表示，则一个16×16的汉字字模要用32个字节来存储。国标码中的6 763个汉字及符号码要用261 696个字节存储。以这种形式存储所有汉字字形信息的集合称为汉字字库。可以看出，随着点阵的增大，所需存储容量也很快变大，其字形质量也更好，但成本也更高。目前汉字信息处理系统中，屏幕显示一般用16×16点阵，打印输出时采用32×32点阵，在质量要较高时可以采用更高的点阵。

1.4　计算机多媒体知识

随着计算机技术的飞速发展，信息呈现多样化趋势并相互融合。计算机技术、通信技术和广播电视技术相互渗透，使多媒体技术发展成为一门独立的新技术，极大地改变了人们获得信息的方式。

多媒体技术是指通过计算机对文字、数据、图形、图像、动画、声音等多种媒体信息进行综合处理和管理，使用户可以通过多种感官与计算机进行实时信息交互的技术，又称计算机多媒体技术。

1.4.1　多媒体技术的基本概念

1.多媒体的概念

多媒体的英文单词是multimedia，它由multi和media两部分组成，一般理解为多种媒体的综合。媒体（Medium）在计算机行业中有两种含义：一是指传播信息的载体，如语言、文字、图像、视频、音频等，称为媒介；二是指存储信息的载体，如ROM、RAM、磁带、磁盘、光盘等，目前主要的载体有CD—ROM、VCD、网页等，称为媒质。

2.多媒体技术的基本特征

（1）集成性。

集成性是能够对信息进行多通道统一获取、存储、组织与合成的性质，涉及计算机技术、超文本技术、光盘技术和图形、图像技术等。多媒体设备的集成包括硬件和软件两个方面。

（2）控制性。

多媒体技术以计算机为中心，综合处理和控制多媒体信息，并按人的要求以多种媒体形式表现出来，同时作用于人的多种感官。

（3）交互性。

交互性是多媒体应用有别于传统信息交流媒体的主要特点之一。传统信息交流媒体只能单向、被动地传播信息，而多媒体技术则可以实现人对信息的主动选择和控制。

（4）实时性。

信息载体的实时性是指在多媒体系统中声音及活动的视频图像、动画之间的同步特性，即实时地反映它们之间的关系。

（5）互动性。

互动性可以形成人与机器、人与人及机器间的互动、互相交流的操作环境及身临其境的场景，人们根据需要进行控制。人机相互交流是多媒体最大的特点。

（6）信息使用的方便性。

用户可以按照自己的需要、兴趣、任务要求、偏爱和认知特点来使用信息，任取图、文、声等信息表现形式。

(7)信息结构的动态性。

"多媒体是一部永远读不完的书"，用户可以按照自己的目的和认知特征重新组织信息，增加、删除或修改节点，重新建立链接。

3. 多媒体的应用

近年来，多媒体技术得到迅速发展，多媒体系统的应用更以极强的渗透力进入人类生活的各个领域，如游戏、教育、档案、图书、娱乐、艺术、股票债券、金融交易、建筑设计、家庭、通信等。

利用多媒体网页，商家可以将广告变成有声有画的互动形式，在更吸引消费者之余，也能够在同一时间内向潜在消费者提供更多商品的消息。

利用多媒体进行教学，除可以增加教学过程的互动性外，更可以吸引学生学习、提升学习兴趣，以及利用视觉、听觉及触觉三方面的反馈（Feedback）来增强学生对知识的吸收。

多媒体还可以应用于数字图书馆、数字博物馆等领域。此外，交通监控等也可使用多媒体技术进行相关监控。

近年来的电子游戏使千万青少年甚至成年人都为之着迷，可见多媒体的威力之大。大商场、邮局里的电子导购触摸屏也是一例，它的出现极大地方便了人们的生活。许多有眼光的企业看到了这一形式，纷纷运用其做企业宣传，甚至运用其交互能力加入了电子商务、自助式维护，方便了客户，促进了销售，提升了企业形象，扩展了商机，在销售和形象两方面都获益。

多媒体技术是一种迅速发展的综合性电子信息技术，它给传统的计算机系统、音频和视频设备带来了方向性的变革，将对大众传媒产生深远的影响。多媒体计算机将加速计算机进入家庭和社会各个方面的进程，给人们的工作、生活和娱乐带来深刻的影响。

1.4.2 多媒体计算机系统的基本组成

多媒体计算机系统是指能把视、听和计算机交互式控制结合起来，对音频信号、视频信号的获取、生成、存储、处理、回收和传输综合数字化所组成的一个完整的计算机系统。一个多媒体计算机系统一般由两部分构成，分别为多媒体硬件系统（包括计算机硬件、声像等多种媒体的输入输出设备和装置）和多媒体软件系统（包括多媒体系统软件和多媒体应用软件）。

1. 多媒体硬件系统

多媒体计算机系统除需要较高配置的计算机主机外，还包括表示、捕获、存储、传递和处理多媒体信息所需要的硬件设备。

(1)多媒体外部设备。

按其功能又可分为以下四类。

①人机交互设备。如键盘、鼠标、触摸屏、绘图板、光笔及手写输入设备等。

②存储设备。如磁盘、光盘等。

③视频、音频输入设备。如摄像机、录像机、扫描仪、数码相机、数码摄像机和话筒等。

④视频、音频播放设备。如音响、电视机和大屏幕投影仪等。

(2)多媒体接口卡。

多媒体接口卡是根据多媒体系统获取、编辑音频或视频的需要而插接在计算机上的接口卡。常用的接口卡有声卡、视频卡等。

①声卡。声卡也称音频卡，是 MPC 的必要部件。它是计算机进行声音处理的适配器，用于处理音频信息。它可以将话筒、唱机（包括激光唱机）、录音机、电子乐器等输入的声音信息进行模/数转换、压缩处理，也可以将经过计算机处理的数字化声音信号通过还原（解压缩）、数/模转换后用扬声器播放或记录下来。

②视频卡。视频卡是一种统称，包括视频捕捉卡、视频显示卡（VGA 卡）、视频转换卡（如

TV Coder)及动态视频压缩和视频解压缩卡等。它们完成的功能主要包括图形图像的采集、压缩、显示、转换和输出等。

2.多媒体软件系统

多媒体计算机软件系统主要分为系统软件和应用软件。

(1)系统软件。多媒体计算机系统的系统软件有以下几种。

①多媒体驱动软件。多媒体驱动软件是最底层硬件的软件支撑环境,直接与计算机硬件相关,完成设备初始化、基于硬件的压缩/解压缩、图像快速变换及功能调用等。

②驱动器接口程序。驱动器接口程序是高层软件与驱动程序之间的接口软件。

③多媒体操作系统。实现多媒体环境下实时多任务调度,保证音频、视频同步控制及信息处理的实时性,提供多媒体信息的各种基本操作和管理,具有对设备的相对独立性和可操作性。多媒体各种软件要运行于多媒体操作系统(如 Windows)上,因此操作系统是多媒体软件的核心。

④多媒体素材制作软件。多媒体素材制作软件是为多媒体应用程序进行数据准备的程序,主要是多媒体数据采集软件,作为开发环境的工具库,供设计者调用。

⑤多媒体创作工具。多媒体创作工具是主要用于编辑生成特定领域的多媒体应用软件,是在多媒体操作系统上进行开发的软件工具。

(2)应用软件。应用软件是在多媒体创作平台上设计开发的、面向特定应用领域的软件系统。

1.4.3　多媒体应用中的媒体元素

多媒体包括文本、图形、静态图像、动画、声音、视频剪辑等基本要素。在演示及网页制作中,多媒体扮演着重要的角色。

1.文本

文本是以文字和各种专用符号表达的信息形式,是现实生活中使用得最多的一种信息存储和传递方式。用文本表达信息给人充分的想象空间,它主要用于对知识进行描述性表示,如阐述概念、定义、原理和问题,以及显示标题、菜单等内容。

2.图形图像

图像是多媒体软件中最重要的信息表现形式之一,它是决定一个多媒体软件视觉效果的关键因素。

一般来说,目前的图形(图像)格式大致可以分为两大类:一类为位图;另一类称为描绘类、矢量类或面向对象的图形(图像)。前者是以点阵形式描述的图形(图像);后者是以数学方法描述的一种由几何元素组成的图形(图像)。

常见的图形文件格式有 BMP、DIB、PCP、DIF、WMF、GIF、JPG、TIF、EPS、PSD、CDR、IFF、TGA、PCD、MPT 等。

3.动画

动画是利用人的视觉暂留特性,快速播放一系列连续运动变化的图形图像,也包括画面的缩放、旋转、变换、淡入淡出等特殊效果。与视频影像的不同是,视频影像一般是指生活中发生事件的记录,而动画通常指人工创作出来的动态影像。

4.音频

音频除包括音乐、语音外,还包括各种音响效果。声音是人们用来传递信息、交流感情最方便、最熟悉的方式之一。声音数字化的质量与采样频率、量化精度和声道数密切相关,采样频率越高,量化精度越高,声道数越多,则声音质量就越好,而数字化后的数据量就越大。

常用的音频文件格式有 WAV、MID、CDA、RM、MP3 等。

5.视频

视频图像是一种活动影像,与电影和电视原理一致,主要利用人眼的视觉暂留现象,将足够多的画面(帧)连续播放。播放速度达到 20 帧/s 以上时,人眼就不会觉察出画面的不连续性。

常见的视频文件格式有 AVI、MPG、RAM、ASF、WMV、3GP、MP4、FLV 等。

1.4.4 多媒体信息处理的关键技术

多媒体信息包括文本、数据、声音、动画、图形、图像及视频影像等多种媒体信息,经过数字化处理后,其数据量是非常大的,并要求媒体之间高度协调,这在技术上是比较复杂的。

1. 数据压缩和编码技术

数据压缩和编码技术是多媒体技术的关键技术之一。在处理音频和视频信号时,如果每一幅图像都不经过任何压缩便直接进行数字化编码,那么其容量是非常巨大的,现有计算机的存储空间和总线的传输速度都很难适应。

图像压缩一直是技术热点之一,它的潜在价值相当大,是计算机处理图像和视频及网络传输的重要基础。目前,ISO 制定了两个压缩标准,即 JPEG 和 MPEG。

JPEG 是静态图像的压缩标准,适用于连续色调彩色或灰度图像,它包括两部分:一是基于 DPCM(空间线性预测)技术的无失真编码;二是基于 DCT(离散余弦变换)和哈夫曼编码的有失真算法。前者图像压缩无失真,但是压缩比很小;目前主要应用的后者,图像有损失但压缩比很大,压缩 20 倍左右时基本看不出失真。

MJPEG 是指 MotionJPEG,即按照 25 帧/s 速度使用 JPEG 算法压缩视频信号,完成动态视频的压缩。MPEG 算法是适用于动态视频的压缩算法,它除对单幅图像进行编码外,还利用图像序列中的相关原则,将帧间的冗余去掉,大大提高了图像的压缩比例。通常为保持较高的图像质量而压缩比高达 100 倍。

2. 多媒体网络技术

多媒体不仅要解决单机上的问题,也要解决多媒体网络的通信问题。多媒体通信技术突破了计算机、通信、广播和出版的界限,使它们融为一体,利用通信网络综合性地完成文本、图片、动画、音频、视频等多媒体信息的传输和交换。

多媒体数据信息量大,要求声像同步、实时播放,因此要求计算机网络带宽更高,延时更小。

3. 多媒体专用芯片技术

多媒体专用芯片基于超大规模集成电路(Very Large Scale Integration,VLSI)技术,它是多媒体硬件体系结构的关键技术,因为要实现音频、视频信号的快速压缩、解压缩和播放处理,需大量的快速计算。而实现图像的特殊效果(如改变比例尺、淡入淡出等),图像的生成、绘制等处理,以及音频信号的处理等),只有采用专用芯片进行处理才能取得满意的效果。

4. 多媒体存储技术

数字化的多媒体信息经过压缩处理仍然包含大量的数据,多媒体信息的存储和发布不能用磁盘进行。硬盘尽管存储量很大,但价格昂贵且不便于交换和携带。光盘原理简单,存储容量大,便于生产,价格低廉,因此被广泛用于多媒体数据存储。

5. 多媒体数据库技术

多媒体数据库是一种包括文本、图形、图像、动画、声音、视频等多媒体信息的数据库。由于一般的管理系统处理的是字符、数值等结构化的信息,无法处理图形、图像、声音等大量的、非结构化的多媒体信息,因此需要一种新的数据库管理系统对多媒体数据进行处理。

6. 虚拟现实技术

虚拟现实技术是一门综合技术,是多媒体技术发展的最高境界。虚拟现实技术是一种完全沉浸式的人机交互界面,用户处在计算机产生的虚拟世界中,无论是看到的、听到的还是感觉到的,都像在真实的世界一样,并通过输入和输出设备可以同虚拟现实环境进行交互。

第2章 微型计算机系统

微型计算机系统是一种能自动、高速、精确地处理信息的现代化电子设备。计算机具有算术运算和逻辑判断能力,并能通过预先编好的程序来自动完成数据的加工处理,它是以微处理器为基础,配以内存储器及输入输出(I/O)接口电路,采用总线结构实现系统连接再配以相应的外部设备和软件构成的计算机系统。微型计算机即微机,供个人用户操作的微型计算机通常称为个人计算机(Personal Computer,PC),它的特点是体积小、灵活性大、价格便宜、使用方便,目前已经走入千家万户,成为人们工作和学习不可缺少的工具。

2.1 计算机系统概述

2.1.1 计算机系统的组成

一台完整的微型计算机系统由硬件系统和软件系统两部分组成。硬件系统是看得见、摸得着的实体部分;软件系统是为更好地利用计算机而编写的程序及文档。它们的区分犹如把一个人分成躯体和思想,躯体是硬件,思想则是软件,硬件和软件相辅相成、缺一不可。计算机系统组成如图2-1所示。

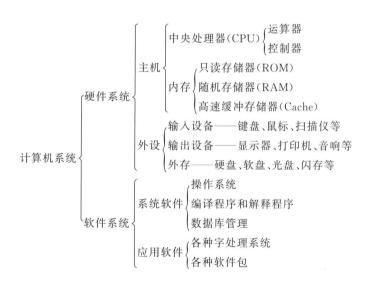

图2-1 计算机系统组成

1.计算机硬件组成

计算机发展到现在的70多年来,尽管在规模、速度、性能、应用领域等方面存在很大的差别,但都遵循冯·诺依曼体系结构,它确定了计算机硬件系统都由五大部件组成,即控制器、运算器、存储器、输入设备和输出设备。这五部分相互配合,协同工作。各种各样的信息通过输入设备进入计算机的存储器,然后送到运算器,运算完毕后把结果送回到存储器存储,最后通过输出设备显示出来,所有设备的工作都在控制器的控制下完成。计算机硬件系统组成如图2-2所示,细线箭头是控制器发出的控制信息流向,粗线箭头是数据信息流向。

27

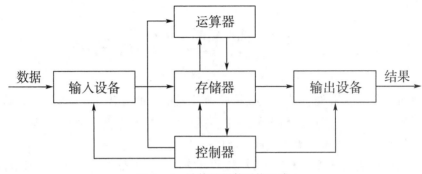

图 2—2　计算机硬件系统组成

下面分别介绍计算机各组成部分的基本功能、结构和工作原理。

（1）控制器（Control）。控制器是整个计算机的中枢神经，其功能是对程序规定的控制信息进行解释，根据其要求控制、调度程序、数据、地址，协调计算机各部分工作及内存与外设的访问等。

（2）运算器（Datapath）。运算器的功能是对数据进行各种算术运算和逻辑运算，算数、逻辑运算包括加、减、乘、除四则运算，与、或、非等逻辑运算，以及数据的传送、移位等操作，即对数据进行加工处理。

（3）存储器（Memory）。存储器的功能是存储程序、数据和各种信号、命令等信息，并在需要时提供这些信息。

（4）输入设备（Input Device）。输入设备是计算机的重要组成部分。输入设备与输出设备合称为外部设备，简称外设。输入设备的作用是将程序、原始数据、文字、字符、控制命令或现场采集的数据等信息输入到计算机，常见的输入设备有键盘、鼠标器、光电输入机、磁带机、磁盘机、光盘机等。

（5）输出设备（Output Device）。输出设备与输入设备同样是计算机的重要组成部分，它把计算的中间结果或最后结果、机内的各种数据符号及文字或各种控制信号等信息输出出来。微机常用的输出设备有显示终端 CRT、打印机、激光印字机、绘图仪及磁带、光盘机等。

2.计算机软件组成

软件是指程序、程序运行所需要的数据，以及开发、使用和维护这些程序所需要文档的集合，包括系统软件和应用软件。具体内容参见 2.3 节。

2.1.2　计算机系统的基本工作原理

计算机的基本原理是存储程序和程序控制。预先要把指挥计算机如何进行操作的指令序列（称为程序）和原始数据通过输入设备输送到计算机内存储器中，由计算机控制器严格地按照程序逻辑顺序逐条执行，完成对信息的加工。

1.指令与指令系统

指令是一组代码，规定由计算机执行的一步操作，由计算机硬件来执行。

指令通常包含操作码（Operation Code）和操作数（Operand）两部分：操作码表明计算机应该执行的某种操作的性质与功能，即指示计算机执行何种操作；操作数指出参加操作的数据或数据所在的单元地址。指令格式示意图如图 2—3 所示。

操作码	操作数

图 2—3　指令格式示意图

计算机硬件结构不同,指令也不同。一台计算机所能识别和执行的全部指令的集合称为这台计算机的指令系统。程序由指令组成,是为解决问题设计的一组命令。

2.计算机工作过程

一条指令的执行通常分为三个阶段:取出指令、指令译码和指令执行。

(1)取出指令。

取出指令阶段的工作是从内存中取出要执行的指令。操作码指明该指令的功能,如某种算数运算等。操作数表示指令要处理的数据或者数据所在的地址,如内存单元地址。

(2)指令译码。

指令译码阶段的工作是指令的操作码经过译码器处理后送往控制器,控制器根据指令的功能产生相应的控制信号序列。如果该指令含有操作数的地址,那么控制器还要形成相应的地址,以便指令执行时使用。

(3)指令执行。

指令执行阶段的工作是机器按照控制器发出的控制信号完成各种操作,从而完成该指令的功能。

计算机在运行时,先从内存中取出第一条指令,通过控制器的译码,按指令的要求,从存储器中取出数据进行指定的运算和逻辑操作等加工,然后再按地址把结果送到内存中。接下来,再取出第二条指令,在控制器的指挥下完成规定操作。依此进行下去,直至遇到停止指令。

2.1.3　计算机系统的主要技术指标

(1)字长。

字长是指计算机能直接处理的二进制的位数,极大地影响着硬件。字长标志计算机的精度,字长越长,可用来表示数的有效位越多,计算机处理数据的精度越高。

(2)运算速度。

运算速度是指计算机每秒能执行的指令条数,是用于衡量运算速度快慢的指标,单位为MIPS(百万条指令/s)。

(3)内存容量。

内存容量是指计算机内存储器能存储信息的字节数,用于存储正在运行或随时要使用的程序和数据。内存的大小直接影响程序的运行。

(4)主频。

主频是指计算机的时钟主频,即 CPU 提供的有规律的电脉冲速度。主频在很大程度决定了计算机的运行速度。

(5)可靠性。

可靠性是指计算机正常工作的平均时间,反映了计算机在一段时间内能正常运行的概率,用平均无故障时间(Mean Time Between Failures,MTBF)来衡量。

2.2 微型计算机硬件系统

微型计算机的硬件发展越来越快,目前的微型计算机的硬件系统采用冯·诺依曼体系结构,即由运算器、控制器、存储器、输入设备和输出设备组成。微型计算机采用系统总线结构,搭配适当接口电路,将中央处理器(Central Processing Unit,CPU)(包括控制器、运算器)、内部存储器及外部设备连接起来。

2.2.1 总线

总线(Bus)就是系统部件之间传送信息的公共通道,通过总线,整个系统内各部件之间的信息可以进行传输、交换、共享和逻辑控制等功能。在计算机系统中,总线是CPU、内存、输入、输出设备传递信息的公用通道,主机的各个部件通过主机相连接,外部设备通过相应的接口电路再与总线相连接。

根据所连接的部件不同,总线可以分为内部总线、系统总线和外部总线。内部总线是同一部件内(如CPU)连接各元件的总线;系统总线是连接CPU、存储器和各种I/O模块等主要部件的总线;外部总线是微机和外部设备之间的总线。

1.系统总线

系统总线根据传递内容不同,分为数据总线(Data Bus,DB)、地址总线(Address Bus,AB)和控制总线(Control Bus,CB)。系统总线如图2-4所示。

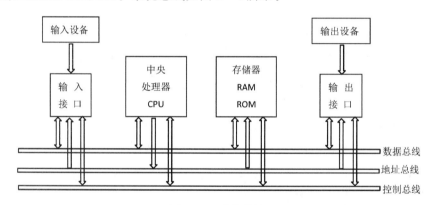

图2-4 系统总线

(1)数据总线。

数据总线用于传送数据信息。数据总线是双向三态形式的总线,它既可以把CPU的数据传送到存储器或I/O接口等其他部件,也可以将其他部件的数据传送到CPU。数据总线的位数是微型计算机的一个重要指标,通常与微处理的字长相一致。例如,Intel 8086微处理器字长16位,其数据总线宽度也是16位。目前,微型计算机采用的数据总线有16位、32位、64位等。

(2)地址总线。

地址总线是专门用来传送地址的。由于地址只能从CPU传向外部存储器或I/O端口,因此地址总线总是单向三态的,这与数据总线不同。地址总线的位数决定了CPU可直接寻址的内存空间大小。例如,8位微机的地址总线为16位,则其最大可寻址空间为$2^{16}=64$ KB;16位微型机的地址总线为20位,其可寻址空间为$2^{20}=1$ MB。一般来说,若地址总线为n位,则可寻址空间为2^n字节。

（3）控制总线。

控制总线用来传送控制信号和时序信号。控制信号中,有的是微处理器送往存储器和 I/O 接口电路的,如读/写信号、片选信号、中断响应信号等;也有是其他部件反馈给 CPU 的,如中断申请信号、复位信号、总线请求信号、准备就绪信号等。因此,控制总线的传送方向由具体控制信号而定,一般是双向的,控制总线的位数要根据系统的实际控制需要而定。实际上,控制总线的具体情况主要取决于 CPU。

2. 总线的主要性能指标

（1）总线频率。即总线工作时钟频率,单位为 MHz,它是影响总线传输速率的重要因素之一。

（2）总线宽度。又称总线位宽,是总线可同时传输的数据位数,用位（bit）表示,如 8 位、16 位、32 位等。显然,总线的宽度越大,它在同一时刻能够传输的数据就越多。

（3）总线带宽。又称总线传输率,表示在总线上每秒传输字节的多少,单位是 MB/s。影响总线传输率的因素有总线宽度、总线频率等。计算总线带宽的公式为

$$总线带宽(MB/s) = 1/8 × 总线宽度 × 总线频率$$

有时也用 Mbit/s 作为总线带宽的单位,但此时在数值上应等于上述公式计算数值乘以 8。

（4）同步方式和异步方式。在同步方式下,总线上主模块与从模块进行一次数据传输的时间是固定的,并严格按照系统时钟来统一定时主模块、从模块之间的传输操作,只要总线上的设备都是高速的,就可达到很高的总线带宽。在异步方式下,采用应答式传输技术,允许从模块自行调整响应时间,即传输周期是可以改变的,这样会减小总线带宽,但在适应性和灵活性上得到了提高。

（5）总线复用。通常地址总线与数据总线在物理上是分开的两种总线。地址总线传输地址码,数据总线传输数据信息。为提高总线的利用率、优化设计,将地址总线和数据总线共用一条物理线路,只是某一时刻该总线传输地址信号,另一时刻传输数据信号或命令信号,称为总线的多路复用。采用多路复用技术可以减少总线的数目。

2.2.2　主板

主板,又称主机板（Mainboard）、系统板（Systemboard）或母板（Motherboard）,它安装在机箱内,是微机最基本的也是最重要的部件之一。主板为整个计算机工作提供一个连接平台,上面有各种插槽,提供各部分的接口。主板主要有 CPU 插座、内存插槽、AGP 插槽、芯片组、扩展插槽、IDE 接口、BIOS 芯片、I/O 控制芯片、CMOS 电池、跳线、键盘和面板控制开关接口、指示灯插接件等。主板把各种设备和计算机精密连接在一起,形成一个有机整体。

主板的主要任务是维系 CPU 与外部设备之间的协同工作,不出差错。在控制芯片组的统一调度之下,CPU 首先接受各种外来数据或命令,经过运算处理,再经由 PCI 或 AGP 等总线接口,把运算结果高速、准确地传输到指定的外部设备上。

主板采用了开放式结构。主板上大都有扩展插槽,供 PC 机外围设备的控制卡（适配器）插接。通过更换这些插卡,可以对微机的相应子系统进行局部升级,使厂家和用户在配置机型方面有更大的灵活性。总之,主板在整个微机系统中扮演着举足轻重的角色。主板如图 2—5 所示。

图 2—5　主板

2.2.3　中央处理器

中央处理器(CPU)制作在一块集成电路芯片上,又称微处理器(Micro Processor Unit, MPU)。CPU 如图 2—6 所示。计算机利用中央处理器处理数据,利用存储器存储数据。CPU 是计算机硬件的核心,主要包括运算器和控制器两大部分,控制着整个计算机系统的工作。计算机的性能主要取决于 CPU 的性能。

图 2—6　CPU

运算器又称算术逻辑单元(Arithmetic Logic Unit,ALU)。操作时,控制器从存储器取出数据,运算器进行算术运算或逻辑运算,并把处理后的结果送回存储器。

控制器的主要作用是使整个计算机能够自动运行。执行程序时,控制器从主存中取出相应的指令数据,然后向其他功能部件发出指令所需的控制信号,完成相应的操作,再从主从中取出下一条指令执行,如此循环,直到程序完成。

2.2.4　存储器

存储器(Memory)是计算机中的记忆存储部件,用来存放程序和数据。存储器分为内存和外存两大类。计算机中全部信息,包括输入的原始数据、计算机程序、中间运行结果和最终运行结果都保存在存储器中,它根据控制器指定的位置存入和取出信息。有了存储器,计算机才有记忆功能,才能保证正常工作。按用途,存储器可分为主存储器(内存)和辅助存储器(外存),也有分为外部存储器和内部存储器的分类方法。

(1)内存。

内存指主板上的存储部件,用来存放当前正在执行的数据和程序,但仅用于暂时存放程序和数据,若关闭电源或断电,则数据会丢失。

内存储器分为随机读/写存储器(RAM)、只读存储器(Read Only Memory,ROM)和高速缓冲存储器(Cache)三类。内存一般指的是 RAM。

(2)外存。

外存通常是磁性介质或光盘等,能长期保存信息。外存储器主要包括硬盘、光盘、U 盘和移动硬盘等。

2.2.5　输入/输出设备

输入/输出设备是计算机与用户或其他设备通信的桥梁。

输入设备是用户与计算机系统之间进行信息交换的主要装置之一,键盘、鼠标、摄像头、扫描仪、光笔、手写输入板、游戏杆、语音输入装置等都属于输入设备。输入设备是人或外部与计算机进行交互的一种装置,用于把原始数据和处理这些数的程序输入到计算机中。

输出设备是计算机的终端设备,用于接收计算机数据的输出显示、打印、声音、控制外围设备操作等,目的是把各种计算结果数据或信息以数字、字符、图像、声音等形式表示出来。常见的输出设备有显示器、打印机、绘图仪、影像输出系统、语音输出系统、磁记录设备等。

2.3　微型计算机软件系统

硬件是组成计算机的基础,软件才是计算机的灵魂。计算机的硬件系统上只有安装了软件后,才能发挥其应有的作用。使用不同的软件,计算机可以完成各种不同的工作。配备上软件的计算机才是完整的计算机系统。

针对某一需要而为计算机编制的指令序列称为程序,程序与有关的说明文档构成软件。微型计算机系统的软件分为两大类,即系统软件和应用软件;系统软件支持机器运行;应用软件满足业务需求。

2.3.1　系统软件

系统软件是指由计算机生产厂或第三方为管理计算机系统的硬件和支持应用软件运行而提供的基本软件,最常用的有操作系统、程序设计语言、数据库管理系统、联网和网络管理系统软件等。

1.操作系统

操作系统(Operating System,OS)是微机最基本、最重要的系统软件,它负责管理计算机系统的各种硬件资源(如 CPU、内存空间,磁盘空间、外部设备等),并且负责将用户对机器的管理命令转换为机器内部的实际操作,如 Linux、Windows XP、Windows 2000、Windows 7 等。

2.程序设计语言

计算机语言分为机器语言、汇编语言和高级语言。机器语言的运算效率是所有语言中最高的；汇编语言是面向机器的语言；高级语言不能直接控制计算机的各种操作，编译程序产生的目标程序往往比较庞大，程序难以优化，所以运行速度较慢。

3.数据库管理系统

数据库管理系统（Datebase Management System，DBMS）是安装在操作系统之上的一种对数据进行统一管理的系统软件，主要用于建立、使用和维护数据库。微机上比较著名的数据库管理系统有 Access、Oracle、SQL Server、Sybase 等。Access 是小型数据库管理系统，适用于一般的商务活动；而 SQL Server 是大型数据库管理系统，适用于中小企业的业务应用。

4.联网和网络管理系统软件

网络上的信息资源要比单机上丰富得多，因此出现了专门用于联网和网络管理系统软件，如著名的网络操作系统 NetWare、Unix、Linux、Windows NT 等。

2.3.2 应用软件

应用软件是指除系统软件外，利用计算机为解决某类问题而设计的程序的集合，主要包括办公软件、工具软件、信息管理软件、辅助设计软件、实时控制软件等。

1.办公软件

微型计算机的一个很重要的工作就是日常办公，微软开发的 Office 2003 办公软件包含 Word 文字处理软件、电子表格 Excel、演示文稿 PowerPoint 和数据库管理系统 Access 等组件。这些组件协同使用，基本可以满足日常办公的需要。

2.工具软件

常用的工具软件有压缩/解压缩工具、杀毒工具、下载工具、数据备份与恢复工具、多媒体播放工具、网络聊天工具等，如 Win rar、Win zip、Rising、Ghost、Thunder、QQ 等。

3.信息管理软件

信息管理软件用于对信息进行输入、存储、修改、检索等，如工资管理软件、人事管理软件、仓库管理软件等。这种软件一般需要数据库管理系统进行后台支持，使用可视化高级语言进行前台开发，形成客户机/服务器（Client/Server，C/S）或浏览器/服务器（Browse/Server，B/S）体系结构，简称 MIS。

4.辅助设计软件

辅助设计软件用于高效地绘制、修改工程图纸，进行设计中的常规计算，帮助用户寻求好的设计方案，如二维绘图设计、三维几何造型设计等。这种软件一般需要 AutoCAD 和程序设计语言、数据库管理系统等的支持。

5.实时控制软件

实施控制软件用于随时获取生产装置、飞行器等的运行状态信息，并以此为依据按预定的方案对其实施自动或半自动控制。这种软件需要汇编语言或 C 语言的支持。

第3章 Windows 10 操作系统

3.1 Windows 操作系统简介

Microsoft Windows 是微软公司制作和研发的一套桌面操作系统。它问世于 1985 年,起初只是 MS－DOS 模拟环境,后续的系统版本由微软不断更新升级,直到现在的 Windows 10 系统。Windows 操作系统经历了 30 多年的发展历程,是当前微型计算机中应用最广泛的操作系统。

3.1.1 Windows 的发展历史

Windows 起源可以追溯到 Xerox 公司所进行的研发工作。1970 年,美国 Xerox 公司成立了著名的研究机构 Palo Alto Research Center(PARC),从事局域网络、激光打印机、图形使用者接口(Graphic User Interface,GUI)和面向对象(Object－Oriented)技术的研究,并于 1981 年宣布推出世界上第一个商用的 GUI 系统:Star 8010 工作站。但出于种种原因,此技术上的领先并未得到充分的重视,也没有进一步做商业化的应用。然而,Apple 公司的创始人之一 Steve Jobs 在参观 Xerox 公司的 PARC 研究中心后,认识到了 GUI 的重要性以及广阔的市场前景,于是开始着手进行自己的 GUI 系统研发工作,并于 1983 年成功研发第一个 GUI 系统:Lisa。不久,Apple 又推出第二个 GUI 系统:Macintosh。这是世界上第一个成功的商用 GUI 系统。Apple 公司在开发 Macintosh 时,出于市场战略上的考量,只开发了能于 Apple 公司自己的计算机上运作的 GUI 系统,但当时,基于 Intel x86 微处理器芯片的 IBM 兼容计算机已渐露头角,因此就给了 Microsoft 公司所开发的 Windows 生存空间和市场。Microsoft 公司早就意识到建立业界标准的重要性,在 1983 年春季就宣布开始研究开发 Windows,希望它能够成为基于 Intel x86 微处理芯片计算机上的标准 GUI 操作系统,在 1985 年和 1987 年分别推出 Windows 1.03 版和 Windows 2.0 版。但是,由于当时硬件和 DOS 操作系统的限制,因此这两个版本并没有取得很大的成功。此后,Microsoft 公司对 Windows 的 RAM 管理、GUI 做了重大改进,使 GUI 更加美观并支持虚拟内存。Microsoft 公司于 1990 年 5 月推出 Windows 3.0 并一炮而红。自 Windows 95 和 Windows NT 4.0 以来,这个系统最明显的特征是桌面设计。微软设计的桌面大大改变了人机交流的界面,使得更多普通的任务只需要少量的计算机知识就可以完成,甚至一些比较复杂的任务也可以完成。Windows 获得了巨大的市场成功,现在大概有 90% 的个人计算机在使用 Windows 系统。

Windows 采用了图形化模式 GUI,比起从前的 DOS 需要键入指令使用的方式更为人性化。随着电脑硬件和软件的不断升级,Microsoft 公司的 Windows 也在不断升级,从架构的 16 位、32 位再到 64 位,系统版本从最初的 Windows 1.0 到大家熟知的 Windows 95、Windows 98、Windows 2000、Windows XP、Windows Vista、Windows 7、Windows 8、Windows 10 和 Server 服务器企业级操作系统,不断持续更新。Microsoft 公司一直在致力于 Windows 操作系统的开发和完善。

3.1.2 Windows 操作系统的特点

从某种意义上说,Windows 用户界面和开发环境都是面向对象的。用户采用"选择对象—

操作对象"这种方式进行工作。例如，要打开一个文档，首先用鼠标或键盘选择该文档，然后从右键菜单中选择"打开"操作，打开该文档。这种操作方式模拟了现实世界的行为，易于理解、学习和使用。

1.用户界面统一、友好、漂亮

Windows 应用程序大多符合 IBM 公司提出的 CUA(Common User Acess)标准，所有的程序拥有相同或相似的基本外观，包括窗口、菜单、工具条等。用户只要掌握其中一个，就不难学会其他软件，从而降低了用户培训学习的费用。

2.丰富的设备无关的图形操作

Windows 的图形设备接口(Graphic Device Interface,GDI)提供了丰富的图形操作函数，可以绘制出诸如线、圆、框等的几何图形，并支持各种输出设备。

3.多任务

Windows 是一个多任务的操作环境，它允许用户同时运行多个应用程序，或在一个程序中同时做几件事情。每个程序在屏幕上占据一块矩形区域，这个区域称为窗口，窗口是可以重叠的。用户可以移动这些窗口，或在不同的应用程序之间进行切换，并可以在程序之间进行手动和自动的数据交换和通信。

虽然同一时刻计算机可以运行多个应用程序，但只有一个是处于活动状态的，其标题栏呈现高亮颜色。一个活动的程序是指当前能够接收用户键盘输入或鼠标操作的的程序。

3.1.3 其他操作系统简介

1.桌面操作系统

桌面操作系统主要用于个人计算机上。个人计算机市场从硬件架构上来说主要分为两大阵营，分别为 PC 机与 Mac 机；从软件上可主要分为两大类，分别为类 Unix 操作系统和 Windows 操作系统。

(1)类 Unix 操作系统。Mac OS X、Linux 发行版（如 Debian、Ubuntu、Linux Mint、openSUSE、Fedora 等）。

(2) Windows 操 作 系 统。Windows 98、Windows XP、Windows Vista、Windows 7、Windows 8、Windows 8.1 等。

2.服务器操作系统

服务器操作系统一般指的是安装在大型计算机上的操作系统，比如 Web 服务器、应用服务器和数据库服务器等。服务器操作系统主要分为以下三大类。

(1)Unix 系列。SUNSolaris、IBM－AIX、HP－UX、FreeBSD、OS X Server 等。

(2)Linux 系列。Red Hat Linux、Cent OS、Debian、Ubuntu Server 等。

(3)Windows 系列。Windows NT Server、Windows Server 2003、Windows Server 2008、Windows Server 2008 R2 等。

3.嵌入式操作系统

嵌入式操作系统是应用在嵌入式系统的操作系统。嵌入式系统广泛应用在生活的各个方面，涵盖范围从便携设备到大型固定设施，如数码相机、手机、平板电脑、家用电器、医疗设备、交通灯、航空电子设备和工厂控制设备等，越来越多的嵌入式系统安装有实时操作系统。

在嵌入式领域常用的操作系统有嵌入式 Linux、Windows Embedded、VxWorks 等，以及广泛使用在智能手机或平板电脑等消费电子产品的操作系统,如 Android、iOS、Symbian、Windows Phone 和 BlackBerry OS 等。

3.2　Windows 10 介绍

3.2.1　Windows 10 研发历程

2014 年 10 月 1 日,Microsoft 公司在旧金山召开新品发布会,对外展示了新一代 Windows 操作系统,将它命名为 Windows 10。新系统的名称跳过了数字 9。

2015 年 1 月 21 日,Microsoft 公司在华盛顿发布新一代 Windows 系统,并表示向运行 Windows 7、Windows 8.1 的所有设备提供,用户可以在 Windows 10 发布后的第一年享受免费升级服务。

2015 年 3 月 18 日,Microsoft 公司中国官网正式推出了 Windows 10 中文介绍页面。2015 年 4 月 22 日,Microsoft 公司推出了 Windows Hello 和微软 Passport 用户认证系统,Microsoft 公司又公布了名为 Device Guard(设备卫士)的安全功能。2015 年 4 月 29 日,Microsoft 公司宣布 Windows 10 将采用同一个应用商店,即可展示给 Windows 10 覆盖的所有设备使用,同时支持 Android 和 iOS 程序。2015 年 7 月 29 日,Microsoft 公司发布 Windows 10 正式版。

3.2.2　Windows 10 的系统特色

(1)Windows 10 系统对于硬件的兼容性强、安全性高、易用性强。

(2)界面优化更美观。Windows 10 在界面方面有着更精美的设计,同时可将不常用的软件收进开始菜单中,留给桌面一个纯净的壁纸面板。

(3)支持虚拟桌面。全新虚拟桌面,可以实现多个桌面运行不同软件而又相互不影响。

(4)安全性好。Windows 10 是 Microsoft 公司最新推出的操作系统,采用的各方面技术也是最新的。相对来说,Windows 7 系统使用的框架比较旧,很多地方的安全性已经岌岌可危了,很容易成为黑客攻击的对象。

(5)兼容性好。Windows 10 系统是目前唯一支持全平台模式的电脑操作系统,这也意味着当身边有台式机、笔记本、平板电脑或手机等其他设备时,可以同时对多个设备一起运行,这也是 Windows 10 与微软推出的其他操作系统的最大区别。

3.2.3　Windows 10 的启动和退出

计算机正常工作,首先要启动计算机,启动过程为首先启动 Windows,再加载一些必要的程序。启动 Windows 是指运行 Windows 系统核心程序进入 Windows 系统,使用户在 Windows 系统的控制下操作和管理计算机;而关闭 Windows 是指结束 Windows 的运行,将计算机的控制器交给其他操作系统或者关机。

1.Windows 10 的启动

开机之后,计算机会自动引导进入 Windows 10,用户可以看到 Windows 10 的桌面。

2.Windows 10 的退出

打开"开始"菜单,选择"关机",机器开始关机;或者单击"关机"右侧箭头。Windows 10 退出选择如图 3-1 所示,根据自己的需要选择相应的操作。

(1)睡眠。又称"休眠",将会话保存在内存中并将计算机处于低功耗状态,这样即可快速恢复工作状态。

（2）更新并关机/更新并重启。完成更新后自动关机/重启。

（3）关机。关闭电脑。

（4）重启。关闭所有打开的程序，关闭 Windows，然后重新启动 Windows。

图 3－1　Windows 10 退出选择

3.2.4　Windows 10 的桌面

Windows 10 启动成功后，用户看到的画面即为 Windows 桌面，Windows 10 桌面如图 3－2 所示。桌面包括桌面图标、"开始"菜单、任务栏、中英文输入和背景等。

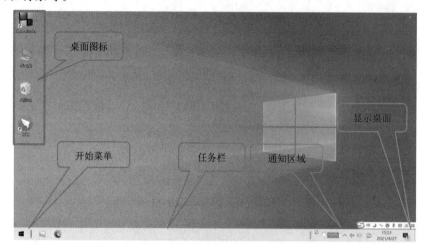

图 3－2　Windows 10 桌面

1.桌面图标

图标是 Windows 中各种项目的图形标识，图标因标识项目的不同而不同，可分为系统图标、文档图标、快捷方式图标、应用程序图标等。图标的下面常有标识名，被选定的图标处于激活状态，一般双击鼠标即可打开或显示图标所代表的应用程序、文件及信息。

图标排序方式：鼠标在桌面空白处右击鼠标，弹出快捷菜单，单击"排序方式"级联菜单中的对应的排序方式。"图标排序"方式设置如图 3－3 所示，可以按名称、大小、项目类型、修改日期进行排序。

2."开始"菜单

"开始"按钮和"开始"菜单是 Windows 10 操作系统图形用户界面的基本部分，可以称为操作系统的中央控制区域。在默认状态下，开始按钮位于左下方。单击它、按下 Windows 键或者按 Ctrl＋Esc 可以激活"开始"菜单，如图 3－4 所示。

（1）搜索框。位于"开始"菜单最上方左侧的位置，主要用于搜索计算机中的项目资源，它是快速查找资源的工具。在搜索框内输入要查找的文件名即可进行搜索工作。

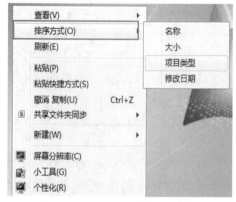

图 3－3　"图标排序"方式设置

（2）"关机"按钮区。位于"开始"菜单最下方右侧的位置,主要对计算机系统进行关机操作。

（3）程序列表。此列表按字母顺序存放所有应用程序,在"开始"按钮上右击鼠标,单击"设置"→"个性化"→"开始"对话框(图 3－5),可以设置"开始"菜单相关属性。

（4）开始屏幕。位于"开始"菜单右侧窗格,"开始屏幕"菜单中用户可以在此对常用应用进行分组设置。

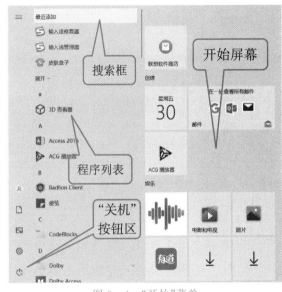

图 3－4　"开始"菜单

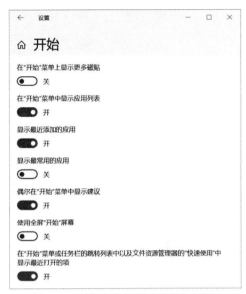

图 3－5　"自定义'开始'菜单"对话框

3.任务栏

（1）任务栏组成。

任务栏是位于桌面底部的长条,主要由"程序"区域、"通知"区域、"显示桌面"按钮组成。

①"程序"区域。当程序打开一个窗口时,在任务栏上会出现相应的按钮,以方便调用。使用 Alt＋Tab 组合键,可以在任务栏中不同的任务窗口之间进行切换。

②"通知"区域。位于"显示桌面"按钮的左侧,包括很多程序的图标,通常这些程序是开机自动运行的,或者被最小化不出现在"程序"区域。

③"显示桌面"按钮。位于任务栏的最右侧,单击该按钮系统切换到 Windows 10 的桌面。

（2）任务栏的设置。

①快速启动程序。Windows 10 操作系统中如果想要快速启动程序,可以把程序固定到任务栏,如图 3－6 所示。如果程序已经打开,则在任务栏上选择程序并右击鼠标,弹出快捷菜

图 3－6　固定程序到任务栏

单,单击"固定到任务栏"即可(图 3－7)。如果程序没有打开,则单击"开始"菜单→"所有程序"找到需要锁定到任务栏的程序,右击鼠标,弹出快捷菜单,单击"固定到任务栏"即可(图 3－8)。

图 3－7　固定程序到任务栏(1)

图 3－8　固定程序到任务栏(2)

②设置任务栏外观。

在窗口下方任务栏右击鼠标，打开"任务栏设置"对话框(图3－9)，可以设置任务栏属性，包括自动隐藏任务栏、锁定任务栏、使用小图标、任务栏的位置，在任务栏按钮中可以设置当任务栏占满时是否合并。向下滚动，在该对话框中还可以通过自定义来设置"通知区域"图标的显示情况。

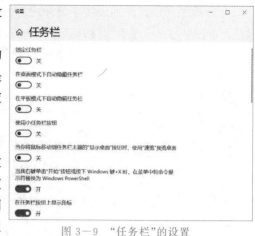

图3－9　"任务栏"的设置

4.中英文输入

在图3－2所示的通知区域，用户会看到中英文输入法的图标。通过鼠标操作，用户可以选择相应的输入法进行中英文字符的输入，也可以通过使用Ctrl＋空格组合键来进行中英文的切换，还可以通过Ctrl＋Shift组合键来进行输入法之间的切换。

使用某种中文输入法，屏幕上会出现该输入法工具栏，如选择"搜狗输入法"(图3－10)。

(1)区分全角和半角。

英文字符在存储时每个字符占一个字节，称为半角字符。而汉字在存储时每个字符占用两个字节，称为全角字符。所有的汉字包括中文标点符号都是全角字符，英文有半角和全角之分，通过"全角/半角切换"按钮可以进行全角半角的切换：图标为"●"时，表示全角输入状态；图标为"☾"时，表示半角输入。在英文全角状态下，一个英文字符占2个字节。

(2)中英文标点符号切换。

通过该按钮可以在中文标点符号和英文标点符号之间进行切换：当图标为"。，"时，表示中文标点输入方式，输入的标点符号为中文形式；当图标为"．，"时，表示英文标点输入方式，输入的标点符号为英文形式。

(3)软键盘。

软键盘是一个在屏幕上模拟出来的键盘。鼠标单击软键盘图标，会弹出一个选择菜单(图3－11)，该输入法提供了13个软键盘，选择一个后即可输入在键盘上无法直接输入的各种特殊字符或符号。单击"软键盘"按钮即可打开软键盘菜单，选择需要的软键盘，再次单击打开软键盘，选择关闭软键盘(单击软键盘右上角的"×"关闭软键盘)。图3－12所示为打开的"特殊符号"软键盘。

图3－10　搜狗输入法

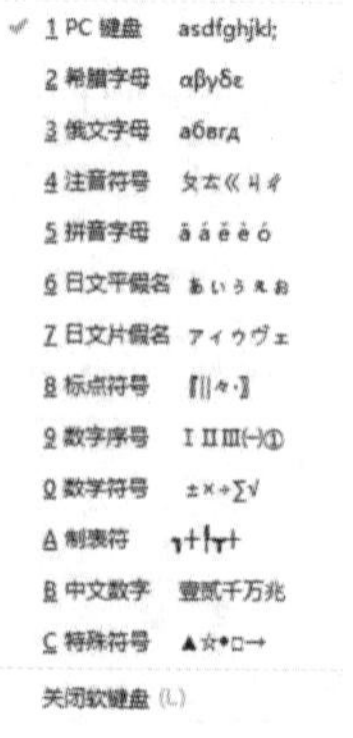

图3－11　软键盘菜单

（4）开启/关闭输入板。

打开输入板可以手写输入（图 3—13）。

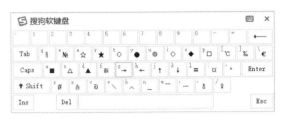

图 3—12　打开的"特殊符号"软键盘　　　　图 3—13　微软拼音输入板

3.3　窗口操作

Windows 10 是一个多任务操作系统，可以同时执行多个程序，每个程序都有自己的工作区，称为窗口，每个窗口都有其特定的功能，用来使用和管理相应的内容。在 Windows 10 操作系统中，对窗口的操作是最基本的操作之一。

3.3.1　窗口的组成

窗口的组成包括标题栏、控制按钮、地址栏、搜索框、"前进""后退"按钮、导航窗格、工作区、更改视力图按钮、显示预览窗格、滚动条、菜单栏等。

（1）标题栏。双击标题栏会使窗口在最大化和还原状态之间切换，当窗口在还原状态下时，拖动标题栏可以改变窗口的位置。

（2）控制按钮。包括"最大化""最小化""还原"和"关闭"按钮。单击"最大化"按钮，窗口会占据整个屏幕，此时，该按钮变成"还原"按钮；单击"还原"按钮，窗口会还原到原来的大小；单击"最小化"按钮，窗口会缩小到"任务栏"上，但并非结束程序，而是转到了后台运行；单击"关闭"按钮，窗口会关闭，结束程序的运行。

（3）地址栏。菜单栏下方是地址栏，中间有一个长条文本框，表示现在所在的文件夹位置，点击旁边的黑三角下拉按钮可以切换位置，在路径名称旁边有一个黑三角转到按钮，点击可以切换到其他位置。

（4）搜索框。位于地址栏的右侧，用于搜索当前文件夹下的文件或文件夹。

（5）"前进""后退"按钮。位于地址栏的左侧，单击"前进""后退"按钮可以向前、向后改变路径，单击"后退"按钮右侧的黑三角可以切换到其他位置。

（6）导航窗格。在窗口左侧有一个侧栏，里面显示了其他常用的文件夹，点击可以快速切换到其他位置。

（7）工作区。程序用来显示信息或进行工作的区域。

（8）更改视图按钮。根据用户需要或喜好来设置图标的显示方式（图 3—14）。

图 3－14　"更改视图"效果图

　　(9)显示预览窗格。单击"显示预览窗格"，在工作区的右侧出现预览窗格，文件的预览信息会显示在预览窗格中；再次单击"显示预览窗格"按钮，则取消预览窗格(图 3－15)。

　　(10)滚动条。窗口缩小以后，有时在右侧和底边会出现一个长条，两头是个黑三角箭头，这就是滚动条。单击黑箭头或者拖动滚动条，窗口下面的内容就会显现出来，图中标出的是垂直滚动条。

　　(11)单栏。Windows 10 操作系统窗口，可单击"查看"→"选项"，弹出"文件夹选项"。进行设置(图 3－16)。

图 3－15　"预览窗格"效果图

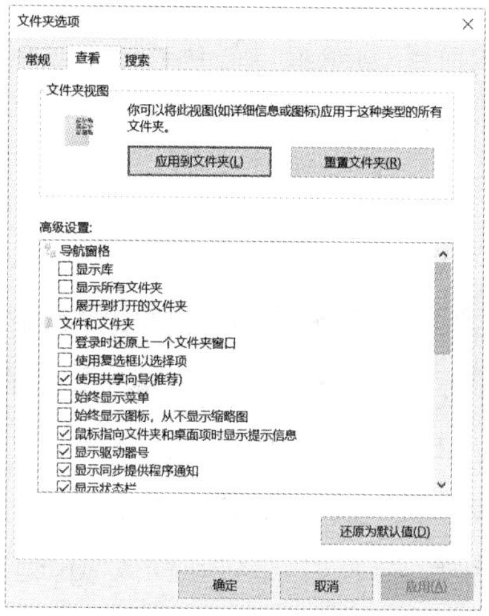

图 3－16　"菜单栏"显示设置

3.3.2　窗口基本操作

1.打开窗口

常用方法大致有以下三种。

　　(1)双击相应的图标。

　　(2)在图标上右击，弹出快捷菜单，选择"打开"命令。

　　(3)选中图标，按回车(Enter)键。

2.关闭窗口

常用方法大致有以下四种。

　　(1)单击窗口右上角的"关闭"按钮。

　　(2)单击工具栏的"组织"→"关闭"命令。

　　(3)使用 Alt＋F4 组合键关闭窗口。

　　(4)单击菜单栏的"文件"→"关闭"命令。

3. 移动窗口

窗口在还原状态时,将鼠标指向标题栏,按下鼠标左键进行拖动。

4. 切换窗口

无论打开多少窗口,当前的活动窗口只能有一个,切换窗口就是将非活动窗口切换成活动窗口的操作,方法大致有以下四种。

(1)单击任务栏上对应的窗口按钮。

(2)单击非活动窗口可见部分的任意位置。

(3)按 Alt＋Esc 组合键进行切换。

(4)按 Alt＋Tab 组合键进行切换。

5. 改变窗口大小

通过控制按钮的"最大化""还原"按钮可以改变窗口的大小,也可以通过手动改变窗口大小。当窗口处于还原状态时,将鼠标放置在窗口的边缘,鼠标变为箭头状,按住鼠标左键沿箭头方向进行拖动,拖动到合适的位置松开鼠标左键,即可改变窗口大小。

3.4　文件和文件夹

在 Windows 操作系统中,文件是最小的数据组织单位,文件中可以存放图像、声音、数值数据等信息,这些文件存放在存储设备的文件夹中。

3.4.1　文件及文件的命名

1. 文件

文件是存储在某种长期存储设备上的一段数据流。长期存储设备指磁盘、光盘、U 盘等,其特点是所存信息可以长期、多次使用,不会因为断电而消失。

文件是 Windows 操作系统存取磁盘信息的基本单位,存储的信息可以是文字、图片、影片或一个应用程序等。每个文件都有自己唯一的名称,Windows 10 通过文件的名字来对文件进行管理。

2. 文件的命名

文件通过名称实现存储和各种操作。文件名由主名和扩展名两部分组成,中间用圆点"."分隔,即＜主名＞.[＜扩展名＞]。其中,＜主名＞是必须有的,它是文件名的主要部分;＜扩展名＞是可选的。

文件的命名规则如下。

(1)文件名不能超过 255 个英文字符(1 个汉字相当于 2 个字符)。

(2)键盘输入的英文字母、符号、空格等都可以作为文件名的字符来使用,但是还是有几个特殊字符由系统保留不能使用,如／、?、＊、"、＜、＞、|、、;、\。

(3)文件名中可以使用多个分隔符".",以最后一个分隔符后面部分作为扩展名。

(4)文件名不区分大小写字母。

(5)在同一文件夹下的文件或子文件夹不能重名。

文件的主名简称文件名，反映文件的内容，扩展名反映文件的类型。例如，"我的简历.docx"表示一份内容为我的简历方面的 Word 文档。不同类型的文件在 Windows 10 中使用的图标也不同。常用文件类型及对应的扩展名见表 3—1。

表 3—1　常用文件类型及对应的扩展名

文件类型	扩展名	文件类型	扩展名
文本文件	.txt	应用程序文件	.com 或.exe
Word 文档文件	.doc 或.docx	系统文件	.sys
Excel 工作簿文件	.xls 或.xlsx	PowerPoint 文件	.ppt 或.pptx
声音文件	.wav	位图文件	.bmp
Flash 文件	.fla,.swf	GIF 类型的图形文件	.gif
帮助文件	.hlp	Photoshop 文件	.psd
Web 文件	.htm 或.html	MP3 类型的声音文件	.mp3

3.4.2　文件夹、路径

1.文件夹

文件夹是系统组织和管理文件的一种形式。用户可将不同类型的文件存放在不同的文件夹中，以便于查找、维护和管理文件。一个文件既可包含文件，也可包含若干子文件夹，从而形成"树形"文件管理结构。

文件夹的命名规则与文件命名规则相同。

2.当前文件夹

当前文件夹是指当前被操作的对象属于的最小的文件夹，程序往往与其当前文件夹密切联系。典型的例子就是，程序所操作的文件，在没有明确指明是来自于哪个文件夹的情况下，默认是来自当前文件夹。

当前文件夹也常被称为当前目录、当前路径、工作文件夹。

通常，用"."表示当前文件夹，用".."表示当前文件夹的父文件夹。

3.路径

要访问一个文件，需要知道文件的位置，即在哪个磁盘的哪个文件夹中。路径是描述文件位置的地址。一个完整的路径包括盘符（即驱动器号）及要找到该文件或文件夹所顺序经过的全部文件夹。文件夹之间用"\"隔开。例如，要找到"记事本"程序，其路径为"C:\Windows\System32\notepad.exe"。

3.4.3　文件和文件夹的基本操作

1.文件与文件的创建

可在任意一个文件夹里直接创建一个新的文件或文件夹。

(1)文件夹的创建。

方法一:在窗口的空白处右击鼠标,弹出快捷菜单,单击"新建"→"文件夹"命令(图 3—17)。

图 3—17　"新建文件"快捷菜单

方法二:打开要新建文件夹的某个窗口,在窗口的工具栏单击"新建文件夹"(图 3—18)。

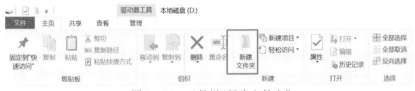

图 3—18　工具栏"新建文件夹"

(2)文件的创建。

在窗口的空白处右击鼠标,弹出"新建"快捷菜单(图 3—19)。在其级联菜单中单击某个应用程序,即可创建一个基于该应用程序类型的文件。

图 3—19　新建 Word 文档

例 3—1　在 Windowslt 文件下创建一个 HBdjks 文件夹,在该文件夹中创建一个名为"计算机等级考试.docx"的 Word 文档。

(1)打开 Windowslt 文件夹,单击工具栏"新建文件夹",系统为用户自动创建了一个名为"新建文件夹"的文件夹(图 3—20),该名字为反显状态,直接输入 HBdjks 重命名即可。

(2)打开 HBdjks 文件夹,在空白处右击鼠标,在弹出的"新建"快捷菜单的级联菜单中单击

"Microsoft Word 文档"，系统即为用户新建一个名为"新建 Microsoft Word 文档.docx"，其主名处于反显状态(图 3－21)，输入"计算机等级考试"，扩展名不变。

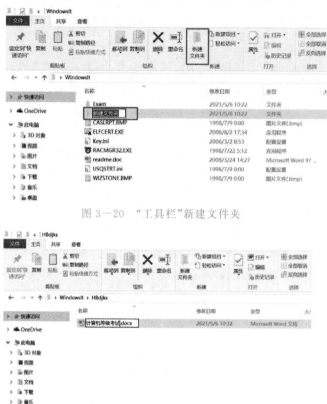

图 3－20　"工具栏"新建文件夹

图 3－21　重命名 Word 文档

2.文件及文件夹的选定

对文件和文件夹进行各种操作前，首先要进行选定，一次可以选定一个或多个文件、文件夹，被选定的文件和文件夹程序反显。

(1)选定单个。单击文件或文件夹图标。

(2)选定连续多个。先单击第一个，按住 Shift 键，再单击最后一个。也在可以第一个文件或文件夹图标的左上角按下鼠标左键，拖动鼠标至最后一个文件或文件夹的右下角，用出现的虚线框围住所要选定的对象。

(3)选定不连续的多个。按住 Ctrl 键，逐个单击要选择的文件图标。

3.文件、文件夹的复制、移动

复制文件或文件夹就是将文件或文件夹从原来的位置复制到目标位置。移动文件或文件夹就是将文件或文件夹从原来位置移动到目标位置，原来位置的文件或文件夹将不复存在。

(1)鼠标拖动的方法。

①如果源文件或文件夹和目标文件或文件夹在同一磁盘，选定文件或文件夹后，按下鼠标左键拖动，到目标位置松开鼠标左键，此时的操作是移动。如果同时按下 Ctrl 键，则操作是复制。

②如果源文件或文件夹和目标文件或文件夹不在同一磁盘，则选定文件或文件夹后，按下鼠标左键拖动，到目标位置松开鼠标左键，此时的操作是复制。如果同时按下 Ctrl 键，则操作是移动。

③选定文件或文件夹后,按下鼠标右键拖动,到目标位置松开右键,弹出快捷菜单,单击"移动到当前位置"或"复制到当前位置"(图 3—22)。

| 复制到当前位置(C) |
| **移动到当前位置(M)** |
| 在当前位置创建快捷方式(S) |
| 取消 |

(2)剪贴板法。

①复制。选定要复制的文件或文件夹,右击鼠标弹出快

图 3—22　右键拖动后的快捷菜单

捷菜单,单击"复制",或者使用 Ctrl+C 组合键,或者单击窗口工具栏中的"组织"右侧的下拉菜单,选择"复制"命令。鼠标定位到目标位置,右击鼠标弹出快捷菜单,单击"粘贴",或者使用 Ctrl+V 组合键,或者单击窗口工具栏中的"组织"右侧的下拉菜单,选择"粘贴"命令。

②移动。选定要移动的文件或文件夹,右击鼠标弹出快捷菜单,单击"剪切",或者使用 Ctrl+X 组合键,或者单击窗口工具栏中的"组织"右侧的下拉菜单,选择"剪切"命令。鼠标定位到目标位置,右击鼠标弹出快捷菜单,单击"粘贴",或者使用 Ctrl+V 组合键,或者单击窗口工具栏中的"组织"右侧的下拉菜单,选择"粘贴"命令。

4.文件、文件夹的删除、恢复

删除通常有两种方式,即逻辑删除和物理删除。

(1)逻辑删除。删除的文件或文件夹被放进回收站,没有彻底删除,可以还原。

选定要逻辑删除的文件或文件夹,选择键盘上的 Delete 键或者鼠标右键,在弹出的快捷菜单中单击"删除"命令,或者单击窗口工具栏中的"组织"右侧的下拉菜单,单击"删除"命令,则选中的文件或文件夹被放入回收站。

(2)物理删除。不经过回收站,直接删除。这种情况下,对象一旦被删除,一般不可以还原。

选定要删除的文件或文件夹,逻辑删除后打开回收站,右击鼠标在弹出的快捷菜单中选择"删除"命令;或者在选中要删除的文件或文件夹后,使用 Shift+Delete 组合键,直接物理删除。

文件或文件夹被逻辑删除后,被放入回收站,在回收站选中被逻辑删除的文件或文件夹,单击窗口工具栏上的"组织"右侧下拉菜单,选择"恢复"命令,被删除的文件即可恢复;或者右击鼠标,在弹出的快捷菜单中单击"还原"命令。

5.文件、文件夹的重命名

选中要重命名的文件或文件夹,对其重命名的方法如下。

(1)右击鼠标,在弹出的快捷菜单中,单击"重命名"命令。

(2)单击窗口工具栏上的"组织",选择"重命名"命令。

(3)再次单击已选定的文件或文件夹,可进行"重命名"操作。

6.文件、文件夹的搜索

当要搜索文件或文件夹时,可以使用 Windows 10 系统提供的搜索功能来实现,具体方法为在指定文件夹窗口的搜索框里直接输入要搜索的文件或文件夹的名称。如果要进行高级搜索,可以单击搜索框,选择搜索设定(图 3—23)。用户可以根据修改日期、大小在指定文件夹下进行文件或文件夹的搜索(图 3—24)。

图 3—23　文件搜索框

图 3－24　设置搜索条件

查找文件或文件夹的名称时，可以使用两个通配符，即"？"和"＊"。"？"代表任意一个字符，"＊"代表任意多个字符。例如，W??.docx 表示所有符合"文件名由 W 开头，后面有 2 个任意字符，扩展名为.docx"的文件；＊.exe 表示所有符合"文件主名为任意个任意字符，扩展名为 exe"的文件。

在搜索框中输入要查找的文件或文件夹的名称后，在窗口的工作区会出现搜索的结果和搜索的其他选项（图 3－25）。可以重新选择搜索位置，如在"库""家庭组""计算机"里搜索或者通过"自定义"来设置搜索位置；也可以在互联网上搜索；还可以根据文件内容进行搜索。

图 3－25　"搜索结果"界面

7.文件、文件夹快捷方式的创建

快捷方式也是一个文件，也可以理解成一个地址或指针，它指向某个文件或文件夹的真实存储位置。因此，本质上讲，快捷方式与目标文件或文件夹的绝对路径是紧密联系的。

创建快捷方式的方法如下。

（1）选中要创建快捷方式的文件或文件夹，右击鼠标，在快捷菜单中单击"复制"，然后定位到目标位置（即要创建快捷方式的所在的位置），右击鼠标，在快捷菜单中单击"粘贴快捷方式"（图 3－26）。

（2）选中要创建快捷方式的文件或文件夹，右击鼠标，在快捷菜单中单击"发送到"，在级联菜单中选择"桌面快捷方式"，然后再将发送到桌面的快捷方式剪贴到目标位置（图 3－27）。

（3）选中要创建快捷方式的文件或文件夹，右击鼠标，在快捷菜单中单击"创建快捷方式"，即在当前文件夹中建立一个快捷方式，然后再将该快捷方式剪贴到目标位置。

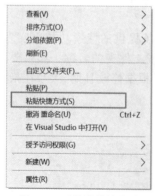

图 3－26　粘贴快捷方式

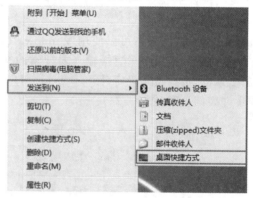

图 3－27　发送桌面快捷方式

8.文件、文件夹属性的设置

选中要查看设置属性的文件或文件夹,右击鼠标,在弹出的快捷菜单中单击"属性"命令,打开文件属性对话框(图 3－28)。在该对话框中,选择要设置的属性,如只读、隐藏等。

(1)只读。表示文件或文件夹只能读出,不能修改。

(2)隐藏。表示文件或文件夹不可见。当然,前提是设置了"不显示隐藏的文件或文件夹"。

例 3－2　在 Windowslt 文件夹范围内查找"game"文件,并在 Exam 文件夹下建立它的快捷方式,名称为"我的游戏"。

(1)打开 Windowslt 文件夹,在文件夹窗口的搜索框中输入 game(图 3－29)。在窗口的工作区显示找到的文件"game.exe"。

(2)选中文件"game.exe",单击主页"剪贴板"→"复制"或者使用 Ctrl＋C 组合键复制。

(3)单击地址栏左侧的"后退"按钮,打开 HbdjKs 文件夹(若该文件夹不易找到也可以使用搜索),然后右击鼠标"粘贴快捷方式"。

图 3－28　"文件属性"对话框

(4)选中粘贴的快捷方式,单击工具栏的"组织"→"重命名",将快捷方式的名称改为"我的游戏"。

图 3－29　文件搜索窗口

例 3－3　在 Windowslt 文件夹范围内查找所有扩展名为".bmp"的文件,并将其复制到 Exam 文件夹下。

(1)打开 Windowslt 文件夹,在该文件夹窗口的搜索框里输入"＊.bmp"。在窗口工作区显示出所有扩展名为".bmp"的文件。

(2)在窗口中用鼠标选定这些文件,单击工具栏"剪贴板"→"复制"或者使用 Ctrl＋C 组合键复制。

(3)打开 Exam 文件夹(若该文件夹不易找到也可以使用搜索),右击鼠标"粘贴"或者单击工具栏"剪贴板"→"粘贴"。

例 3－4　在 Windowslt 文件夹范围内查找"个人总结.doc"文件,将其设置为仅有只读、隐藏属性。

(1)打开 Windowslt 文件夹,在窗口搜索框输入"个人总结.doc"文件,该文件即会显示在窗口的工作区。

(2)选中该文件,右击鼠标,在弹出快捷菜单中单击"属性"命令,打开图 3－30 所示的"文件属性"对话框,单击"只读""隐藏"前面的复选框,即将该文件设置为只读、隐藏的属性。

图 3-30 "文件属性"对话框

3.5 Windows 10 工作环境设置

一个友好、方便的操作环境能使操作任意,快乐、高效地工作。下面对 Windows 10 的操作环境进行简单介绍。

3.5.1 个性化设置

可以通过更改计算机的主题、颜色、声音、桌面背景、屏幕保护程序、字体大小等来向计算机添加个性化设置,还可以为桌面选择特定的小工具。

在桌面上右击鼠标,在弹出的快捷菜单中选择"个性化"设置命令,打开"个性化"设置窗口(图 3-31),通过该窗口可以进行视觉效果设置。

在打开的"个性化"设置窗口中单击一个主题可以更改桌面背景、窗口颜色、声音和屏幕保护程序。

1. 桌面背景

设置 Windows 10 自带图片为背景。

图 3-31 "个性化"设置窗口

(1)鼠标单击"个性化设置"窗口主题下面的"背景"图标,打开"桌面背景"窗口,可以选择系统已有的图片作为背景。用户如果对系统自带的图片不满意,可以使用自己的图片作为背景设置。单击"浏览"可以选择图片位置,设置"选择契合度"为"拉伸"(图 3-32)。

(2)选择"幻灯片放映"后可以选择多张图片作为背景,桌面背景可以设置轮流播放的时间间隔(图 3-33),设置完毕,单击"关闭"按钮。

图 3-32 "桌面背景设置"窗口(1)

图 3-33 "桌面背景设置"窗口(2)

2.窗口颜色

(1)在桌面空白处右击鼠标,打开"个性化"窗口,单击下面的"颜色"打开设置"颜色"窗口(图 3—34)。

(2)在该窗口可以更改标题栏、窗口边框及 Windows 颜色,可以改变透明度效果。选中一种颜色和颜色浓度设置后,系统自动产生预览效果。

图 3—34 　"窗口颜色和外观设置"窗口

3.锁屏界面

单击"个性化"设置中的"锁屏界面",打开"锁屏界面"设置窗口,如图 3—35 所示,可设置系统图片或通过"浏览"按钮选择自己的图片作为屏幕锁定背景。

图 3—35 　"锁屏界面"设置窗口

4.屏幕保护程序

(1)在锁屏界面下方单击窗口下面的"屏幕保护程序",打开设置"屏幕保护程序设置"窗口,如图 3—36 所示。

(2)单击"屏幕保护程序"下面的列表框下拉菜单,可以选择屏幕保护程序,"等待"可以设置开启"屏幕保护程序"的时间。

(3)单击"确定"→"应用"按钮即可设置。

图 3—36 "屏幕保护程序设置"窗口

3.5.2 屏幕分辨率

屏幕分辨率指屏幕上显示的文本和图像清晰度,分辨率越高,项目越清楚,在屏幕上显示的项目越小,容纳的项目更多。设置方法如下。

(1)在桌面的空白处右击鼠标,在弹出的快捷菜单中选择"显示设置"命令,打开"显示"窗口(图 3—37)。

(2)在该窗口可以设置默认分辨率和方向。单击"分辨率"列表框下拉菜单可以选择要设置的分辨率,单击"方向"列表框下拉菜单,可以设置方向,还可以设置亮度和颜色、缩放与布局。

(3)设置完毕后,直接关闭即可。

注意:更改屏幕分辨率会影响登录到此计算机上的所有用户。如果将显示器设置为它不支持的屏幕分辨率,那么该屏幕在几秒钟内将变为黑色,显示器则还原至原始的分辨率设置。

图 3—37 "屏幕分辨率设置"窗口

3.5.3　日期及时间的设置

系统允许用户更改存储于计算机基本输入输出系统(Basic Input Oucput System,BIOS)中的日期和时间。更改日期及时间的设置步骤如下。

(1)单击"开始"→"设置",打开"设置"窗口(图 3－38)。

(2)单击该窗口的"时间和语言"命令,打开"设置"窗口(图 3－39)。

图 3－38　"日期和时间设置"窗口(1)　　　　　图 3－39　"日期和时间设置"窗口(2)

(3)单击"更改日期和时间"按钮,打开"日期和时间设置窗口",可以选择"自动设置时间",也可将此按钮关闭,手动更改日期和时间(图 3－40)。

(4)在该窗口设置完毕时间和日期后,单击"关闭"按钮即可。

注意:如果"任务栏"的右侧"通知区域"中显示日期和时间,可以鼠标双击这里的日期和时间,直接打开图 3－40 所示的"日期和时间设置"窗口进行日期和时间的设置。

图 3－40　"日期和时间设置"窗口(3)

3.5.4　软硬件的管理和使用

在计算机的使用过程中,用户经常要对软硬件资源进行管理。

1.添加、删除程序

(1)单击"开始"→"设置"→打开"应用"窗口,选择"应用和功能"(图 3－41)。

图 3－41 "应用和功能"窗口

（2）选中要卸载的程序，单击"卸载"按钮开始卸载（图 3－42）。

图 3－42 "卸载软件"窗口

2.设备管理器的使用

（1）在桌面"此电脑"图标上右击鼠标，弹出快捷菜单，单击"管理"→"计算机管理"，打开"设备管理器"窗口（图 3－43）。

（2）在该窗口单击展开设备前的箭头，会显示出要查看的设备，在设备上右击鼠标，从弹出的快捷菜单中选择"属性"，即可显示出对于设备的属性信息对话框（图 3－44）。可以了解设备的类型、生产厂家及驱动程序的详细信息，并能更新程序。

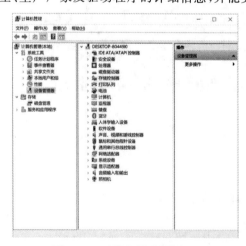

图 3－43 "设备管理器"窗口　　　　　　图 3－44 "设备属性"对话框

(3)硬件如果不再使用,可以将其卸载,方法是在"设备管理器"窗口中右击要卸载的硬件,从弹出来的快捷菜单中单击"卸载设备",然后断开与计算机的链接。

3.添加、删除打印机

(1)单击"开始"→"设置"→"设备"→"设备和打印机",弹出"打印机和扫描仪"设置窗口。

(2)单击"添加打印机或扫描仪",选择本地打印机端口类型后点击"下一步",此窗口需要选择打印机的"厂商"和"打印机类型"进行驱动加载,如"Canon Inkjet MP530 FAX 打印机",选择完成后点击"下一步"。

注意:如果 Windows 10 系统在列表中没有您打印机的类型,可以"从磁盘安装"添加打印机驱动;或点击"Windows Update",然后等待 Windows 联网检查其他驱动程序。

(3)系统会显示出您所选择的打印机名称,确认无误后,点击"下一步"进行驱动安装。

(4)打印机驱动加载完成后,系统会出现是否共享打印机的界面。可以选择"不共享这台打印机"或"共享此打印机以便网络中的其他用户可以找到并使用它"。如果共享此打印机,则需要设置共享打印机名称。

(5)点击"下一步",添加打印机完成,设备处会显示所添加的打印机。可以通过"打印测试页"检测设备是否可以正常使用。

4.添加、删除输入法

(1)点击"控制面板"→"时钟、语言和区域"→"语言"。

(2)单击"输入法",在列表中选择需要添加或删除的输入法即可。

(3)也可以在桌面的右下角的语言栏处点击左键,点击"语言首选项"进行添加,后续操作同(1)和(2)。

3.6　Windows 10 的其他功能

3.6.1　Windows 10 小程序

Windows 10 系统提供了一些常用的应用程序,如计算器、画图、记事本、写字板、截图工具等,这些小软件极大地丰富了系统的人性化功能,在开始菜单中找到所需小程序单击图标即可打开。

1.计算器

计算器菜单如图 3—45(a)所示,可以看到有五种类型的计算器:标准、科学、绘图、程序员和日期计算,这些类型分别适合不同的人员使用。另外,还可以使用很多转换器,如货币、容量、长度等。

(1)计算进制转换。

下面进行十进制和二进制的转换,这个功能在很多的时候都会用到,如果手工计算则会非常烦琐。选择程序员模式,输入数字"100",各种进制完成自动转换(图 3—45(b))。

(a)计算器菜单　　　　　　　　(b)程序员计算器

图 3－45　计算器菜单和程序员计算器

(2)转换器。

"转换器"功能可完成不同单位间转换，如完成面积的转换 (图 3－46)。在"选择要转换的单位类型"列表框中选择"面积"，文本框中输入"10"，"单位"选择"平方公里"，要转换成的单位选择"英亩"，下面的文本框中即显示出"10 平方公里"转换成"英亩"的值，以及其他相关单位的转换结果。

2.画图

"画图"应用程序是 Windows 附件中提供的可以绘制多种格式图片的画图工具，它所处理的图像以文件的形式保存起来。常见的图像文件有 PNG、BMP、JPG 和 GIF 等格式。"画图"窗口如图 3－47 所示。在 Windows 中，可以把整个屏幕或者活动窗口的"图形"复制到剪贴板。按 PrintScreen 键可以复制整个屏幕的图形到剪贴板上；按 Alt＋PrintScreen

图 3－46　单位转换器

组合键可以把活动窗口或对话框中的图形复制到剪贴板上。然后在"画图"窗口中选择"粘贴"或者使用 Ctrl＋V 组合键，即可将剪贴板中的图形粘贴到绘图区，保存成图片文件。

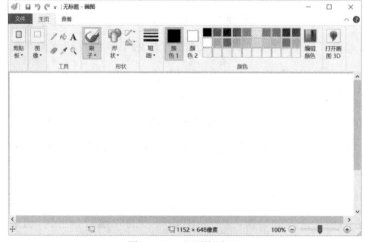

图 3－47　"画图"窗口

3.记事本

"记事本"是 Windows 附件中提供的用来创建和编辑小型文本文件(以.TXT 为扩展名)的应用程序。"记事本"保存的 TXT 文件不包括特殊格式代码或控制码,可以被 Windows 的大部分程序调用。"记事本"窗口打开的文件可以是记事本文件或者其他应用程序保存的文本文件。若创建或编辑对格式有一定要求的文件,可以使用"写字板"或"Word"。

4.命令提示符

单击"开始"→"Windows 系统"→"命令提示符",打开"命令提示符"窗口,如图 3—48 所示。在该窗口中,可以通过命令方式操作计算机。例如,在命令"cd."中,"cd"是"change directory"的缩写,即"改变路径";"."表示上一级目录。整个"cd."命令的作用是定位到上一级目录。这样的命令称为 DOS 命令。DOS 命令共有约 100 个,功能也比较强大。

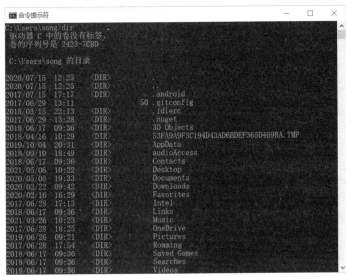

图 3—48　"命令提示符"窗口

3.6.2　Windows 10 用户账户控制

一台计算机通常可以允许多人进行访问,如果每个人都可以随意更改文件,计算机将会显得很不安全。可以采用对账户进行设置的方法,为每个用户设置具体的使用权限。

1.添加和删除账户

(1)单击"开始"→"设置"→"账户"(图 3—49)。

(2)在该窗口单击"家庭和其他用户",弹出图 3—50 所示"管理账户"窗口。

(3)在该窗口单击"将其他人添加到这台电脑",在文本框中输入要创建的用户名称,如"mycomputer",输入提示信息并且设置登录密码,然后单击"下一步"按钮,即创建了一个新的用户,在该窗口右侧点击"删除"即删除该账户(图 3—51)。注意:由于系统为每个账户都设置了不同的文件,包括桌面、文档、音乐、收藏夹、视频文件等,因此在删除某个用户的账户时,如果用户想保留账户的某些文件,可以单击"保留文件"按钮,否则单击"删除文件"按钮。

(4)由当前用户切换至 my computer 账户的具体方法是将电脑锁屏,恢复再登录可切换至另一个账户名"mycomputer"。

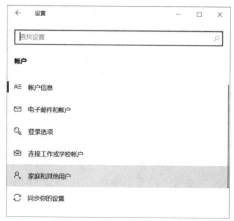
图 3－49 "设置账户"窗口

图 3－50 "管理账户"窗口

图 3－51 "创建新账户"窗口

2.设置账户属性

　　用户添加新的账户后，为方便管理与使用，还可以对新添加的账户设置不同的名称、密码和登录图片等属性(图 3－52)。

图 3－52 "设置账户属性"窗口

第4章 Word 2016 文字处理软件

Office 2016 是 Microsoft 公司的一个庞大的办公软件集合,于 2015 年 9 月 22 日发行,支持系统为 Windows 7、Windows 8、Windows 10。与 Office 之前的版本相比,其功能更加强大,操作更加方便,使用更加安全和稳定。

启动 Word 2016 后,可以看到打开的主界面充满了浓厚的 Windows 风格。左边是最近使用的文件列表,右边更大的区域则罗列了各种类型文件的模板供用户直接选择,这种设计更符合普通用户的使用习惯。

Office 2016 的主要新特性如下。

1.OneDrive 云

可在任何位置、任何设备访问文件,outlook 支持 OneDrive 附件和自动权限设置。

2.协作

实时多人协作,当对文档进行写作时,可以看到其他人进行的文本更改及其光标在文档中的位置。当用户使用和更新文档时,更改会自动显示。

3.新增 Tell Me 功能助手

在选项卡右侧新增的搜索框,可以节省在功能区中查找特定功能所需的时间。

4.数学输入控件

新增墨迹公式,可以使用数字笔、指针设备甚至手指来编写数学公式,并可将墨迹转换为"输入的"格式。

5."另存为"改进

这些改进可以在 OneDrive 或本地计算机中挑选位置,提供文件名,然后单击"保存",从而简化了新文件的保存过程。

Word 2016 是 Microsoft Office 2016 核心组件之一,Word 2016 程序可以快速轻松地创建、编辑和共享工作,大多数用户都能够在 Word 中打开和处理文档。其具有强大的文本编辑和处理功能,是使用最广泛的文字处理软件之一。

4.1 Word 2016 概述

Word 2016 具有丰富的文字处理功能,图、文、表格并茂,采用选项组、工具及快捷键多种操作方式,是一种易学易用的文字处理软件。

4.1.1 Word 2016 基础知识

1.Word 2016 的启动

在 Windows 10 操作系统下启动 Word 2016(为叙述方便,如不特殊说明,Word 表示 Word 2016),常用方法如下。

(1)从"开始"菜单启动。

选择"开始"→"所有程序"→"Microsoft Office"→"Microsoft Office Word 2016"。

（2）通过双击桌面上的 Word 快捷方式图标。

（3）通过新建 Word 文档启动。

在 Windows 10 系统桌面空白处右击鼠标弹出快捷菜单选择"新建"→"Microsoft Word 文档"命令，这时会在屏幕上出现一个"新建 Microsoft Word 文档.docx"的图标。双击该图标，即启动 Word 并新建一个新文档，默认文件名为"新建 Microsoft Word 文档.docx"，".docx"是 Word 2016 文件的扩展名。

（4）通过"运行"对话框启动。

选择"开始"→"运行"，在弹出的对话框中输入"Winword"即可启动 Word。

2.Word 2016 的退出

退出 Word 的方法有以下五种。

（1）单击"文件"→"退出"命令。

（2）单击窗口标题栏最右边的"关闭"按钮。

（3）双击标题栏左端，快速启动工具栏左侧的 Word 应用程序窗口控制菜单图标。

（4）在标题栏的任意处右击，然后选择快捷菜单中的"关闭"命令。

（5）组合键 ALT＋F4。

3.Word 窗口组成

启动 Word 之后，将会弹出其工作界面，窗口主要由标题栏、文件选项卡、快速访问工具栏、功能区、文档编辑区、视图按钮、滚动条、缩放滑块、状态栏等部分组成。

（1）标题栏。

显示正在编辑的文档的文件名及所使用的软件名。

（2）文件选项卡。

基本命令（如"新建""打开""关闭""另存为…"和"打印"）位于此处。

（3）快速访问工具栏。

常用命令位于此处，如"保存"和"撤消"。也可以添加个人常用命令。在"快速访问工具栏"上单击鼠标右键，弹出快捷菜单。通过该菜单，可以删除快速访问工具；可以改变快速访问工具栏的位置；可以自定义"快速访问工具栏"，在这里可以将一些常用命令添加到"快速访问工具栏"；可以自定义功能区；可以折叠化功能区。快速访问工具栏的设置如图 4—1 所示。

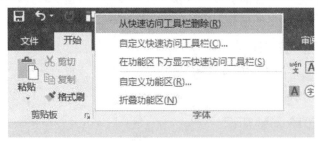

图 4—1　快速访问工具栏的设置

自定义快速访问工具栏方法（如添加"格式刷"按钮）：在"快速访问工具栏"上右击鼠标，弹出图 4—1 所示的快捷菜单；单击"自定义快速访问工具栏"命令，弹出"Word 选项"对话框（图 4—2），左侧自动选中"快速访问工具栏"，在"常用命令"列表框中找到"格式刷"，单击"添加"按钮，即将"格式刷"按钮添加到快速访问工具栏。

图 4-2　自定义快速访问工具栏

(4)功能区。

在"Word 2016"窗口上方看起来像菜单的名称是文件选项卡,当单击这些名称时并不会打开菜单,而是切换到与之相对应的功能区面板。每个功能区根据功能的不同又分为若干个组,一般包括"开始""插入""设计""布局""引用""邮件""审阅""视图"等功能。每个功能区所拥有的功能如下所述。

①"开始"功能区。

"开始"功能区中包括剪贴板、字体、段落、样式和编辑五个组,该功能区主要用于帮助用户对 Word 2016 文档进行文字编辑和格式设置,是用户最常用的功能区(图 4-3)。

图 4-3　"开始"功能区

②"插入"功能区。

"插入"功能区包括页面、表格、插图、链接、页眉和页脚、文本、符号等几个组,主要用于在 Word 2016 文档中插入各种元素(图 4-4)。

图 4－4 "插入"功能区

③"设计"功能区。

"设计"功能区包括主题、文档格式、页面背景几个组，用于帮助用户设置 Word 2016 文档页面样式（图 4－5）。

图 4－5 "设计"功能区

④"布局"功能区。

"布局"功能区包括页面设置、稿纸、段落、排列几个组，用于帮助用户设置 Word 2016 文档页面格式（图 4－6）。

图 4－6 "布局"功能区

⑤"引用"功能区。

"引用"功能区包括目录、脚注、引文与书目、题注、索引和引文目录几个组，用于实现在 Word 2016 文档中插入目录等比较高级的功能（图 4－7）。

图 4－7 "引用"功能区

⑥"邮件"功能区。

"邮件"功能区包括创建、开始邮件合并、编写和插入域、预览结果和完成几个组，该功能区的作用比较专一，专门用于在 Word 2016 文档中进行邮件合并方面的操作（图 4－8）。

图 4－8 "邮件"功能区

⑦"审阅"功能区。

"审阅"功能区包括校对、语言、中文简繁转换、批注、修订、更改、比较和保护等几个组,主要用于对 Word 2016 文档进行校对和修订等操作,适用于多人协作处理 Word 2016 长文档(图 4－9)。

图 4－9　"审阅"功能区

⑧"视图"功能区。

"视图"功能区包括文档视图、显示、显示比例、窗口和宏等几个组,主要用于帮助用户设置 Word 2016 操作窗口的视图类型,以方便操作(图 4－10)。

图 4－10　"视图"功能区

⑨"搜索框"。

在搜索框中输入需要的操作,点击搜索结果中的功能即可直接弹出对应的功能界面,可以节省在功能区中查找特定功能所需的时间(图 4－11)。

a.隐藏/显示功能区。点击最小化功能区按钮或使用快捷键 Ctrl＋F1 来隐藏/显示功能区。

图 4－11　"搜索框"功能

b.设置功能区的选项卡和选项组。"文件"→"选项"弹出 Word 选项对话框,选择"自定义功能区";或者在功能区右击鼠标弹出快捷菜单,选择"自定义功能区"。例如,在"开始"功能区新建一个选项组,重命名为"我的选项组",然后在左侧"常用命令"列表框中选择一些自己常用的命令,添加到该选项组中(图 4－12)。"开始"功能区的效果如图 4－13 所示。

图 4－12　自定义功能区

图 4－13　"开始"功能区的效果

c.在功能区的每个选项组的右下角有一个"小箭头"按钮,点击它打开设置对话框。

(5)文档编辑区。

显示正在编辑的文档,在编辑区进行文档的编辑、修改及排版。鼠标选中文字会显示出常用工具栏。

(6)视图按钮。

可用于更改正在编辑的文档的显示模式以符合要求。

(7)滚动条。

可用于更改正在编辑的文档的显示位置。

(8)缩放滑块。

可用于更改正在编辑的文档的显示比例设置。可以通过单击"100％"按钮,在弹出的"显示比例"对话框中设置缩放级别,也可以直接拖动右侧的滑块来改变显示比例。向左拖动滑块可减小文档显示比例,向右拖动滑块可增大文档显示比例。

(9)状态栏。

显示正在编辑的文档的相关信息。默认显示页面、字数、语言状态、插入(或改写)状态,单击"插入"变为"改写"状态。"插入"状态是当输入内容时,光标插入点之后如果有内容,则内容向后移动;"改写"状态是当输入内容时,光标插入点之后如果有内容,则输入的内容覆盖原来光标之后的内容。"插入"和"改写"状态还可以使用键盘上的"Insert"键来切换。

4.1.2　Word 2016 的基本操作

1.文档的创建

(1)创建空白文档。

创建空白文档是经常使用的一种创建文档的方法,可以采用以下几种方法来创建空白文档。

①启动 Word 2016 软件后,系统会自动创建一个名称为"文档 1"的空白文档。

②使用"文件"选项卡。单击"文件"→"新建"命令,在"可用模板"中单击"空白文档",即可创建一个新的空白文档(图 4—14)。

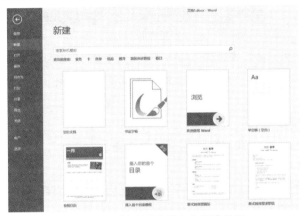

图 4—14　"文件"选项卡中新建界面

③使用"快速访问工具栏"。单击"快速访问工具栏"右侧的按钮,在弹出的下拉菜单中选择"新建"菜单命令,即可将"新建"功能添加到"快速访问工具栏"中,然后单击"新建"按钮,也可新建一个空白文档。

④使用快捷键。使用 Ctrl+N 组合键也可以新建一个新的空白文档。

(2)根据模板创建文档。

为方便用户创建常见的一些具有特定用途的文档,如博客文章、书法字帖等,Word 2016 提供了很多具有不同功能的文档模板。使用模板快速创建文档的具体操作步骤如下。

①选择"文件"→"新建"命令,在"可用模板"区域选择"样本模板"选项(图 4—15)。

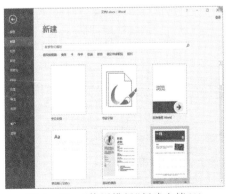

图 4—15　"使用模板"新建文档(1)

②在"样本模板"列表中选择需要使用的模板（如"蓝灰色简历"），弹出一个浮动窗口显示该模板的预览图，单击"创建"按钮（图4－16）。

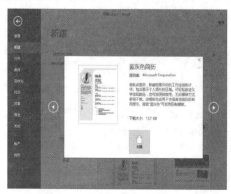

图4－16　"使用模板"新建文档（2）

③此时系统将会自动创建一个名称为"文档1"的文档（如果是第一次创建，则应该是"文档1"，第二次创建为"文档2"，依此类推），文档内已经设置了格式和内容，只要在文档中输入相应的内容即可。

注：在连接网络的情况下，还可以使用 Office.com 提供的模板，选择模板之后，Word 2016会自动下载并打开此模板，并以此为模板创建新的文档。

2.打开文档

（1）在文件夹窗口找到文档，双击打开（或者右击鼠标弹出快捷菜单打开）。

（2）在 Word 程序下使用"文件"选项卡打开。

（3）使用 Ctrl＋O 组合键。

3.保存文档

（1）使用快速访问工具栏的"保存"。

（2）使用"文件"选项卡的"保存"。

（3）使用"文件"选项卡的"另存为"，另存类型默认是".docx"格式，也可以另存为 Word 97－2003 兼容的".doc"格式和".pdf"文件（图4－17）。

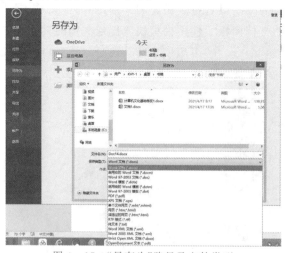

图4－17　"另存为"路径及文件类型

4.关闭文档

(1)单击右上角的"关闭"按钮。

(2)"文件"选项卡的"退出"。

(3)使用组合键 Ctrl＋F4,Alt＋F4。

对于修改后没有存盘的文档,关闭文档时系统会给出提示信息,如图 4－18 所示。单击"保存"按钮,保存后退出;单击"不保存"按钮,不保存退出;单击"取消"按钮,重新返回编辑窗口。

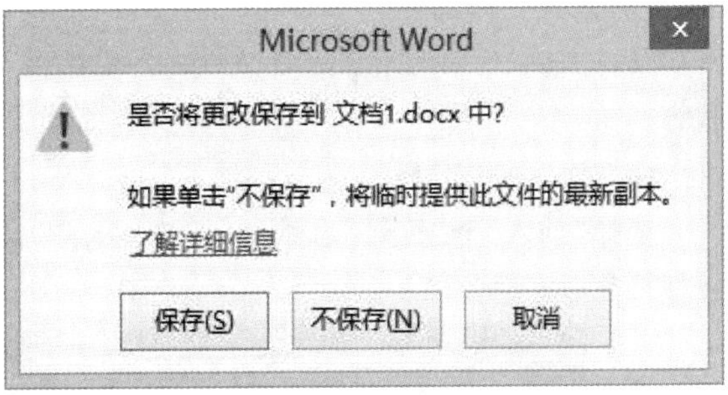

图 4－18　提示信息

4.2　文档的编辑

在 Word 中,文档的基本编辑包括文档内容的录入、移动、复制、删除、查找与替换等。

4.2.1　文本的录入

1.基本的录入操作

在文档的编辑区有一个闪动的光标,指明文本插入的位置,即插入点。随着文字的不断录入,插入点的位置也不断向右移动,当到达所设页面最右边时,Word 可以自动将插入点移到下一行。若要另外开始一段文字,可以按 Enter 键实现换行。

2.特殊字符及特殊内容的插入

(1)特殊字符的插入。

在文本的输入过程中,有时需要输入一些特殊符号。可以利用软键盘直接输入,但更多的符号可以通过"插入"选项卡里的"符号"选项组输入。具体步骤为"插入"→"符号",点击下拉菜单,选择"其他符号",弹出"符号"对话框,如图 4－19 所示。

(2)插入日期和时间。

选择"插入"→"文本"选项组中的日期和时间,弹出"日期和时间"对话框,如图 4－20 所示。

图 4－19　"符号"对话框

图 4－20　"日期和时间"对话框

（3）插入文档部件。

选择"插入"→"文本"选项组，单击"文档部件"下拉菜单，可以插入自动图文集、文档属性、域等。

（4）插入公式、编号。

选择"插入"→"符号"选项组，单击"公式"下拉菜单，单击"输入新公式"，功能区出现公式的各种符号（图4－21）。

图4－21 "公式"功能区

选择"插入"→"符号"选项组，单击"公式"下拉菜单，单击"墨迹公式"，会出现一个公式书写面板，可以使用电子笔甚至手指输入公式（图4－22）。

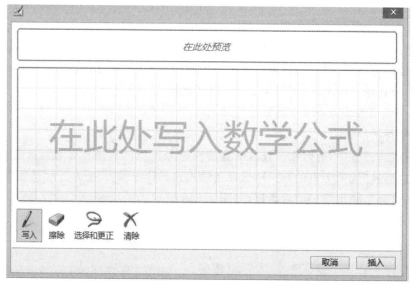

图4－22 墨迹公式

选择"插入"→"符号"选项组，单击"编号"命令，可以插入编号。

（5）插入其他。

选择"插入"→"文本"选项组，单击"签名行""对象"命令按钮，可以插入签名、对象或文件中的文字等。

4.2.2 文本的编辑

1.文本的选取

（1）鼠标移动选择文本。

将鼠标指针移到要选择的文本开始处，按下鼠标左键拖动至要选定的文本的结尾处，释放左键，被选中的文本呈反显状态。这种方法可以灵活选中任意文本。

（2）用Shift键和鼠标配合选择文本。

把插入点置于要选定的文本之前，按住Shift键，并用鼠标单击要选择的区域的末端，即选择两点之间的文本。这种方法适用选择较长的文本。

（3）用 Ctrl 键和鼠标配合选择文本。

在选定一块文本之后，按下 Ctrl 键的同时选择另外的文本，则多块文本可同时选中，这种方法适用选择不连续的区域。

（4）用 Alt 键和鼠标配合选择文本。

先按下 Alt 键不放，用鼠标拖动选择矩形区域。

（5）使用鼠标选中整行、整段和整篇文本。

将鼠标移动到页面左侧的文本选择区域，鼠标变为右指箭头。单击鼠标，即选中一行；双击鼠标，即选中一段；三击鼠标，选中整篇文档。

选中文本后，将鼠标指针移动到被选中文本的右侧，将会出现一个半透明状态的浮动工具栏。该工具栏中包含了常用的设置文字格式的命令，如设置字体、字号、颜色、居中对齐等。将鼠标指针移动到浮动工具栏上将使这些命令完全显示，进而可以方便地设置文字格式，该工具栏称为"浮动工具栏"，可以方便快速地设置文档格式。

若要取消选择，可以单击鼠标。

2．复制和移动

（1）复制。

①使用鼠标复制文本。选定要复制的文本，按住鼠标左键的同时按 Ctrl 键拖动至目标位置，释放鼠标左键即可。

②使用快捷键复制文本。选定要复制的文本，使用 Ctrl＋C 组合键将其放置剪贴板，然后到指定位置，使用 Ctrl＋V 组合键粘贴。

③使用"开始"→"剪贴板"选项组。选定要复制的文本，单击"剪贴板"中的"复制"按钮，然后到指定位置单击"粘贴"下拉菜单中的"粘贴"或者"粘贴选项"，根据需要进行粘贴的选择，包括保留源格式、合并格式和只保留文本的方式。

④使用快捷菜单复制文本。选定要复制的文本，右击鼠标弹出快捷菜单，选择"复制"，然后到指定位置，右击鼠标弹出快捷菜单，选择"粘贴"选项，可以带格式粘贴，也可以只粘贴文本。

（2）移动。

①使用鼠标移动文本。选定要移动的文本，按住鼠标左键拖动至目标位置，释放鼠标左键即可。

②使用快捷键移动文本。选定要移动的文本，使用 Ctrl＋X 将其放置剪贴板，然后到指定位置，使用 Ctrl＋V 组合键粘贴。

③使用"开始"选项卡的"剪贴板"选项组。选定要移动的文本，单击"剪贴板"中的"剪切"按钮，然后到指定位置，再单击"粘贴"下拉菜单，也可以按照需要的方式粘贴。

3．撤销与恢复

在文档处理过程中，如果对先前的操作不满意，可以单击"快速访问工具栏"上的"撤销"或者使用 Ctrl＋Z 组合键使文本恢复到原来的状态。如果还要取消再前一次或几次的操作，可继续使用该命令。若在撤销后又觉得不该撤销，可用"恢复"按钮，让已撤销的操作复原。

4．删除文本

先选定文本，再按 Delete 键或者 Backspace 键进行删除。

4.2.3 查找和替换

查找和替换是编辑中最常用的操作之一。查找功能可以帮助用户快速找到文档中的某些内容，以便进行相关操作；替换在查找的基础上，可以将找到的内容替换成用户需要的内容。查找和替换的内容可以是文本、符号、特殊字符等。

1.查找

选择"开始"→"编辑"选项组，单击"查找"命令，会打开查找导航，如图4－23所示。在"搜索文档"位置键入要搜索的内容，单击放大镜按钮，可以选择搜索对象。

单击"查找"右侧的下拉菜单，可以选择高级查找，会弹出"查找和替换"对话框。

在"查找内容"文本框中输入所要查找的文本或者符号，单击"查找下一处"按钮开始查找，可以反复查找。

单击"更多"按钮，"查找和替换"对话框扩展为图4－24所示的内容。可以进行如下设置。

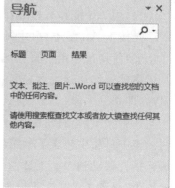

图4－23 "查找"导航

图4－24 "查找和替换"对话框

(1)"搜索范围"下拉列表用于指定搜索的范围和方向。其中，"全部"表示全文搜索；"向上"表示从插入点向文首方向查找；"向下"表示从插入点向文尾方向查找。

(2)选中"区分大小写"复选框，表示只搜索大小写完全匹配的字符串。

(3)选中"全字匹配"复选框，表示搜索到的字必须为完整的词，而不是长单词的一部分，如查找"my"不会找到"myself"。

(4)选中"使用通配符"复选框,表示可以通过通配符查找文本,"?"代表任意一个字符,"﹡"代表任意多个字符。

(5)选中"同音"复选框,可以查找读音相同的单词。

(6)选中"查找单词的所有形式"复选框,可以查找单词的各种形式,如动词的过去时、进行时,名词的复数形式等。

除以上的一些设置外,还可以通过"格式"按钮设置查找内容的格式;通过"特殊格式"按钮插入要查找的特殊格式,如段落标记、换行符等;通过"不限定格式"按钮取消所查找文本的格式设置。

2.替换

选择"开始"→"编辑"选项组,单击"替换"命令,或者单击"查找和替换"对话框里的"替换",可以进行替换操作。替换操作在查找的基础上进行。需要在"替换为"文本框里输入要替换的新内容,可以是文本、符号,可以设置格式。单击"替换"按钮,可以对一处内容进行替换;单击"全部替换"按钮,可以对搜索到的所有内容进行替换。同样,对替换内容也可以设置格式。

例 4－1　打开 Wordlt 文件夹下的"Word4－1.docx"文件,将文中的标准色蓝色的"煤体"全部替换为标准色红色、加粗的"媒体",并删除文中所有空格。操作步骤如下。

(1)打开文件 Word4－1.docx,选择"开始"→"编辑"选项组,单击"替换"命令(或使用 Ctrl＋H 组合键),打开替换对话框。

(2)在"查找内容"后面输入"煤体",此时插入点光标定位在"查找内容"框里,单击"格式"按钮打开"字体"对话框,把查找内容设置成"(标准色)蓝色"。

(3)在"替换为"后面输入"媒体",此时插入点光标定位在"替换为"框里,单击"格式"按钮打开"字体"对话框,将替换内容设置成"(标准色)红色、加粗"(图 4－25)。

(4)在搜索范围内选择"全部",单击"全部替换",用红色、加粗的"媒体"替换文章中所有的蓝色"煤体"。

(5)选择"开始"→"编辑"选项组,单击"替换"命令(或使用 Ctrl＋H 组合键)再次打开替换对话框,把鼠标放至"查找内容"框内,将上次的查找内容删除,输入一个半角空格,单击"不限定格式"按钮,取消前次查找内容格式的设置。

(6)将"替换为"框里的内容删除,单击"不限定格式"按钮,取消前次替换内容格式的设置。

图 4－25　"查找和替换"格式替换

(7)在搜索范围内选择"全部",单击"全部替换"按钮,即把全文的空格删除。

例 4－2　打开 Wordlt 文件夹下的"Word4－2.docx"文件，将正文第一段（"虚拟与现实两词具有相互矛盾的含义……"）中的西文半角标点"，"替换为中文全角标点"，"；将文中所有的英文"()"替换为中文的"（）"；将文中的符号"■"替换为"◆"；删除文中所有的空行。

操作步骤如下。

（1）打开文件"Word4－2.docx"，先用鼠标选中正文第一段，选择"开始"→"编辑"选项组，单击"替换"命令（或使用 Ctrl＋H 组合键）打开替换对话框。

（2）在"查找内容"后面输入西文半角标点"，"，在"替换为"后面输入中文标点"，"，选中"区分半角全角"复选框，搜索范围默认为"向下"，单击"全部替换"按钮，替换完成后会弹出一个信息框（图 4－26），单击"否"，完成对正文第一段的替换。

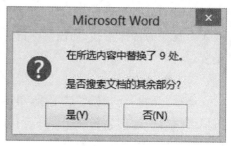

图 4－26　指定范围替换后信息框

（3）选择"开始"→"编辑"选项组，单击"替换"命令（或使用 Ctrl＋H 再次打开替换对话框，在"查找内容"后面输入一个英文的"("，在"替换为"后面输入一个中文的"（"，选中"区分半角全角"。注意：对于括号的替换只能一次替换半个，不能两个一起替换。

（4）在搜索范围内选择"全部"，单击"全部替换"，完成左括号的替换。

（5）用同样的方法替换右括号。

（6）选择"开始"→"编辑"选项组，单击"替换"按钮（或使用 Ctrl＋H 再次打开替换对话框，光标定位在"查找内容"后面的框里，打开一种中文输入法状态栏的软键盘右击鼠标，选择软键盘中的特殊字符，单击软键盘上的"■"。

（7）将光标定位在"替换为"后面的框里，同样的方法插入软键盘上的"◆"，在搜索范围内选择"全部"，单击"全部替换"按钮，完成对特殊符号的替换。

（8）选择"开始"→"编辑"选项组，单击"替换"命令（或使用 Ctrl＋H 再次打开替换对话框，将光标定位在"查找内容"后面的文本框里，插入两个段落标记（插入段落标记的方法是单击"特殊格式"命令按钮，在级联菜单中选中"段落标记"），然后把光标定位到"替换为"后面的文本框里，插入一个"段落标记"。

（9）搜索范围内选择"全部"，连续单击"全部替换"，直至出现提示"Word 已完成对文档的搜索并已完成 0 处替换"，完成对所有空行的删除。

4.3　文档内容格式设置

在 Word 中只输入文字是远远不够的，这样既不能突出整篇文档的重点，也不美观。因此，当完成文档的基本输入和编辑工作后，有必要对文档的内容进行格式化编辑，以达到最佳效果，满足不同需求。

4.3.1　字符格式设置

字符格式包括字体、字形、字号、颜色、效果、字符间距、动态效果等。可以先选中文字，再进行格式设置，这时设置的格式对所选文字有效；也可以先定位插入点，再进行格式设置，这时设置的格式对插入点后新输入的内容有效。

1.使用"字体"选项组内的工具进行设置

选择"开始"→"字体"选项组,该选项组中有对字符进行简单格式设置的工具,主要使用的按钮如图 4－27 所示。

2.使用浮动工具栏进行设置

选中文本后,将鼠标指针移到被选中文本的右侧位置,将会出现一个半透明状态的浮动工具栏。该工具栏中包含了常用的设置文字格式的命令,如设置字体、字号、颜色、居中对齐等命令。将鼠标指针移动到浮动工具栏上将使这些命令完全显示,进而可以方便地设置文字格式(图 4－28)。

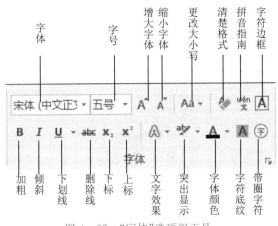

图 4－27　"字体"选项组工具

3.使用对话框进行设置

选择"开始"→"字体"选项组,单击其右下角的"小箭头"按钮,打开"字体"设置对话框,如图 4－29 所示。在"字体"选项中可以对字体、字形、字号、颜色、文字效果进行设置,在"高级"选项里可以对字符间距等进行设置,设置完毕后,单击"确定"按钮即可。

图 4－28　浮动工具栏

图 4－29　"字体"设置对话框

4.3.2　段落格式设置

段落的设置包括首行缩进、悬挂缩进、左缩进、右缩进、行间距、段间距、对齐方式等,设置段落格式可以通过"段落"选项组实现,也可以通过"段落"设置对话框实现。

1.使用"段落"选项组设置

在"开始"选项卡里和"布局"选项卡里都有"段落"选项组。前者主要设置段落的对齐方式、项目符号和编号、增加和减少缩进量、边框和底纹等;后者主要具体设置左右缩进量和段前、段后距离(图 4－30)。

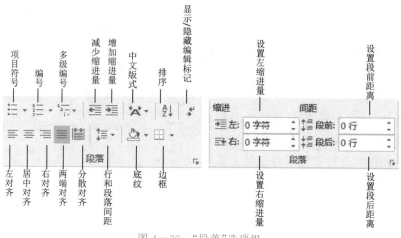

图4-30 "段落"选项组

2.使用水平标尺设置

利用水平标尺可以设置一些缩进格式。标尺上的滑块如图4-31所示。

(1)左缩进。控制整个段落相对左边界的距离。

(2)右缩进。控制整个段落相对右边界的距离。

(3)首行缩进。控制段落中第一行的缩进位置。

(4)悬挂缩进。控制段落中除第一行外,其他各行的缩进位置。

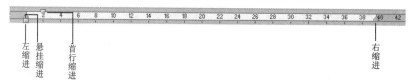

图4-31 标尺上的滑块

3.使用"段落"对话框设置

单击"段落"选项组右下角的箭头按钮,打开"段落"对话框,如图4-32所示。在对话框中,除可以设置各项缩进的具体值外,还可以设置段前段后间距值、行间距值、大纲级别和对齐方式。

对齐方式包括左对齐、右对齐、居中、两端对齐和分散对齐。

两端对齐与分散对齐段落的最后一行有差别:两端对齐最后一行靠页面的左端;而分散对齐调整最后一行字符之间的距离,使字符均匀地填满整行。

两端对齐和左对齐的区别体现在除最后一行的其他行外,左对齐是所有字符从左向右排列;两端对齐调整字符之间的距离,使字符均匀地填满整行,右端不留空白。

4.3.3 编号和项目符号

使用编号和项目符号,可使文档的某些内容醒目而有序,提高文档的可读性。对于有顺序要求的,使用编号;对于只是信息的罗列而没有特别顺序的,使用项目符号。二者的区别是前者为一连续的数字或字母;后者使用相同的符号。

图4-32 "段落"对话框

选择"开始"→"段落"选项组,单击"项目符号""编号""多级编号"可以分别添加项目符号和编号(图 4－33、图 4－34)。

图 4－33 "项目符号"设置　　　　　图 4－34 "编号"和"多级编号"设置

例 4－3　新建 Word 文档,在文档中创建以下项目符号列表,结果另存为"Word4－3. docx"。

◆　提纲 1
◆　提纲 2
◆　提纲 3
√　子提纲 1
√　子提纲 2
√　子提纲 3
◆　提纲 4

操作步骤如下。

(1)新建一个 Word 文档,命名为"Word4－3.docx"。

(2)输入内容:

提纲 1

提纲 2

提纲 3

子提纲 1

子提纲 2

子提纲 3

提纲 4

(3)选中所有内容,选择"开始"→"段落"选项组,单击"项目符号"右侧下拉菜单,在"项目符号库"中选择"◆"符号。

(4)选中三个"子提纲",选择"开始"→"段落"选项组,单击"增加缩进量",然后再选择"开始"→"段落"选项组,单击"项目符号"右侧下拉菜单,在"项目符号库"中选择"√"符号。

4.3.4　使用格式刷快速设置

对于已经设置好的格式，若有其他文本采用与此相同的格式，可以使用"开始"→"剪贴板"选项组中的"格式刷"工具，快速复制格式。

例 4—4　打开 Wordlt 文件夹下的"Word4—4.docx"，将小标题（一、…二、…三、…）所在行设置为首行缩进 2 字符，段前距 0.5 行，段后距 0.5 行，左对齐，字体为宋体、字体颜色为标准色红色、字号为小四号字。

操作步骤如下。

（1）打开 Wordlt 文件夹下的"word4—4.docx"文件。

（2）选中第一行小标题"一、视觉类媒体"，选择"开始"→"段落"选项组，单击其右下角的"小箭头"按钮，打开"段落"对话框，"特殊格式"下选择"首行缩进"，"磅值"内输入"2 字符"，然后在"段前""段后"两个文本框里分别输入"0.5 行"，"对齐方式"选择"左对齐"。

（3）选择"开始"→"字体"选项组，使用工具设置字体为宋体、字体颜色为标准色红色，字号为小四号（也可使用"字体"对话框设置或者使用"浮动工具栏"）。

（4）保持第一项小标题的选中状态，选择"开始"→"剪贴板"选项组，双击"格式刷"按钮，鼠标上就会带有一个小刷子，然后依次从其他小标题上刷过。

（5）格式复制完毕后，单击"格式刷"按钮，取消鼠标上的小刷子，保存文档。

4.3.5　边框和底纹设置

若需要对字符效果（如边框、填充效果等）进行设置，需先选中内容，选择"开始"→"段落"选项组，单击"边框"下拉菜单中的"边框和底纹"，打开"边框和底纹"对话框（图 4—35）。在对话框中选择"边框"选项，可以设置边框的线性、颜色和宽度，可以使用"自定义"分别设置上、下、左、右的边框，可以选择设置结果应用于文字或段落；选择"底纹"选项，可以设置底纹的颜色及图案等，可以设置是对所选文字有效还是对整个段落有效；在"边框和底纹"对话框里还可以选择"页面边框"来设置页面边框。

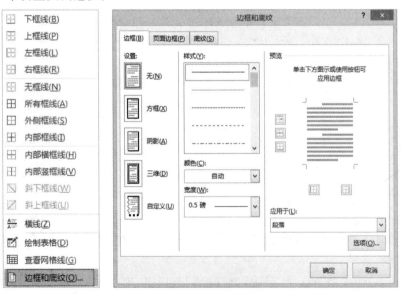

图 4—35　"边框"下拉菜单和"边框和底纹"对话框

　　若要设置文字效果,单击"字体"对话框里的"文字效果"按钮,弹出"设置文本效果格式"对话框(图 4—36),可以设置文本填充和文本边框,也可以设置字符的填充颜色、填充效果等,还可以设置阴影、映像、三维格式等。

图 4—36　"文字效果"设置

4.3.6　分栏设置

分栏可将文档内容在页面上分成多个列块显示,使排版更加灵活和美观,具体操作步骤如下。

(1)选定要分栏的文本区域(对整篇文档进行分栏不用选定)。

(2)选择"布局"→"页面设置"选项组里的分栏按钮。

(3)单击其下拉菜单可以选择分栏的栏数,选择"更多分栏",弹出"分栏"对话框,如图4—37所示,在对话框里可以对栏数、栏宽、栏宽间距及是否有分割线进行具体设置。

4.3.7　首字下沉设置

首字下沉就是将段落的第一个字放大并占据 2 行或多行,其他字符围绕在它的右下方。设置时首先将插入点置于要设置首字下沉的段落中,选择"插入"→"文本"选项组里的"首字下沉"按钮,可以设置下沉和悬挂,也可以使用"首字下沉选项",弹出"首字下沉"对话框,如图 4—38所示,在对话框中可以设置下沉的方式、字体、下沉的行数及下沉后与后面字符的间距。

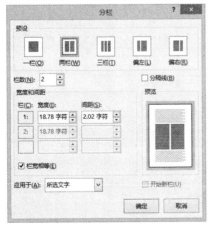

图 4—37　"分栏"对话框　　　　　图 4—38　"首字下沉"对话框

4.3.8　尾注和脚注

脚注和尾注是对文本的补充说明。脚注一般位于页面的底部,可以作为文档某处内容的注释;尾注一般位于文档的末尾,列出引文的出处等。

选择"引用"→"脚注"选项组中"插入脚注""插入尾注"按钮，或是单击"脚注"选项组右下角的"小箭头"按钮，弹出"脚注和尾注"对话框，如图 4－39 所示。在对话框中可以具体设置脚注和尾注的位置和格式等。

图 4－39　"脚注和尾注"对话框

例 4－5　打开 Wordlt 文件夹下的"Word4－5.docx"文档，将文章标题"虚拟现实技术"设置为黑体，一号字，文字填充效果为预设渐变的"中等渐变，个性色 2"，水平居中，段前距 0.5 行，段后距 0.5 行，文章第一段文字首字下沉三行，字体为仿宋体，将文章最后一段分为平均的两栏，中间有分隔线，为文字插入尾注"虚拟技术可以解决的问题"。

操作步骤如下。

（1）打开 Wordlt 文件夹下的"Word4－5.docx"文档，选中标题，在"开始"→"字体"选项组中设置为黑体，一号字，然后单击"字体"选项组右下角"小箭头"按钮，打开"字体"设置对话框，单击"文字效果"，点击"文本填充"选项。

（2）选择"文本填充"→"渐变填充"单选框，下面列表框会出现"预设颜色"的选项，选择 3 行 2 列的"中等渐变，个性色 2"（图 4－40），选中后单击"确定"按钮。

图 4－40　"设置文本填充效果格式"对话框

（3）保持标题选中状态，单击"开始"→"段落"选项组右下角"小箭头"按钮，打开"段落设置"对话框，设置段前、段后均为 0.5 行。

（4）光标定位在文章第一段，选择"插入"→"文本"选项组，单击"首字下沉"的下拉菜单，设置字体为仿宋体，下沉行数为 3 行，然后单击"确定"按钮。

（5）鼠标选中文章最后一段，选择"布局"→"页面设置"选项组，单击"分栏"下拉菜单，打开分栏对话框，单击"两栏"按钮，选中"栏宽相等"复选框和"分割线"的复选框。

（6）选择"引用"→"脚注"选项组，单击"插入尾注"命令，在文章的结尾处插入"尾注"，输入"虚拟技术可以解决的问题"。

4.4　文档页面格式设置

在把字符和段落的各种格式设置完毕后，需要对文档进行页面设置。页面设置包括纸张大小、纸张方向、纸张来源、版式、页边距、文档的分节、页眉和页脚的设置等。

4.4.1　视图

Word 2016 中提供了多种视图模式供用户选择，这些视图模式包括页面视图、阅读版式视图、Web 版式视图、大纲视图和草稿视图五种视图模式。用户可以在"视图"功能区中选择需要的文档视图模式，也可以在 Word 2016 文档窗口的右下方单击"视图按钮"选择视图。

1.页面视图

页面视图可以显示 Word 2016 文档的打印结果外观，主要包括页眉、页脚、图形对象、分栏设置、页面边距等元素，是最接近打印结果的页面视图。

2.阅读版式视图

阅读版式视图以图书的分栏样式显示 Word 2016 文档，"文件"按钮、功能区等窗口元素被隐藏起来。在阅读版式视图中，用户还可以单击"工具"按钮选择各种阅读工具。

3.Web 版式视图

Web 版式视图以网页的形式显示 Word 2016 文档，适用于发送电子邮件和创建网页。

4.大纲视图

大纲视图主要用于设置 Word 2016 文档的设置和显示标题的层级结构，并可以方便地折叠和展开各种层级的文档。大纲视图广泛用于 Word 2016 长文档的快速浏览和设置。如果要把 Word 文档转换为 PowerPoint 演示文稿，则要使用大纲视图。

5.草稿视图

草稿视图取消了页面边距、分栏、页眉页脚和图片等元素，仅显示标题和正文，是最节省计算机系统硬件资源的视图方式。当然，现在的计算机系统的硬件配置都比较高，基本上不存在因硬件配置偏低而使 Word 2016 运行遇到障碍的问题。

4.4.2　页面设置

页面设置是打印文档前的必要工作，目的是使页面布局与页边距、纸张大小、页面方向一致。页面设置的格式化选项可应用于一个节、多个节或者整篇文档。

选择"布局"→"页面设置"选项组，可以使用该选项组里的命令按钮进行设置，该选项命令按钮如图 4—41 所示。该选项组中的每个命令按钮都有一个下拉菜单，在下拉菜单中可以具体设置文字方向、页边距、纸张方向、纸张大小。

单击"页面设置"选项组右下角的"小箭头'按钮，可以打开"页面设置"对话框，如图4－42所示，在对话框中具体设置这些值。

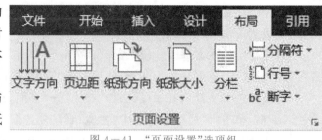

图4－41 "页面设置"选项组

（1）页边距。可以设置文档内容与上、下、左、右边界距离，装订线位置，纸张大小等。

（2）纸张。主要设置纸张大小，可以从下拉列表中选择常用的纸张尺寸，也可以通过自定义直接设定纸张的宽度和高度。

（3）版式。主要设置节的起始位置、页面垂直对齐方式、页眉和页脚的奇偶页不同或者首页不同，另外还可以设置页眉和页脚距离边界的距离，单击"边框"按钮可以打开"边框和底纹"对话框，可以设置页面边框等。

图4－42 "页面设置"对话框

4.4.3 分隔符的设置

顾名思义，分隔符起分隔的作用。在日常编辑文档的工作中，常常会用到分隔符来帮助定位和编辑标记文章。有了分隔符，可以将长篇文档分割成一小节一小节来进行设置。

1.节的创建

默认情况下一个文档即一个节，可以向文档插入分隔符进行分节。分节的好处是可以在不同的节里使用不同的页面格式设置。每个分节符包含了该节的格式信息，如页边距、页眉页脚、分栏、对齐、脚注和尾注等。节用分节符表示，显示为两条横向平行的虚线。

（1）插入分节符。

将光标定位到需要插入分隔符的位置，选择"布局"→"页面设置"选项组，单击"分隔符"打开其下拉菜单（图 4-43）。在该下拉菜单里可以插入不同类型的分隔符。

①"下一页"。插入分节符分页，使下一节从下一页的顶端开始。

②"连续"。插入分节符并立即开始新节，但不分页。

③"偶数页"。插入分节符，下一节从下一个偶数页开始。如果当前"分节符"位于偶数页，则 Word 会将下一个奇数页留为空白。

④"奇数页"。插入分节符，下一节从下一个奇数页开始。如果当前"分节符"位于奇数页，则 Word 会将下一个偶数页留为空白。

（2）删除分节符。

选定需要删除的分节，按删除键。在将选定的分节符删除的同时，也就删除了该分节符上文本的分节格式，因此该文本就会成为下一节的一部分，其格式也就相应变成了下一节的格式。

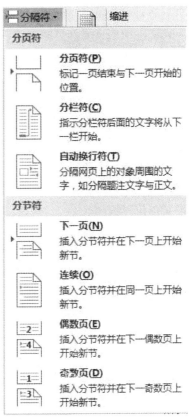

图 4-43　"分隔符"的设置

2.分页符的创建

文本的内容超过一页时，自动按照设置页面的大小，在草稿视图方式下，在自动分页处显示一条虚线，称为"软分页符"。还可以根据需要人工插入分页符，称为"硬分页符"。每当插入"硬分页符"时，Word 会自动调整"硬分页符"后面的"软分页符"位置。"软分页符"不能人工删除，而"硬分页符"可以人工删除。

光标定位到需要分页的位置，选择"页面布局"→"页面设置"选项组，单击"分隔符"下拉菜单中的"分页符"命令，即插入一个硬分页符，人工将"分页符"后面的文本另起一页。

将光标定位到"硬分页符"的位置，按删除键，即可删除该分页符。

"分页符""分节符"默认不显示，如果要显示出来，可以单击"开始"→"段落"选项组中的"显示/隐藏编辑标记"，则可以显示和隐藏。

4.4.4　页眉和页脚的设置

页眉和页脚通常显示文档的附加信息，常用来插入时间、日期、页码、单位名称、徽标等。其中，页眉在页面的顶部，页脚在页面的底部。对页眉页脚的格式化方法与格式化一般文本相同，基本上页眉和页脚的特性及设定方式一致。在草稿视图下，无法显示设置的页眉页脚，必须在页面视图或打印预览中才能看到页眉和页脚。

1.创建页眉和页脚

选择"插入"→"页眉和页脚"选项组中的"页眉工具和页脚工具"，单击其下拉菜单，可以选择各种类型的页眉和页脚。一旦选中一种类型，则功能区会出现关于页眉和页脚的设置（图 4-44）。可以使用该工具栏直接设置"页眉和页脚"的页眉页脚"奇偶页不同""首页不同"及页眉页脚距离"边界的距离"等。如果一篇文档中需要设置的页眉、页脚各部分不同，如奇数页页眉每部分是章的标题,则需要先对文档进行分节(详细请参考4.4.3节),文档分节后,就可以设置不同的页眉和页脚了。

图4－44 "页眉和页脚"工具

在页眉和页脚中,可以自己输入字符,也可以使用"插入"选项卡下的各选项组,对应来插入页码、日期和时间等,还可以通过"插入"→"文本"→"文档部件"中文档的属性来插入"作者""标题""单位"等。

2.编辑页眉页脚

选择"插入"→"页眉和页脚"选项组中的"页眉"或"页脚",单击其下拉菜单中的"编辑页眉"或"编辑页脚",功能区会出现关于页眉和页脚的设置(图4－45)。可以使用"导航"选项组中的"转至页脚"和"转至页眉"按钮,在页眉和页脚以及上一节和下一节之间切换,选择要修改的内容,对页眉和页脚进行修改,修改完毕之后单击"关闭"按钮即可。

3.删除页眉和页脚

选择"插入"→"页眉和页脚"选项组,单击"页眉"下拉菜单中的"删除页眉"命令可以删除页眉,单击"页脚"下拉菜单中的"删除页脚"命令可以删除页脚。也可以在编辑页眉页脚时直接选定要删除的页眉或页脚,按删除键即可。

4.4.5 页码的设置

Word 允许对文档中的各页进行编号,显示多种格式的页码,并可进行删除。

选择"插入"→"页眉和页脚"选项组中的"页码"下拉菜单,如图4－45所示。可以选择在页面顶端、页面底端、页边距或者当前位置插入页码,在该下拉菜单中也可以单击"设置页码格式",弹出"页码格式"对话框,如图4－46所示,设置页码的格式。

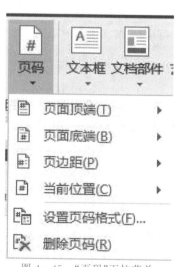

图4－45 "页码"下拉菜单

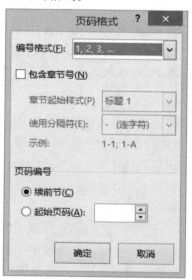

图4－46 "页码格式"对话框

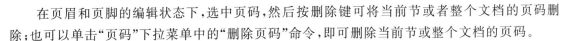

在页眉和页脚的编辑状态下,选中页码,然后按删除键可将当前节或者整个文档的页码删除;也可以单击"页码"下拉菜单中的"删除页码"命令,即可删除当前节或整个文档的页码。

例 4—6　打开 wordlt 文件夹下的"Word4—6.docx"。

页边距上、下为 2.5 cm,左、右为 2 cm;页眉、页脚距边界均为 1.5 cm,纸张大小为 A4。页眉为"科技博览",字体为楷体,五号字,红色,左对齐。页脚为"X/Y"(X 表示当前页数,Y 表示总页数),水平居中。

将文章标题"虚拟现实技术"设置为华文行楷,三号字,文字效果设为文本填充中渐变填充"底部聚光灯,个性色 3",水平居中,段前距 0.5 行,段后距 0.5 行。

操作步骤如下。

(1)选择"布局"→"页面设置"选项组,单击"页边距"下拉菜单中的"自定义页边距"命令,打开"布局"→"页边距"对话框,设置页边距上、下为 2.5 cm,左、右为 2 cm。然后在对话框中选择"版式"设置页眉、页脚距边界的距离均为 1.5 cm(图 4—47),在"页面布局"→"页面设置"→"纸张大小"中选择 A4 纸。

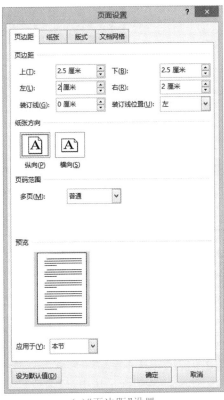

(a)"页边距"设置　　　　　　　　(b)"版式"设置

图 4—47　"页边距"设置和"版式"设置

(2)选择"插入"→"页眉和页脚"选项组,单击"页眉"下拉菜单,插入一个空白的页眉,输入"科技博览",设置字体为楷体,字号为五号字,字体颜色为标准色红色,对齐方式为左对齐。选择"页眉和页脚工具设计"→"导航"选项组,单击"转至页脚"命令,选择"页眉和页脚工具设计"→"页眉和页脚"选项组,单击"页码"下拉菜单中的"页面底端"→X/Y→"加粗显示的数字 2"的格式插入。鼠标在空白处点击,关闭"页眉和页脚"工具。

（3）鼠标选中文章的标题，选择"开始"→"字体"选项组，单击右下角的"小箭头"按钮打开"字体设置"对话框，设置字体、字号、文字效果为"文本填充"→"渐变填充"→"预设渐变"→"底部聚光灯，个性色 3"（图 4-48）。选择 "开始"→"段落"选项组，单击"居中"按钮，选择"页面布局"→"段落"选项组来将段前、段后的间距均设置为 0.5 行。

 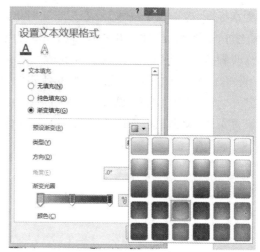

（a）"字体"设置　　　　　　　　　　　（b）"文本效果"设置

图 4-48　"字体"设置和"文本效果"设置

4.4.6　使用"样式"格式化文档

样式是一些特定格式的集合。在定义一个样式后，可以很快把它运用于文档的任何正文。运用样式比手工设置格式要快得多，而且能保证一致性。如果后来修改了一个样式的定义，则文档中使用样式的正文的格式都会自动改变。

选择"开始"→"样式"选项组，单击右下角"小箭头"按钮，打开"样式"对话框，如图 4-51 所示。在对话框中列举了当前 Word 所提供的样式，每一种样式都包含了特定的字体和段落的格式。选中正文的内容，在"样式"对话框中单击所需要的样式，则该样式就会应用于选中的内容。

鼠标放置在对话框中某一样式的"修改"按钮，该按钮出现一个下拉箭头，单击下拉箭头，选择"修改"就可以将该样式修改为自己所要求的样式。

例 4-7　打开 Wordlt 文件夹下的"Word4-7.docx"文件，整篇文档按照章节分节，要求页眉奇偶页不同，奇数页的页眉是章节名称，偶数页的页眉为"计算机基础"，页脚为页码，水平居中。文中有三级标题，一级标题是章节的标题，要求宋体，二号字，水平居中，段前段后 0.5 行（1 绪论，2 酒店管理系统设计，3……）；二级标题要求宋体，四号字，左对齐，段前段后 1 行（1.1 系统开发的背景，1.2……）；三级标题要求宋体，小四号字，左对齐，段前段后 0.5 行（2.3.1 系统结构图……）。最后生成目录，包括两级标题。

操作步骤如下。

（1）分节。打开 Wordlt 文件夹下的"Word4-7.docx"，将光标定位到第 2 章及后面每个章节的开始（如"2 酒店管理系统设计"2 的前面），选择"页面布局"→"页面设置"选项组，单击"分隔符"的下拉菜单中的"分节符"→"下一页"，将全文 5 章分为 5 个节。

（2）设置页眉和页脚。选择"插入"→"页眉和页脚"选项组，单击"页眉"下拉菜单中的"编辑页眉"，功能区变成了"页眉和页脚"工具，选择"页眉和页脚设计"→"选项"，单击"奇偶页不同"复选框，设置奇数页的页眉为"1 绪论"。单击"导航"中的"转至页脚"，将鼠标切换到页脚。单击"页眉和页脚"中的"页码"，插入页码并居中，同样的方法再插入奇数页的页码。偶数页的页眉为"计算机基础"，滚动鼠标到偶数页的页眉，填写"计算机基础"。将光标定位到第二节奇数页的页眉，单击"导航"中的"链接到前一条页眉"，断开与第一节页眉的链接（默认是链接在一起的），输入第二节的奇数页的页眉，同理再更改第三～四节的奇数页的页眉。

（3）选择"开始"→"样式"选项组，单击右下角"小箭头"按钮，弹出"样式"对话框，如图 4－49 所示。在对话框中单击"标题 1"右边编辑按钮，选择下拉菜单的"修改"，将其修改为宋体、二号字、水平居中、段前段后 0.5 行。同理，设置二级标题和三级标题。

（4）选择"开始"→"段落"选项组，单击"多级符号"下拉菜单中的"定义新的多级列表"命令，打开"定义新多级列表"对话框（图 4－50(a)），定义"标题 1"为一级标题，将级别链接到"标题 1"，然后定义"标题 2"为二级标题（图 4－50(b)），将级别链接到"标题 2"。同理，定义"标题 3"为三级标题，将级别连接到"标题 3"。

（5）在文章开头插入一个"下一页"分节符，在其前面插入目录。选择"引用"→"目录"选项组，单击"目录"下拉菜单的"插入目录"，选择两级标题，生成目录（图 4－51）。

图 4－49　"样式"对话框

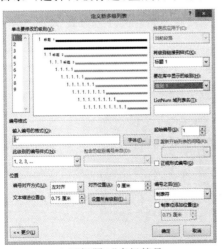
（a）"标题 1"多级符号

（b）"论文标题 2"多级符号

图 4－50　"标题 1"多级符号和"论文标题 2"多级符号

图 4－51　例 4－7 生成的目录

4.5　文档的图文操作

文档中使用图形，可以使文档更形象、美观、丰富多彩。用户可以插入来自文件夹的图片，也可以自己绘制图形、插入艺术字和 SmartArt 图形、插入屏幕截图，还可以从 office.com 联机站点上下载等。

4.5.1　图片的操作

1.插入图片

将光标定位到要插入图片的位置，选择"插入"→"插图"选项组，单击"图片"按钮，弹出插入图片对话框，在指定文件夹找到要插入的图片，选择图片后单击"插入"按钮或者直接双击该图片，即将图片插入到当前光标位置。

插入的图片默认环绕方式是嵌入式的，点击图片右侧"布局选项"图标可以设置图片的环绕方式（图 4－52），也可以使用图片工具上的"自动换行"修改图片的环绕方式。

图 4－52　图片右侧"布局选项"按钮

2.图片编辑及格式设置

(1)鼠标操作。

单击图片,图片周围出现控制点,按住鼠标左键可以拖动图片;按住 Ctrl 的同时按住鼠标左键拖动,可以复制图片;选中图片后,将鼠标放在控制点上,这时鼠标变成一个双向的小箭头,按住控制点拖动,可以改变图片的大小

(2)使用工具栏。

插入图片后,功能区会出现"图片工具格式"选项卡(图 4-53)。

图 4-53 功能区的"图片工具"

"调整"→"更正"右侧下拉菜单可以改变图片的对比度和亮度;"调整"→"颜色"可以给图片重新着色。

"图片样式"中包括图片的各种样式,"图片样式"→"图片版式"可以将图片转换为 SmartArt 图形,可以对图片轻松排列,添加标题并调整图片大小;"图片样式"→"图片边框"可以改变图片轮廓线性、颜色;"图片样式"→"图片效果"对应某种视觉效果,如阴影、发光、三维等。

"排列"→"位置"将所选对象放置到页面上,周围文字自动环绕;"排列"→"自动换行"更改对象周围文字的环绕方式;"排列"→"选择窗格"显示选择窗格,可以单个选择对象,改变对象次序;"排列"→"对齐"多个对象的对齐方式;"排列"选项组中还有组合按钮和旋转按钮;"大小"选项组可以对图片对象进行裁剪。

(3)使用"设置图片格式"导航。

有两种方法打开"设置图片格式"导航:一种是选中鼠标右击弹出快捷菜单,选择"设置图片格式";另一种是单击功能区的"图片工具格式"→"样式"右下角"小箭头"按钮。"设置图片格式"对话框如图 4-54 所示。

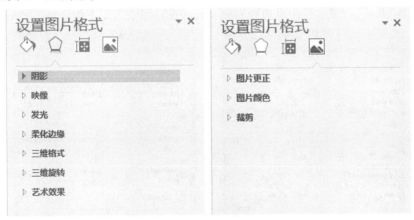

图 4-54 "设置图片格式"对话框

单击"大小"选项组右下角"小箭头"按钮可以弹出"布局"对话框,如图 4-55 所示。在对话框里可以对图片的位置、文字环绕方式及大小进行设置。

图 4－55 "布局"对话框

例 4－8 打开 Wordlt 文件夹下的"Word4－8 放飞风筝.docx"，插入文件夹中的风筝图片，图片颜色为褐色，设置图片高度为 5.5 cm，宽度为 3.5 cm，四周型环绕，图片水平距页边距右侧 4 cm，垂直距页边距下侧 3 cm。

操作步骤如下。

（1）打开 Wordlt 文件夹下的"Word4－8 放飞风筝.docx 文件"。

（2）选择"插入"→"插图"选项组，单击"图片"按钮，选择 Wordlt 文件夹下的图片文件"风筝.jpg"，将其插入到合适的位置。

（3）选中图片，功能区出现图 4－53 所示的"图片工具格式"选项卡，单击 "调整"→"颜色"→"重新着色"中的"褐色"。

（4）选中图片，点击右侧"布局选项"按钮，选择"文字环绕"→"四周型"。

（5）选择"排列"→"大小"选项组，单击右下角"小箭头"下按钮，弹出"布局"对话框，自动选择"大小"选项，设置图片高度为 5.5 cm，宽度为 3.5 cm（注意将"锁定纵横比"复选框的√取消）；单击"位置"选项，设置水平距页边距右侧 4 cm，垂直距页边距下侧 3 cm（图 4－56）。

（a）设置"图片大小"

（b）设置"图片位置"

图 4－56 设置"图片大小"和"图片位置"

（6）以"Word4－8.docx"的文件名保存文件。

4.5.2　插入与设置艺术字

制作海报、杂志等文档时,经常要使用一些有特殊效果的艺术字。艺术字与图片一样,都是作为一个图形对象的形式存在的,其插入操作与插入图片有一些共性。

1.插入艺术字

选择"插入"→"文本"选项组,单击"艺术字"下拉菜单,选择某一样式艺术字(如第一行第三列)插入到当前页面,输入艺术字内容(如"中国梦·我的梦"),选择"开始"→"字体"选项组,设置字体、字号(华文行楷,小初号字)。

2.编辑艺术字

选中艺术字,功能区即出现"绘图工具格式"选项卡(图 4－57)。在该工具里可以看到"艺术字样式"选项组。在该选项组里可以设置填充颜色(如紫色)、轮廓颜色、文字效果。点式"艺术字样式"→"文本效果"→"转换"下拉菜单选择"正三角形",艺术字形状设置如图 4－58 所示。点式"艺术字样式"→"文本效果"可以设置艺术字形状,也可以点击"艺术字样式"右下角的箭头打开"设置形状格式"的导航来进行设置艺术字样式。设置后的艺术字效果如图 4－59 所示。

图 4－57　功能区的"绘图工具"

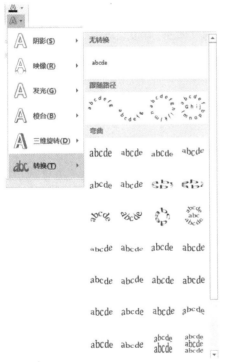

图 4－58　艺术字形状设置

图 4－59　艺术字效果

3.删除艺术字

选中要删除的艺术字,点击"删除"键即可。

4.5.3 自选图形

1.插入图形

选择"插入"→"插图"选项组，单击"形状"下拉菜单（图4－60），找到需要的形状，将鼠标指针移到文本区。当鼠标变成"十"字形状时，按住鼠标左键进行拖动，即可绘出所需图形。

插入自选图形或选中已有自选图形，功能区会出现图4－57所示的"绘图工具"格式选项卡，可以使用"绘图工具格式"→"插入形状"中的"形状"按钮来绘制自选图形。

绘制矩形时，按住 Shift 键可以绘出正方形；绘制椭圆时，按住 Shift 键可以绘出正圆。

2.编辑和设置图形

选中绘制好的图形，功能区即出现"绘图工具"格式选项卡，如图4－57所示。使用"大小"可以具体设置自选图形的高度和宽度。使用"形状样式"中的命令按钮可以设置自选轮廓、填充以及效果；也可以通过单击"形状样式"右下角的"小箭头"按钮，打开"设置形状格式"导航来设置。

3.在图形上添加文字

选中图形，右击鼠标，在快捷菜单上选择"添加文字"命令，则可以在图形上编辑文字。需要注意的是，图形本身是不能编辑文字的，这里的"添加文字"实际上是在图形上加了一个没有边框的文本框，在文本框中编辑文字，而系统自动将文字和形状进行了对齐和组合。

4.删除自选图形

选中要删除的图形，点击"删除"键即可。

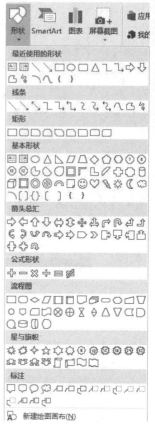

图4－60 自选图形

4.5.4 插入和设置文本框

文本框是将文字、表格、图形进行精确定位的有力工具，它如同一个容器，将文档中的任何内容包括文字、图形、表格或图、文、表的综合体放进文本框后，便可成为一个整体，可方便地进行移动、复制、缩放等操作。

1.插入文本框

选择"插入"→"文本"选项组，单击"文本框"右侧下拉菜单，选择一种类型的文本框，即可插入到页面上。也可以绘制文本框和绘制竖排文本框，当指针变为"十字线"型时，在希望文本框出现的位置处按下鼠标左键，并拖曳文本框至大小合适为止。释放鼠标左键即可插入一个空文本框。

插入文本框或选中已有文本框、自选图形等，功能区会出现如图4－57所示的"绘图工具"格式选项卡，这时可以使用"绘图工具格式"→"插入形状"→"文本框"来绘制横排文本框和竖排文本框。

2.编辑文本框

选中插入的文本框，"绘图工具"即出现在功能区，使用"绘图工具格式"→"大小"可以具体设置自选图形的高度和宽度。使用"绘图工具格式"→"形状样式"中的命令按钮可以设置自选轮廓、填充以及效果。也可以单击"形状样式"右下角的"小箭头"按钮,打开"设置形状格式"对话框,单击"文本框"(图4—61)。在对话框中,可以设置文字版式和内部边距等。

3.删除文本框

选中要删除的文本框,点击"删除"键即可。

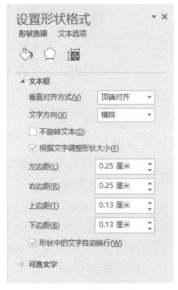

图 4—61　"文本框"格式设置

4.5.5　屏幕截图

Word 2016 内置了屏幕截图功能,并可将截图即时插入到文档中。选择"插入"→"插图"选项组,单击"屏幕截图"按钮(图4—62)。这时,用户可以在下拉菜单列表中看到所有已经开启的窗口缩略图,单击任意一个窗口即可将该窗口完整截图并自动插入到文档中。或者单击"屏幕剪辑",然后在屏幕上划出想要截取的部分,将屏幕的一部分插入到文档中。

图 4—62　"屏幕截图"下拉菜单

4.5.6　插入公式

编辑文档时常用的数学符号和数学公式可以用 Word 提供的公式来输入。如数学公式为

$$S = \sum_{i=0}^{m} \left(x^3 + \sqrt[3]{x} \right) - \frac{x^2 + 3}{x + 5} + \int_0^x x\,\mathrm{d}x$$

输入的方法和步骤如下。

(1)将鼠标定位到要输入公式的位置。

(2)单击"插入"→"符号"→"公式"下拉菜单中的"插入新公式",功能区出现"公式"工具(图4—63)。

(3)综合使用"公式工具"中的符号和键盘符号,输入公式。

(4)使用"插入"→"符号"→"公式"下拉菜单中的"墨迹公式"手写输入公式。

图 4－63　"公式工具"功能区

4.5.7　图文排版

1.多个对象的操作

这里所说的对象,是指文档中插入的图类对象,如图片、艺术字、图形、文本框等。

(1)对象的选择。

鼠标单击对象,即选中一个对象。按住 Shift 键,依次单击各个对象,可以选中多个对象。或者选择"绘图工具格式"→"排列"选项组,单击"选择窗格"按钮,在屏幕右侧出现"选择和可见性"的窗格,在窗格里可以选中多个对象。"选择"窗格如图 4－64 所示。

(2)对象的叠放。

当对象有重叠时,有时需要调整它们的覆盖顺序。对对象右击鼠标,在快捷菜单下选中"置于顶层"或"置于底层"来改变覆盖顺序。或者选择"绘图工具格式"→"排列"选项组,单击"选择窗格"按钮,在打开的"选择和可见性"窗格中重新排序。

注意:在"选择"窗格里可以改变对象的可见性和覆盖顺序,可以选择多个对象。

(3)对象的对齐。

选择"绘图工具格式"→"排列"选项组或者"图片工具格式"→"排列"选项组,单击"对齐"按钮,打开"对齐方式"菜单(图 4－65)。当多个对象被选中时,单击"对齐"按钮,对齐方式中水平方向包括左对齐、左右居中、右对齐,垂直方向包括顶端对齐、上下居中和底端对齐。如果选中的是一个对象,则是该对象相对于页面的对齐方式,同样包括水平方向和垂直方向两种对齐方式。

图 4－64　"选择"窗格

图 4－65　设置对象对齐方式

（4）对象的组合。

复杂的对象往往是由多个对象组合而成的（如 Word 中的剪贴画等都是由多个对象组合而成的）。

当各个对象的格式分别设置完毕后，可以将它们根据需要对齐，然后选择"绘图工具格式"（或"图片工具格式"）→"排列"选项组，单击"组合"按钮（或者右击鼠标，弹出快捷菜单，选择"组合"命令），将选中的对齐对象组合在一起，形成一个新的对象，然后再对新的对象进行格式设置或排版操作。

例 4－9　新建一个 Word 文件，绘制图 4－66 所示图形，并将该文档另存到 Wordlt 文件夹下，文件名为"小熊.docx"。

操作步骤如下。

（1）在 Word 中新建一个空白文档。

（2）绘制脸。选择"插入"→"插图"选项组，单击"形状"下拉菜单中的"椭圆"，鼠标变成"＋"字形后按下鼠标左键并同时按住 Shift 键（画正圆），拖动鼠标到合适的位置。"绘图工具"格式选项卡出现在

图 4－66　绘制"小熊"效果图

功能区，选择"绘图工具格式"→"形状样式"选项组，单击"形状填充"右侧下拉菜单，选择"无填充颜色"。单击"形状轮廓"右侧下拉菜单，选择黑色，"粗细"设定为 2.5 磅实线。

（3）鼠标选中刚刚画出的圆，选择"绘图工具格式"→"排列"选项组，单击"下移一层"下拉菜单中的"置于底层"（或右击鼠标在弹出快捷菜单中，选择"置于底层"→"置于底层"命令），将该正圆置于组合图形的最底层。

（4）绘制耳朵。绘制圆的方法同（2）。单击"形状填充"，选择"主题颜色 黑色，文字 1"。单击"形状轮廓"，选择"主题颜色 黑色，文字 1"。然后选中绘制出的耳朵，复制出第二个耳朵。

（5）绘制眼睛。绘制椭圆的方法同（2），不按 Shift 键。

（6）绘制眼珠。方法如（2），调整大小到合适大小。

（7）绘制嘴巴。单击"插入"→"插图"选项组，单击"形状"下拉菜单中的"基本形状"→"新月形"，按住鼠标左键，拖动到合适为止，在文档中绘制出一个新月形。选择"绘图工具格式"→"排列"选项组，单击"旋转"右侧下拉菜单，选中"向左旋转 90 度"。单击"形状填充"填充标准色红色，单击"形状轮廓"，选中无轮廓。

（8）将绘制的各个对象摆放到合适的位置，按住 Shift 键，选中各个对象（或在"选择窗格"中按住 Ctrl 键选中各个对象），然后选择"绘图工具格式"→"排列"选项组，单击"组合"下拉菜单中的"组合"命令（或者在选中的对象上右击鼠标使用快捷菜单中的"组合"命令）。

（9）单击"文件"→"另存为"，将该文档以"小熊.docx"的文件名另存到 Wordlt 文件夹。

2.对象和文字混合排版

图文混排指的是设置插入的单个对象或者经组合形成的新对象与周围文字之间的关系，主要包括环绕方式和对象在页面上的位置。

选中对象，右击鼠标，选择"其他布局选项"（或是单击"图片工具格式"或"绘图工具格式"→"排列"→"位置"下拉菜单中的"其他布局选项"），弹出图 4－67 所示的对话框，在该对话框中设置对象的环绕方式和位置。位置设置也有多种方式，可以设置水平和垂直方向的位置，也可以设置相对位置和绝对位置。

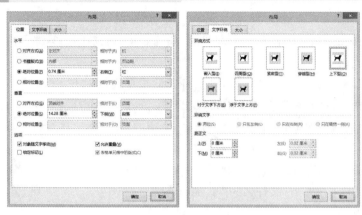

图4—67　设置"对象位置"及"环绕方式"

例4—10　打开Wordlt文件夹下的"Word4—10.docx"。要求如下。

将文章标题"京剧脸谱"设为艺术字,选择第二行、第三列的艺术字型,设置艺术字环绕方式为"上下型",艺术字形状为"双波形1"。

在文章中插入Wortlt文件夹下的图片文件"脸谱.jpg",将图片宽度、高度设为原来的80％,并在图片的左侧添加文字"花脸"(使用竖排文本框),文字为华文行楷,初号,深红色,文本框无填充颜色,无线条颜色。

将图片和文本框组合。将组合后的对象环绕方式设置为四周型,文字只在左侧,图片距正文左侧0.5 cm,右侧0.5 cm,上下均为0 cm。

操作步骤如下。

(1)打开Wordlt文件夹下的"Word4—10.docx"文件,用鼠标选中文章标题,选择"插入"→"文本"选项组,单击"艺术字"下拉菜单中的第二行、第三列的艺术字样式。单击艺术字右侧的"布局选项"按钮,将环绕方式改为"上下型环绕"。单击"绘图工具"选项卡中的"艺术字样式"→"文字效果"→"转换",在"弯曲"中找到"双波形1"(图4—68)。

(2)将光标定位在文中,选择"插入"→"插图"选项组,单击"图片"按钮,打开插入图片对话框,找到Wordlt文件夹下的"脸谱.jpg",单击"插入"按钮。选中图片,选择"图片工具格式"→"排列"选项组,单击右侧"布局选项"按钮,选择"四周型"。然后单击"大小"选项组右下角"小箭头"按钮,打开"布局"对话框,将图片缩放为原来的80％。

(3)选择"插入"→"文本"选项组,单击"文本框"下拉菜单,选择"竖排文本框",鼠标变成"＋"字形,在图片左侧按下鼠标左键拖动鼠标到合适的位置,释放鼠标左键。然后选择"绘图工具格式"→"形状样式"选项组,单击"形状填充"下拉菜单,设置为无填充颜色,单击"形状轮廓"设置为无轮廓。在文本框中输入"脸谱",选中文本框,选择"开始"→"字体"选项组,设置字体为华文行楷,字号为初号字,字体颜色为标准色深红色。

(4)按住Shift键,用鼠标选中图片和文本框,选择"图片工具格式"(或"绘图工具格式")→"排列"选项组,单击"组合"下拉菜单中的"组合"命令,再单击"自动换行"下拉菜单,选择"其他布局选项",打开"布局"对话框,在对话框中设置组合后对象的"文字环绕方式"为"四周型环绕""只在左侧",选择"位置"选项,设置距正文的左侧0.5 cm,右侧0.5 cm,上下均为0 cm(图4—69)。效果图如图4—70所示。

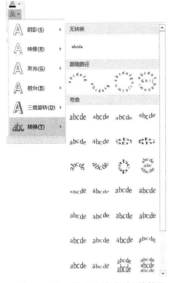

图 4—68　设置"艺术字形状"　　　　图 4—69　设置"对象位置"

图 4—70　例 4—10 效果图

例 4—11　打开 Wordlt 文件夹下的"Word4—11.doc"文件,按如下要求进行编辑、排版。

(1)基本编辑。

①在文章第一段前插入一个空行。

②将文章中所有的"Modem"替换为标准色蓝色的"调制解调器"。

(2)排版。

页边距上、下、左、右均为 3 cm,装订线位置在上侧,纸张方向为横向,纸张大小为 16 开。

(3)文章标题"笔记本无线上网"设为华文彩云,蓝色,加粗,一号字,字符间距加宽 1.5 磅,水平居中对齐。

(4)文章其余部分文字设置为宋体,五号字,左对齐,首行缩进 2 字符,行距为固定值 20 磅。

（5）设置文章第一段文字悬挂缩进2字符。

（6）在文章中插入页脚"笔记本无线接入"，水平居中对齐。

（7）在文章中插入 Wordlt 文件夹下的图片文件"D1.jpg"，图片高度为 5 cm，宽度为 8 cm，为图片添加图注（使用文本框）"笔记本无线上网"，文本框高 0.8 cm，宽 3 cm，无填充颜色，无线条颜色，图注的字体为楷体，小五号字，文字水平居中，文本框内部边距均为 0。

（8）将图片和文本框相对水平居中对齐，将图片和文本框组合，将组合后的对象环绕方式设置为四周型，环绕文字在两边。

操作步骤如下。

（1）打开 Wordlt 文件夹下的"Word4－11.docx"文件，光标定位在第一行之前，按 Enter 键，即在第一行前插入一行。

（2）选择"开始"→"编辑"选项组，单击"替换"按钮，打开"替换"对话框，在"查找内容"文本框输入"Modem"，在"替换为"文本框输入"调制解调器"，单击"更多"→"格式"→"字体"→"字体颜色"，设置替换内容的字体颜色为"标准色蓝色"（图 4－71），单击"全部替换"即可。

图 4－71　例 4－11"查找和替换"对话框

（3）选择"布局"→"页面设置"选项组，单击右下角"小箭头"按钮，打开"页面设置"对话框，将页边距上、下、左、右均设为 3 cm，装订线位置设置为上，纸张方向设置为横向（图 4－72(a)）。单击"纸张"选项，设置纸张大小为 16 开（图 4－72(b)），单击"确定"按钮。

（a）"页面设置"对话框　　　　　　　　（b）"页面设置"对话框

图 4-72　"页面设置"对话框和"页面设置"对话框

（4）选中文章标题"笔记本无线上网"，选择"开始"→"字体"选项组，设置字体为华文彩云、字号为一号字，加粗，字体颜色为标准色蓝色，单击"段落"上的"水平居中"工具（或者可以使用浮动工具栏直接设置），然后单击"字体"选项组右下角"小箭头"按钮，弹出"字体"设置对话框，选择"高级"选项，设置"字符间距"加宽 1.5 磅（图 4-73）。

（5）选中文章其余部分，选择"开始"→"字体"选项组，设置字体为宋体，字号为五号字，选择"段落"选项组对齐方式为左对齐，单击"段落"右下角"小箭头"按钮，打开"段落"设置对话框，设置"特殊格式"为首行缩进 2 字符，设置行距固定值为 20 磅（图 4-74）。

图 4-73　"字符间距设置"对话框　　　　　图 4-74　"段落设置"对话框

(6)选中文章第一段，单击“段落”右下角“小箭头”按钮，打开“段落”设置对话框，设置“特殊格式”为悬挂缩进 2 字符。

(7)选择“插入”→“页眉和页脚”选项组，单击“页脚”下拉菜单，选择“空白页脚”，输入“笔记本无线接入”，选中输入文本，单击“段落”选项组中的“水平居中”工具，然后关闭“页眉和页脚”工具即可。

(8)将光标定位在文中，选择“插入”→“插图”选项组，单击“图片”按钮，打开插入图片对话框，找到 Wordlt 文件夹下的“D1.jpg”，单击“插入”按钮。在选中图片的状态选择“图片工具格式”→“排列”选项组，单击右侧“布局选项”按钮中的“四周型”。然后单击“大小”右下角“小箭头”按钮，打开“布局”对话框，在“大小”选项中设置图片高度为 5 cm、宽度为 8 cm(将“锁定纵横比”复选框的“√”去掉)。

(9)选择“插入”→“文本”选项组，单击“文本框”下拉菜单，选择“绘制文本框”，鼠标变成“＋”字形，在图片下方按下鼠标左键拖动鼠标到合适的位置，释放鼠标左键。然后选择“绘图工具格式”→“形状样式”选项组，单击“形状填充”下拉菜单，设置为无填充颜色，单击“形状轮廓”设置为无轮廓。在文本框中输入“笔记本无线上网”，选中文本框，选择“开始”→“字体”选项组，设置字形为楷体，小五号字，在“段落”选项组中设置文字水平居中。选中文本框，选择“绘图工具格式”→“大小”选项组，设置文本框高 0.8 cm，宽 3 cm，单击“形状样式”右下角“小三角”按钮打开“设置形状格式”导航，选择“文本框”，将内部边距全部设为 0(图 4—75)。

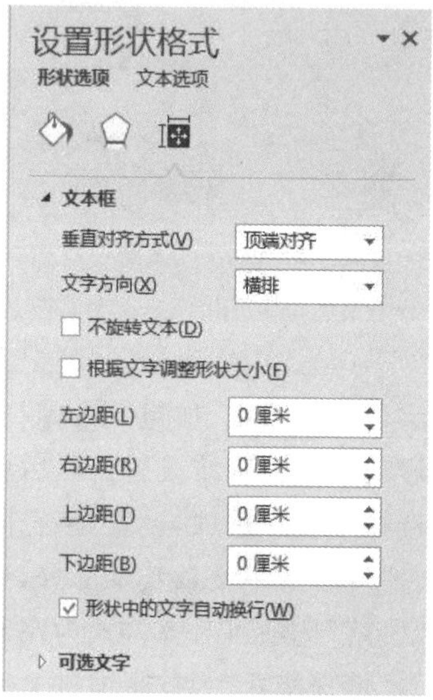

图 4—75 设置“文本框内部边距”

(10)按住 Shift 键，用鼠标选中图片和文本框，单击“图片工具格式”(或“绘图工具格式”)→“排列”→“对齐”下拉菜单，选中“水平居中”。然后选择“组合”按钮，将文本框和图片组合为一个对象。再单击“位置”下拉菜单，选择“其他布局选项”，打开“布局”对话框，在对话框中设置组合后对象的“文字环绕方式”为四周型，文字在两边，单击“确定”按钮。效果图如图 4—76 所示。

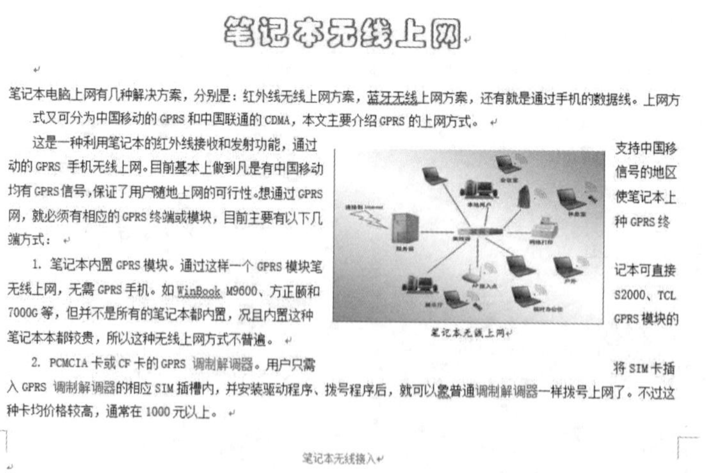

笔记本无线上网

笔记本电脑上网有几种解决方案，分别是：红外线无线上网方案，蓝牙无线上网方案，还有就是通过手机的数据线。上网方式又可分为中国移动的 GPRS 和中国联通的 CDMA，本文主要介绍 GPRS 的上网方式。

这是一种利用笔记本的红外线接收和发射功能，通过支持中国移动的 GPRS 手机无线上网。目前基本上做到凡是有中国移动信号的地区均有 GPRS 信号，保证了用户随地上网的可行性。想通过 GPRS 使笔记本上网，就必须有相应的 GPRS 终端或模块，目前主要有以下几种 GPRS 终端方式：

1. 笔记本内置 GPRS 模块。通过这样一个 GPRS 模块笔记本可直接无线上网，无需 GPRS 手机。如 WinBook M9600、方正颐和 S2000、TCL 7000G 等，但并不是所有的笔记本都内置，况且内置这种 GPRS 模块的笔记本本都较贵，所以这种无线上网方式不普遍。

笔记本无线上网

2. PCMCIA 卡或 CF 卡的 GPRS 调制解调器。用户只需将 SIM 卡插入 GPRS 调制解调器的相应 SIM 插槽内，并安装驱动程序、拨号程序后，就可以象普通调制解调器一样拨号上网了。不过这种卡均价格较高，通常在 1000 元以上。

笔记本无线接入

图 4—76 例 4—11 效果图

4.6　表格应用

制表是文字处理软件的主要功能之一。利用 Word 提供的制表功能,可以创建、编辑、格式化复杂表格,包括带有斜线的表格和任意单元格的表格,在表格内组织文字及图片信息,也可以对表格的内容进行排序及统计等操作。

4.6.1　创建表格

1.创建表格

(1)将鼠标定位到要插入表格的位置,选择"插入"→"表格"选项组,单击"表格"下拉菜单(图 4－77)。可以直接用鼠标在"插入表格"示意框的行和列上拖动,插入相应行数和列数的表格。

(2)选择"插入"→"表格"选项组,单击"表格"下拉菜单中的"插入表格"命令,打开"插入表格"对话框,如图 4－78所示,在对话框里输入行数和列数,单击"确定"。

(3)选择"插入"→"表格"选项组,单击"表格"下拉菜单中"绘制表格"命令,在文档中手动绘制一个表格,该操作要使用"表格工具设计"的工具。拖动鼠标,绘制单元格、行和列边框来设计自己的表格,甚至可以在单元格里绘制斜线和单元格。

若要删除表格线,单击"表格工具"→"布局"→"绘图"→"橡皮擦"按钮,鼠标变成橡皮的形状,通过在表格线上点击可以将其删除。

2.将文本转换为表格

如果已有的文本想转换成表格,可以先选中文本,选择"插入"→"表格"选项组,单击"表格"下拉菜单中"文本转换成表格"命令,弹出"文本转换成表格"对话框。要求转换表格的文本必须含有某种制表的符号,即同一行的各项间进行分割的符号。只有在分隔符的分割下才可以将文本分为不同的行列。

图 4－77　"插入表格"工具

例 4－12　将"－"作为分隔符,将如下内容转换为 5 行 3 列的表格:

姓名－计算机基础－英语

张三－90－85

李四－78－90

王五－50－95

赵六－60－70

操作步骤如下。

(1)选中要转为为表格的文本,选择"插入"→"表格"选项组,单击"表格"下拉菜单中的"文本转换成表格"命令,打开"文本转换成表格"对话框。

（2）在对话框中，设置文字分割位置，可以是段落标记、制表符、逗号、空格、其他字符。本题选择其他字符"一"，单击"确定"按钮（图4-79）。

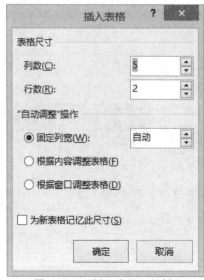

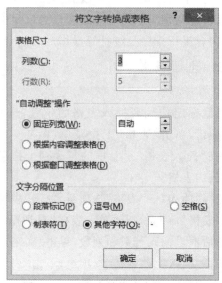

图4-78 "插入表格"对话框   图4-79 "文本转换成表格"对话框

3．插入"快速表格"

将鼠标定位到要插入表格的位置，选择"插入"→"表格"选项组，单击"表格"下拉菜单中的"快速表格"级联菜单，如图4-80所示。在"快速表格"级联菜单中，可以直接选择要插入的表格样式，快速生成表格。

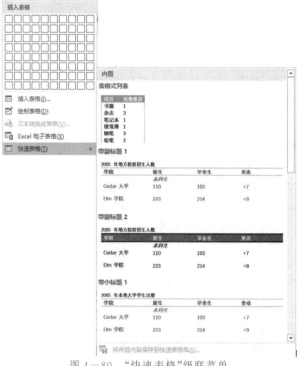

图4-80 "快速表格"级联菜单

4.自动套用格式

Word 提供了许多已经设置好的表格样式,可以直接套用。选中表格,在功能区出现"表格工具"(图 4—81)。选择"表格工具设计"→"表格样式"选项组,在该选项组中可以选择各种表格样式。

图 4—81　功能区的"表格工具设计"

4.6.2　编辑表格

1.选择行、列、单元格、表格

(1)鼠标指向单元格的左边线,指针变为右向黑色箭头,单击选中当前单元格,双击选中当前行。

(2)鼠标指向列的顶部,指针变为向下的黑色箭头,单击选中该列。

(3)按住鼠标左键拖动,经过的单元格都被选中。

(4)鼠标移过表格时,表格左上角会出现"表格移动控制点",单击该控制点,可以选中整个表格。

(5)另外,鼠标定位在表格中的某一位置,右击鼠标,弹出快捷菜单,使用"选择"命令,可以选中该单元格、该行、该列、该表格,也可以通过选择"表格工具布局"→"表"选项组中的"选择"右侧下拉菜单来选中该单元格、该行、该列、该表格,功能区的"表格工具布局"如图 4—82 所示。

图 4—82　功能区的"表格工具布局"

2.插入、删除行、列、单元格、表格

(1)将鼠标定位在表格中的某一位置,功能区即出现"表格工具",选择"表格工具布局"→"行和列"选项组中的按钮,可以在鼠标插入点的左侧、右侧插入列,在上侧、下侧插入行。单击"删除"下拉菜单,可以删除单元格、行、列或者整个表格。

(2)另外,鼠标定位在表格中的某一位置,右击鼠标,弹出快捷菜单,使用"插入"命令,可以在鼠标插入点的左侧、右侧插入列,在上侧、下侧插入行,也可以插入单元格。使用"删除单元格"命令,可以删除单元格所在的行或者列,可以使删除单元格右侧单元格左移或者下侧单元格上移。

3.设置行高和列宽

(1)鼠标拖动调整。当鼠标移过表格列线时,指针变为带有水平箭头的双竖线状,按住鼠标左键拖动,可以改变列宽;当鼠标移过表格的行线时,指针变为带有上下箭头的双横线状,按住鼠标左键拖动,可以改变行高。另外,也可以通过水平标尺和垂直标尺来调整行高和列宽。这两种方法只能简单改变行高和列宽,不能设置具体的值。

(2)利用"表格属性"对话框。将光标定位在表格的某个单元格,或者选中表格右击鼠标,弹出快捷菜单,选择"表格属性",打开"表格属性"对话框,如图 4—83 所示。也可以选择功能区

"表格工具布局"→"表"选项组,单击"属性"命令,打开"表格属性"对话框。在对话框中可以设置行高、列宽的具体数值。在"表格"选项下,可以设置整个表格的宽度、对齐及文字环绕方式;在"行"选项下,可以设置行高;在"列"选项下,可以设置列宽;在"单元格"选项下,可以设置单元格的宽度及垂直对齐方式。

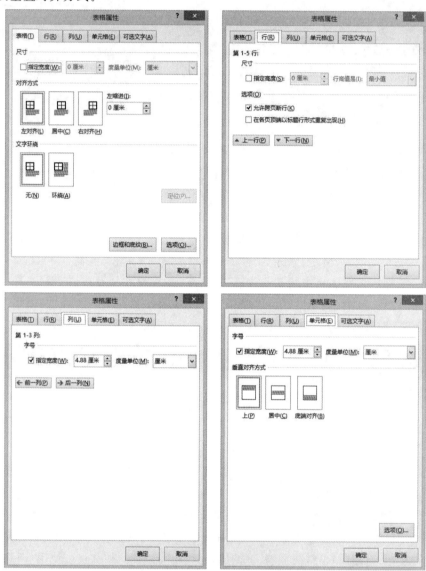

图 4—83 "表格属性"对话框

4.单元格的合并与拆分

不规则的表格可以通过规则的表格生成,将多个连续的单元格合并生成一个大的单元格;将一个单元格拆分成若干个小单元格。

(1)合并单元格。选定需要合并的单元格,右击鼠标,弹出快捷菜单,单击"合并单元格"。或者选定需要合并的单元格,选择"表格工具布局"→"合并"选项组,单击"合并单元格"按钮。

(2)拆分单元格。将鼠标定位到要拆分的单元格内,右击鼠标,弹出快捷菜单,单击"拆分单元格"按钮,打开"拆分单元格"对话框,输入拆分后形成的行数和列数,单击"确定"按钮。或者将鼠标定位到要拆分的单元格内,选择"表格工具布局"→"合并"选项组,单击"拆分单元格"按钮,打开"拆分单元格"对话框,输入拆分后形成的行数和列数,单击"确定"按钮。

5.拆分表格

将鼠标定位到拆分表格的位置,选择"表格工具布局"→"合并"选项组,单击"拆分表格"按钮,可以将一个表格拆分成两个表格,光标所在的行即为新表格的首行。

4.6.3　格式化表格

当创建一个表格后,要对表格进行格式设置,也就是美化表格。可以使用前面介绍的"自动套用格式"命令,直接套用 Word 预设格式;也可以对表格的边框与底纹、文字方向、字体颜色等格式进行设置。

1.设置单元格内容的格式

在表格的单元格中,可以输入文字,也可以插入图片,每个单元格的内容都可以看成独立的,可以单独设置格式。对于文字内容,可以设置字体格式、段落格式;对于图片内容,可以设置图片的大小、颜色、环绕方式等。

2.设置单元格的对齐方式

可以将单元格中的内容作为一个整体,设置单元格的对齐方式。选中需设置的单元格,选择"表格工具布局"→"对齐方式"选项组。系统提供了水平方向和垂直方向的组合共九种对齐方式(图4－84)。

注意:如果只需要设置水平方向的对齐,可以通过段落格式来设置;如果只需要设置垂直方向的对齐,可以在"表格属性"对话框的"单元格"选项中设置。

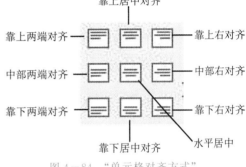

图 4－84　"单元格对齐方式"

3.设置边框和底纹

设置表格的边框和底纹,可以通过"边框和底纹"对话框来设置,也可以通过功能区的"表格工具"来设置。

(1)通过"边框和底纹"对话框来设置。鼠标选中需要加边框和底纹的单元格,选择"表格工具设计"→"边框"选项组右下角"小箭头"按钮,打开"底纹和边框"对话框。在对话框中可以选择线型、颜色、宽度等(图4－85)。

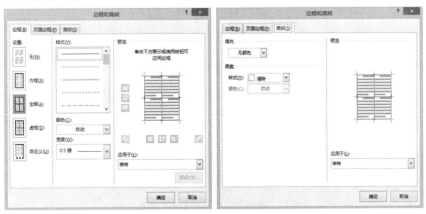

图 4－85　"边框和底纹"对话框

（2）通过功能区的"表格工具"来设置。鼠标选中需要加边框和底纹的单元格,选择"表格工具设计"→"边框"选项组中的边框的"线型""颜色",设置某个边框;也可以直接单击"边框刷"的按钮,在相应的框线上划过。单击"表格样式"→"底纹"的下拉菜单可以设置底纹的颜色。

例 4-13 创建表 4-1 所示表格,并将该文档存储在 Wordlt 文件夹中,文件名为"bg4-13.docx"。要求如下。

建立一个新 Word 文档,制作一个 6 行 6 列的表格,并按如下要求调整表格:设置表格第 1 列列宽为 3 cm,其余各列列宽为 2.5 cm,所有行高为固定值 1 cm,整个表格水平居中,所有单元格对齐方式为既水平居中,又垂直居中,表中文字为宋体,小五号字,表格线外边框为标准色蓝色 0.5 磅双线,内边框为标准色蓝色 0.5 磅实线。

表 4-1 2020 年商场销售情况表

商品	2020 年销售额/万元				总计
	第一季度	第二季度	第三季度	第三季度	
手机数码					
电脑办公					
家用电器					
合计					

操作步骤如下。

（1）新建一个 Word 文档,选择"插入"→"表格"选项组,鼠标在行列示意图上划过,插入一个 6×6 的表格。

（2）设置行高和列宽。选择"表格工具布局"→"表"选项组,单击"属性"按钮(或者选择表格,右击鼠标弹出快捷菜单,选择"表格属性"命令),打开"表格属性"对话框。选择"行"选项,设置所有行高为固定值 1 cm;选择"列"选项,设置所有列列宽为 2.5 cm,再将第一列列宽改为 3 cm,单击"确定"按钮。

（3）合并单元格。选中第 1 列第 1 行和第 1 列第 2 行(A1:A2)两个单元格,选择"表格工具布局"→"合并"选项组,单击"合并单元格"(或者右击鼠标,使用快捷菜单中的"合并单元格"命令),同理合并 B1:E1,F1:F2(注:单元格的引用后面详细讲解)。

（4）选中整个表格,选择"开始"→"段落"选项组,单击"居中"按钮。选择"表格工具布局"→"对齐方式"选项组,单击"水平居中"按钮(或者右击鼠标,使用快捷菜单中的"单元格对齐方式")。

（5）输入文字,选择整个表格,单击"开始"→"字体"(或者使用浮动工具栏快速设置字体)设置宋体,小五号字。

（6）选择整个表格,单击"表格工具设计"→"边框"右下角"小箭头"按钮,打开"边框和底纹"对话框,选择"边框"选项中的"自定义边框",设置 0.5 磅标准色蓝色双线,在右边预览区域用鼠标单击外边框。然后再设置 0.5 磅标准色蓝色实线,在右边预览区域用鼠标单击内框,然后单击"确定"按钮。

（7）最后以文件名"bg4-13.docx"保存在 Wordlt 文件夹下。

4.6.4　排序和数字计算

1.表格排序

表格中内容可以按一列(主关键字)或者多列(多个关键字)进行排序,最多可以选择三个关键字。将光标定位在表格中,选择"表格工具布局"→"数据"选项组,单击"排序"按钮,打开"排序"对话框,设置关键字、类型、升序或降序,如图 4-86 所示。

图 4-86　"排序"对话框

2.表格的计算

(1)单元格的引用方法。表格中的每个单元格都有编号,使用表格中的数据进行计算时,需要引用单元格的编号。单元格所在的列用字母 A,B,C,…来标识;单元格所在的行用 1,2,3,…来标识。例如,引用第二行第三列的单元格,表示为"C2";引用多个不连续的单元格用逗号分隔,如"A1,B3,C3"表示 A1,B3,C3 三个单元格;引用多个连续的单元格写成"左上角单元格名称:右下角单元格名称"形式,如"A1:B2"表示 A1,A2,B1,B2 四个单元格。

(2)将插入点放在存放计算机结果的单元格中,选择"表格工具布局"→"数据"选项组,单击"公式"按钮,弹出"公式"对话框,如图 4-87 所示。在"公式"文本框中可以输入计算机公式(必须以"="开头);也可以插入系统提供的函数,在"粘贴函数"下拉列表中选择一种函数,然后编辑参数(参数可以用 ABOVE、LEFT,也可以使用单元格引用自定义)。编辑好后,单击"确定"按钮,计算机结果就会出现在插入点单元格中。

图 4-87　"公式"对话框

例 4-14　新建一个 Word 文档,在新文档中进行如下操作,并将文档另存到 Wordlt 文件夹下,文件名为"bg4-14.docx"。输入图 4-88 所示文本内容,每行各列数据之间用空格分隔,将内容按"空格"转换成一个 5 行 5 列的表格。利用公式计算每个学生的总分,以"总分"为关键字,升序排列,在表格最后添加一行,合并前两个单元格,然后计算每门课程的平均分,按要求存盘。

学号	姓名	英语	计算机	总分
201401	张可爱	90	85	
201402	李大方	80	60	
201403	赵美丽	60	78	
201404	王善良	83	90	

图 4-88　输入的文本

操作步骤如下。

(1)新建一个 Word 空白文档,输入图 4-88 所示的文本内容,每行各列数据之间用空格分隔。

(2)选中全部文本,选择"插入"→"表格"选项组,单击"表格"下拉菜单,选择"文本转换成表格"命令,打开"将文字转换成表格"对话框,在"文字分隔位置"区域选择"空格"单选框,单击"确定"按钮。

(3)计算总分。单击 E2 单元格,选择"表格工具布局"→"数据"选项组,单击"公式"按钮,弹出"公式"对话框,公式"＝SUM(LEFT)"表示左边各列求和。函数参数 LEFT 的小括号要用英文标点状态输入。E2 单元格的总分公式还可以用"＝SUM(C2:D2)"或者"＝SUM(C2,D2)"方法计算,然后把鼠标定位到 E3,使用 Ctrl＋Y 记录刚刚所做的工作,同理可计算出每个同学的总分。

注意:Ctrl＋Y 组合键的功能是复制上一次操作,所以在用公式求出张可爱的总分后,要立即使用 Ctrl＋Y 组合键去求其他人的总分,中间不能有其他操作。

(4)选中整个表格,选择"表格工具布局"→"数据"选项组,单击"排序"命令,打开"排序"对话框,在"列表"区域选择"有标题行"单选按钮,在"主要关键字"的下拉列表框中选择"总分",选择"升序",单击"确定"按钮。

(5)光标定位在最后一行,选择"表格工具布局"→"行和列"选项组,单击"在下方插入一行"命令,鼠标选中 A6 和 B6 单元格,选择"表格工具布局"→"合并"选项组,单击"合并单元格"(或者使用右击鼠标,用弹出的快捷菜单来插入和合并)。

(6)光标定位在 C6 单元格,选择"表格工具布局"→"数据"选项组,单击"公式"按钮,弹出"公式"对话框,公式"＝AVERAGE(ABOVE)"表示上面各行平均分。同理,使用 Ctrl＋Y 组合键得到其他课程的平均分。

(7)按要求保存文件。最终生成的表见表 4－2。

表 4－2 表格计算及排序

学号	姓名	英语	计算机	总分
201403	赵美丽	60	78	138
201402	李大方	80	60	140
201404	王善良	83	90	173
201401	张可爱	90	85	175
平均分		78.25	78.25	156.5

4.7 邮件合并

在 Office 中,先建立两个文档:一个 Word 包括所有文件共有内容的主文档(如未填写的信封等)和一个包括变化信息的数据源(填写的收件人、发件人、邮编等)。然后使用"邮件合并"功能在主文档中插入变化的信息,合成后的文件用户可以保存为 Word 文档,可以打印出来,也可以以邮件形式发出去。

使用"邮件合并"功能可以轻松批量打印学生成绩单、准考证、工作牌、荣誉证书、水电费单、明信片、信封等。

4.8　文档的打印

在文档编辑完成后,就可以通过打印机将其打印出来。通常打印文档是文字处理的最后一道工序。但是,在打印之前先要安装打印驱动程序,并确认计算机与打印机连接无误。

4.8.1　打印预览

在打印前一般都需要预览文档。通过打印预览功能,不仅可以在打印之前就能看到模拟打印效果,还可以通过预览文档对文档格式进行调整,以免打印失误而造成不必要的浪费。选择"文件"→"打印"切换到打印页面(图 4-89),页面的右侧为快速预览区,在该页面可以进行文档打印前的查看。

4.8.2　打印设置

对打印预览的效果满意之后,就可以将文档打印输出了。选择"文件"→"打印"打开图 4-89 所示的页面,在页面左侧进行打印设置。可以设置打印份数、打印机型号、打印页数、打印方向及打印页面大小等,也可以在该页面单击"页面设置"按钮,对文档进行页面设置。设置完毕,单击"打印"按钮开始打印。

图 4-89　"打印预览"及"打印"设置

第5章 Excel 2016 电子表格软件

5.1 Excel 2016 概述

Excel 2016 是 Microsoft Office 2016 的组成部分,是专门用于数据处理和报表制作的应用程序。它不仅具有一般电子表格所具有的处理各种表格数据、制作图表、数据管理和分析等功能,而且新增了更多的模板资源、更加简便的使用函数等新功能。Excel 2016 可以使用户更加轻松地组织、计算和分析各种类型的数据,被广泛应用于财务、行政、金融、统计和审计等众多领域。

5.1.1 Excel 2016 基础知识

1.Excel 2016 的启动

在 Windows 10 操作系统下启动 Excel 2016(为叙述方便,如无特殊说明,Excel 表示 Excel 2016),常用方法如下。

(1)选择"开始"→"Microsoft Excel 2016"命令。

(2)双击桌面上的 Excel 2016 快捷方式图标。

(3)通过新建 Excel 工作表启动。

在 Windows 10 系统桌面空白处右击鼠标弹出快捷菜单选择"新建"→"Microsoft Excel 工作表"命令,这时会在屏幕上出现一个"新建 Microsoft Excel 工作表.xlsx"的图标,双击该图标,即启动 Excel 并新建一个新文档,默认文件名为"新建 Microsoft Excel 工作表.xlsx","*.xlsx"是 Excel 2016 文件的扩展名。

(4)通过运行命令行启动 Excel 2016。

在 Windows 7 系统下启动 Excel 2016 的方法为单击"开始"→"Windows 系统"→"运行",弹出"运行"对话框,然后在其中输入"Excel",单击"确定"按钮,即可启动 Excel 2016。

2.Excel 2016 退出

退出 Excel 2016 的方法有以下四种。

(1)单击标题栏最右端的关闭按钮。

(2)选项"文件"→"关闭"命令。

(3)在标题栏的任意处右击,然后选择快捷菜单中的"关闭"命令。

(4)组合键 Alt+F4。

3.Excel 2016 的窗口组成

与以往的版本相比,Excel 2016 采用了全新的工作界面。Excel 2016 的工作界面主要由标题栏、文件选项卡、快速访问工具栏、功能区、"编辑区"窗口、滚动条、单元格、单元格地址、编辑栏、状态栏、工作区、工作表的名称等部分组成。

(1)标题栏。

显示正在编辑的文档的文件名及所使用的软件名。

(2)文件选项卡。

基本命令(如"新建""打开""关闭""另存为…"和"打印")位于此处。

(3)快速访问工具栏。

快速访问工具栏位于标题栏左侧,常用命令位于此处,如"保存"和"撤消",也可以添加个人常用命令。在"快速访问工具栏"上单击鼠标右键,弹出快捷菜单,通过快捷菜单可以删除快速访问工具,可以改变快速访问工具栏的位置,可以自定义快速访问工具栏,在这里可以添加一些常用命令,可以自定义功能区,还可以最小化功能区。快速访问工具栏的设置如图 5—1 所示。

图 5—1　快速访问工具栏的设置

自定义快速访问工具栏的方法(如添加"格式刷")如下。

①在"快速访问工具栏"上单击鼠标右键,弹出图 5—1 所示的快捷菜单。

②单击"自定义快速访问工具栏",打开"Excel 选项"对话框(图 5—2),单击左侧"快速访问工具栏"菜单,在"常用命令"列表框中选中"格式刷",单击"添加"按钮,即将"格式刷"添加到"快速访问工具栏"。

图 5—2　自定义快速访问栏

（4）功能区。

在 Excel 2016 窗口上方看起来像菜单的名称其实是功能区的名称，单击这些名称时并不会打开菜单，而是会切换到与之相对应的功能区面板。每个功能区根据功能的不同又分为若干个组，一般包括"开始""插入""页面布局""公式""数据""审阅""视图"等功能区。每个功能区所拥有的功能如下所述。

①"开始"功能区。

"开始"功能区中包括剪贴板、字体、对齐方式、数字、样式、单元格和编辑，该功能区主要用于帮助用户对 Excel 2016 表格进行文字编辑和单元格的格式设置，是用户最常用的功能区（图 5－3）。

图 5－3 "开始"功能区

②"插入"功能区。

"插入"功能区包括表、插图、图表、迷你图、筛选器、链接、文本、符号，主要用于在 Excel 2016 表格中插入各种对象（图 5－4）。

图 5－4 "插入"功能区

③"页面布局"功能区。

"页面布局"功能区包括主题、页面设置、调整为合适大小、工作表选项、排列，对应 Excel 2016 的"页面设置"菜单命令和"格式"菜单中的部分命令，用于帮助用户设置 Excel 2016 表格页面样式（图 5－5）。

图 5－5 "页面布局"功能区

④"公式"功能区。

"公式"功能区包括函数库、定义的名称、公式审核和计算，用于在 Excel 2016 表格中实现各种数据计算（图 5－6）。

图 5－6 "公式"功能区

⑤"数据"功能区。

"数据"功能区包括获取外部数据、连接、排序和筛选、数据工具和分级显示，主要用于 Excel 2016 表格中进行数据处理相关方面的操作（图 5—7）。

图 5—7　"数据"功能区

⑥"审阅"功能区。

"审阅"功能区包括校对、语言、中文简繁转换、语言、批注和更改，主要用于对 Excel 2016 文档进行校对和修订等操作，适用于多人协作处理 Excel 2016 表格数据（图 5—8）。

图 5—8　"审阅"功能区

⑦"视图"功能区。

"视图"功能区包括工作簿视图、显示、显示比例、窗口和宏，主要用于帮助用户设置 Excel 2016 表格窗口的视图类型，以方便操作（图 5—9）。

图 5—9　"视图"功能区

a.隐藏/显示功能区。点击"最小化功能区"按钮或使用快捷键 Ctrl+F1 来隐藏/显示功能区。

b.设置功能区的选项卡和选项组。点击"文件"→"选项"弹出 Excel 选项对话框，选择"自定义功能区"，或在功能区右击鼠标弹出快捷菜单，选择"自定义功能区"（具体参见 Word"自定义功能区"的设置）。

c.在功能区的每个选项组的右下角有一个"小箭头"按钮，点击它打开设置对话框。

（5）"编辑区"窗口。

显示正在编辑的表格，在编辑区进行表格的编辑、修改及排版。

（6）滚动条。

可用于更改正在编辑的表格的显示位置。

（7）单元格。

Excel 表是由许多单元格组成的，在单元格中可以输入数据。每个单元格都由自己的地址来标识，其中行标题用数字表示，列标题用英文字母表示。例如，A2 代表第 2 行第 1 列单元格。

（8）单元格地址。

Excel 2016 中每个单元格都有一个地址，当选中一个单元格时，在单元格地址栏会显示所选中的单元格地址。

（9）编辑栏。

编辑栏是 Excel 的特有部分，用来定位和选择单元格数据及显示活动单元格中的数据和公式。

（10）状态栏。

状态栏位于当前窗口的最下方，用于显示当前数据的编辑状态、选择数据统计区、页面显示方式及调整页面显示比例等，不同操作状态栏上的显示信息也不相同。

①在 Excel 2016 的状态栏中显示的三种状态说明如下。

a.对单元格进行任何操作，状态栏中会显示"就绪"字样。

b.向空白单元格中输入数据时，状态栏中会显示"输入"字样。

c.对单元格中已有数据进行修改编辑时，状态栏中会显示"编辑"字样。

②数据统计区。

位于状态栏，在"视图"按钮的左侧，通过数据统计区可以快速地了解选择数据的基本信息，默认显示选择数据的"平均值""计数"和"求和"。

③数据统计区的右侧有三个视图切换按钮，以深色为底色的按钮表示当前正在使用的视图方式。

④在状态栏最右侧显示了工作表的"缩放级别"和"显示比例"。可以通过单击"100％"按钮，在弹出的"显示比例"对话框中设置缩放级别；也可以直接拖动右侧的滑块来改变显示比例。向左拖动滑块可减小文档显示比例；向右拖动滑块可增大文档显示比例。

（11）工作区。

工作区占据着 Excel 2016 工作界面的大部分区域，在工作区中用户可以输入数据。工作区由单元格组成，可以用于输入和编辑不同的数据类型。

（12）工作表的名称。

位于工作簿窗口底端，初始"Sheet1"代表工作表的名称，其右侧有一个"＋"，单击这个按钮可以插入新的工作表。用鼠标单击标签名可以切换到相应的工作表中。

4.Excel 2016 的基本概念

（1）工作簿。

工作簿是指在 Excel 中用来保存并处理工作数据的文件，它的扩展名是".xlsx"。一个工作簿中可以有多张工作表。

（2）工作表。

工作簿中的每一张表称为一个工作表。如果把一个工作簿比作一个账本，一张工作表就相当于账本中的一页。一个工作簿最多有 255 张工作表，每张工作表都有一个名称，显示在工作表标签上。新建的工作簿中包含 1 个工作表文件，"Sheet1"为默认名，用户可以根据需要增加或删除工作表。每张工作表由 65 536 行和 256 列构成,行的编号在屏幕中自上而下从 1 到 65 536,列号则由左到右采用字母 A、B、…、Z,AA、AB、…、AZ、…、IA、IB、…、IV 作为标号。

（3）单元格。

工作表中行、列交叉所围成的格子称为单元格,单元格是工作表的最小单位,也是 Excel 用于保存数据的最小单位,单元格按所在行列的位置来命名。例如,单元格 B3 就是位于第 B 列和第 3 行交叉处的单元格。若要表示一个连续的单元格区域,可用该区域左上角和右下角单元格行列位置名来表示,中间用“:”分隔。例如,“B3:D8”表示从单元格 B3 到 D8 的矩形区域。单击单元格可使其成为活动单元格,其四周有一个粗黑框,右下角有一黑色填充柄。活动单元格名称显示在名称框中。只有在活动单元格中才能输入数据,单元格可以输入各种数据,如一组数字、一个字符串、一个公式,也可以是一个图形或一个声音等。

综上所述,工作簿由工作表组成,而工作表则由单元格组成。

5.1.2　Excel 文档的基本操作

启动 Excel 2016 时,系统会自动打开一个新的 Excel 文件,默认名称为“工作簿 1”。打开 Excel 文件后,用户还可以进行保存、移动及隐藏工作簿等操作。

1.创建工作簿

（1）创建空白工作簿。

创建空白工作簿是经常使用的一种创建工作簿的方法,可以采用以下四种方法来创建空白工作簿。

①启动 Excel 2016 软件后,系统会自动创建名称为“工作簿 1”的空白工作簿。

②使用“文件”选项卡。单击“文件”→“新建”命令,在“可用模板”中单击“空白工作簿”,单击右侧的“创建”按钮即可创建一个新的空白工作簿,如图 5—10 所示。

③使用“快速访问工具栏”。单击“快速访问工具栏”右侧的按钮,在弹出的下拉菜单中选择“新建”菜单命令,即可将“新建”功能添加到“快速访问工具栏”中,然后单击“新建”按钮,也可新建一个空白工作簿。

④使用快捷键。使用 Ctrl＋N 组合键也可以新建一个新的空白工作簿。

（2）使用模板快速创建工作簿。

为方便用户创建常见的一些具有特定用途的工作簿,如贷款分期付款、账单及考勤卡等,Excel 2016 提供了很多具有不同功能的工作簿模板(图 5—11)。使用模板快速创建工作簿的具体操作步骤如下。

图 5—10　空白工作簿

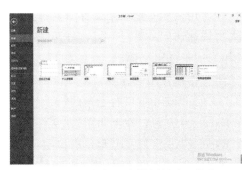

图 5—11　根据现有模板创建工作簿

①选择"文件"→"新建"命令，在"新建"区域选择"模板类型"（图5－12）。

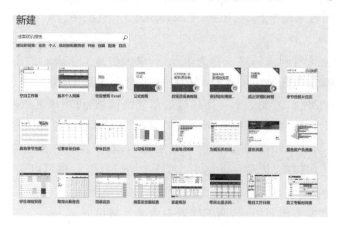

图5－12　"样本模板"选项

②在"样本模板"列表中选择需要使用的模板（如"个人月预算"），在右侧会显示该模板的预览图，单击"创建"按钮（图5－13）。

③此时系统将会自动创建一个名为"个人预算1"的工作簿，工作簿内的工作表已经设置了格式和内容，只要在工作簿中输入相应的数据即可（图5－14）。

注：在连接网络的情况下，还可以使用Office.com提供的模板，选择模板之后，Excel 2016会自动下载并打开此模板，并以此为模板创建新的工作簿。

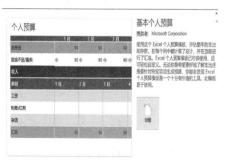

图5－13　"个人预算1"工作簿

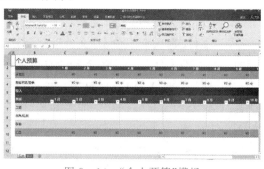

图5－14　"个人预算"模板

2.打开和关闭工作簿

（1）打开工作簿常用的方法。

①启动Excel 2016软件，单击"文件"→"打开"选项，在弹出的"打开"对话框中找到文件所在的位置，然后用鼠标左键双击文件即可打开已有的工作簿。

②单击"快速访问工具栏"中的"打开"按钮。

③使用Ctrl＋O组合键。

（2）关闭工作簿常用的方法。

①单击Excel 2016窗口右上角的"关闭"按钮。

②在Excel 2016窗口左上角单击"文件"→"关闭"命令。

③在Excel 2016窗口左上角单击控制菜单，在弹出的菜单中选择"关闭"命令，或用鼠标左键双击图标（图5－15）。

图5－15　利用控制菜单关闭文件

3.保存工作簿

选择"文件"→"保存"按钮,或单击"快速访问工具栏"中的"保存"按钮,也可按下 Ctrl＋S 组合键保存 Excel 文件。若是新建的文件并未保存过,单击"保存"会弹出另存为对话框;若文件已保存过,单击"保存"则不会弹出另存为对话框。

"文件"→"另存为"菜单项用于把当前文件以一个新文件名保存。"另存为"对话框如图 5－16 所示。

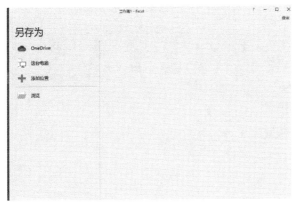

图 5－16　"另存为"对话框

4.工作簿的移动和复制

其操作与对文件的移动和复制相同。

5.工作簿的隐藏和显示

打开需要隐藏的工作簿,在"视图"→"窗口"选项组中单击"隐藏"按钮,当前窗口即被隐藏起来(图 5－17)。单击"取消隐藏"按钮,则隐藏的工作簿可以显示出来。

图 5－17　"取消、隐藏"按钮

5.1.3　Excel 工作表的基本操作

1.新建工作表

默认情况下,一个新的工作簿包括一个工作表。但在实际工作中,一个工作表往往不能满足需要,因此用户可以在工作簿中创建新的工作表。

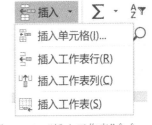

图 5－18　"插入工作表"命令

新建工作表的方法有以下两种。

(1)选中一个工作表为当前工作表,选择"开始"→"单元格"选项组,单击"插入"下拉菜单(图 5－18),选择"插入工作表"命令,即可在当前工作表的前面插入一张工作表;或者按下 Shift 键的同时,选中多张工作表,然后再次选择"插入工作表"命令,即可创建与选中工作表数量相同的工作表。

(2)选中一个工作表为当前工作表,右击,在弹出的快捷菜单中选择"插入"命令(图5－19),弹出"插入"对话框,如图5－20所示。选择"工作表"图标,单击"确定"按钮,即可在当前工作表的前面插入一张新的工作表。

图5－19 "插入"命令

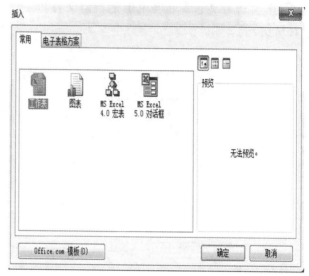

图5－20 "插入"对话框

2.重命名工作表

通常,在 Excel 中新建工作表时,所有工作表默认的文件名为"Sheet1、Sheet2、Sheet3"这种格式,这在实际工作中不便于记忆和管理。重命名工作表的具体操作方法为:将鼠标置于要重命名的工作表标签上,单击右键,在弹出的快捷菜单中选择"重命名"命令,输入新名称,按Enter 键完成即可。此外,用户还可以直接在工作表标签上双击来对选中的工作表进行重命名。

3.选择工作表

对工作表进行各种操作之前,必须先将目标工作表选中。用户可以根据需要选择单张工作表、连续的多张工作表或不连续的多张工作表,具体方法见表5－1。

表5－1 选择工作表

选定范围	操作方法
选中一张工作表	鼠标左键单击应用程序窗口底部的工作表标签
选中连续的多张工作表	按住 Shift 键,分别单击要选签中的第一张和最后一张工作表
选中不连续的多张工作表	按住 Ctrl 键,分别单击要选中的工作表标签
选中当前全部工作表	右键单击任一工作表标签,在弹出的快捷菜单中选择"选定全部工作表"

4.删除工作表

工作表的删除会使表中的数据被全部删除,所以要慎重,常用方法如下。

(1)删除工作表时首先要选中希望删除的工作表标签,单击"开始"→"单元格"选项组,单击"删除"下拉菜单中选择"删除工作表"菜单命令即可。

(2)在工作表标签上单击鼠标右键,从弹出的快捷菜单中选择"删除"命令,即可删除工作表。如果要删除多张工作表,可以按住 Ctrl 键单击选择多张工作表,然后再进行删除。

5.移动或复制工作表

移动工作表是指改变工作表的位置;复制工作表是指在不改变原来工作表位置的基础上,将该工作表存放到其他位置。用户既可以在同一个工作簿内移动和复制工作表,也可以在不同工作簿之间移动和复制工作表。

(1)在同一个工作簿中移动或复制工作表。

①选中需要移动或复制的工作表,右击弹出菜单中选择"移动或复制"命令,如图 5－21 所示。在弹出的"移动或复制工作表"对话框中选择要移动或复制(需选中"建立副本"复选框)的位置(图 5－22),单击"确定"按钮完成。

②用户还可以先选中要移动的工作表,沿着工作表标签拖动工作表,到达目标后释放鼠标,以此来完成工作表的移动。如果在移动工作表的过程中按住 Ctrl 键,即可在移动的同时完成工作表的复制。

(2)在不同工作表之间移动或复制工作表。

若要在不同的工作簿中移动工作表,首先要求这些工作簿均处于打开的状态,然后在要移动的工作表标签上用鼠标右键单击,在弹出的快捷菜单中选择"移动或复制"菜单命令,弹出"移动或复制工作表"对话框,如图 5－22 所示。在"将选定工作表移至工作簿"下拉列表中选择要移动的目标位置,在"下列选定工作表之前"列表框中选择要移动或复制(需选中"建立副本"复选框)的位置,单击"确定"按钮,即可将当前工作表移动到指定的位置。

图 5－21　"移动或复制"命令

图 5－22　"移动或复制工作表"对话框

5.2　工作表数据的录入

本节介绍基本数据录入、数据填充,掌握填充柄、单元格引用的概念,重点掌握数值型数据填充、字符型数据填充、日期型数据填充、公式填充及函数填充。

5.2.1　工作表的基本数据输入

1.数值型数据输入

数值型数据在单元格中直接输入，在单元格中默认右对齐。

2.文本型数据输入

在 Excel 2016 中，文本可以是数字、空格和非数字字符的组合。例如，Excel 2016 将下列数据项视为文本：10AA19、127AXY、12－976、208 4675。在默认时，所有文本在单元格中均左对齐。

在数值型数据前加英文单引号可把数值型数据转换为文本型数据。如果数据全部由数字组成，如邮政编码、电话号码、身份证号码、学号等，在输入时应在数据前加英文单引号，Excel 2016 就会将其看作字符型数据，否则将视其为数字。例如，输入电话号码 031169051111（图 5－23）。

3.日期型数据输入

在输入日期时，为含义确定和查找方便，可以用左斜线或短线分隔日期的年、月、日。例如，可以输入"2014/1/1"或"2014－1－1"。如果要输入当前的日期，则按 Ctrl＋;组合键即可。日期的显示格式与单元格的设置格式有关（图 5－24）。

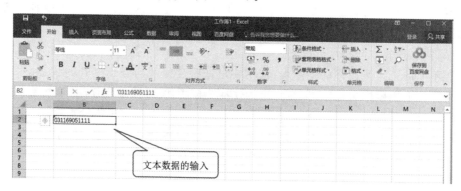

图 5－23　文本型数据输入

4.时间型数据输入

输入时间时，小时、分、秒之间用冒号":"作为分隔符。在输入时间时，如果按 12 小时制输入时间，需要在时间的后面空一格再输入字母"AM"或"PM"。如果要输入当前的时间，按 Ctrl＋Shift＋;组合键即可。

C	D	E
2014/1/1		
2014/1/1	2014/5/2	

图 5－24　输入日期

5.2.2　常见的单元格数据类型

在单元格进行数据输入时,有时输入的数据和单元格中显示的数据不一样,或者显示的数据格式与所需要的不一样,这是因为 Excel 单元格数据有不同的类型。要正确输入数据,必须先对单元格数据类型有一定的了解。不同数据类型的显示如图 5－25 所示,A 列为常规格式的数据显示,B 列为文本格式,C 列为数值格式。

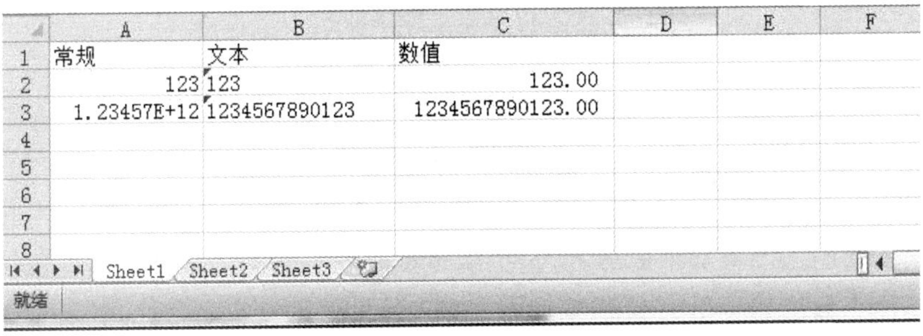

图 5－25　不同数据类型的显示

选择需要设置格式的单元格区域并用鼠标右击,在弹出的快捷菜单中选择"设置单元格格式"菜单命令,弹出"设置单元格格式"对话框,选择"数字"选项卡,在"分类"列表框中选择格式类型即可(图 5－26)。

图 5－26　"设置单元格格式"对话框

1.常规格式

常规格式是不包含特定格式的数据格式,Excel 中默认的数据格式即为常规格式。按 Ctrl＋Shift＋～组合键,可以应用常规格式。

2.数值格式

数值格式主要用于设置小数点的位数。用数值表示金额时,还可以使用千位分隔符表示(图 5－27)。

地区	冰箱		彩电		手机		洗衣机		合计
	销售量	销售金额	销售量	销售金额	销售量	销售金额	销售量	销售金额	销售金额
屯溪区	1103	2,378,316.00	256	348,291.00	157	90,728.00	189	264,035.00	
黄山区	1856	3,955,818.00	444	552,868.00	33	13,977.00	516	748,698.00	
徽州区	877	1,924,745.00	273	304,866.00	62	21,947.00	140	196,731.00	
歙 县	5002	11,186,051.00	1161	1,496,255.00	494	217,133.00	1049	1,514,666.00	
休宁县	1652	3,448,363.00	370	416,764.00	77	32,072.00	143	219,618.00	
黟县	414	875,549.00	86	104,159.00	60	22,533.00	80	112,290.00	
祁门县	2158	4,608,530.00	471	587,882.00	52	31,311.00	212	296,405.00	
合计									

图 5－27　数值格式

3.货币格式

货币格式主要用于设置货币的形式，包括货币类型和小数类型。按 Ctrl＋Shift＋＄组合键可以应用带两位小数位的货币数字格式。货币格式的设置可以有两种方式：一种是先设置后输入；另一种是先输入后设置(图 5－28)。

地区	冰箱		彩电		手机		洗衣机		合计
	销售量	销售金额	销售量	销售金额	销售量	销售金额	销售量	销售金额	销售金额
屯溪区	1103	2,378,316.00	256	348,291.00	157	90,728.00	189	264,035.00	
黄山区	1856	3,955,818.00	444	552,868.00	33	13,977.00	516	748,698.00	
徽州区	877	1,924,745.00	273	304,866.00	62	21,947.00	140	196,731.00	
歙 县	5002	11,186,051.00	1161	1,496,255.00	494	217,133.00	1049	1,514,666.00	
休宁县	1652	3,448,363.00	370	416,764.00	77	32,072.00	143	219,618.00	
黟县	414	875,549.00	86	104,159.00	60	22,533.00	80	112,290.00	
祁门县	2158	4,608,530.00	471	587,882.00	52	31,311.00	212	296,405.00	
合计									

图 5－28　货币格式

4.会计专用格式

顾名思义，会计专用格式是为会计设计的一种数据格式，它也使用货币符号表示数字，货币符号包括人民币符号和美元符号等。货币格式不同的是，会计专用格式可以将一列数值中的货币符号和小数点对齐(图 5－29)。

部分村年收入情况表					
村名	土地收入（万元）	外出收入（万元）	养殖收入（万元）	其他收入（万元）	总收入（万元）
小河浦	¥ 524.60	¥ 238.00	¥ 23.00	¥ 10.00	¥ 795.60
富贵村	¥ 452.00	¥ 343.00	¥ 85.00	¥ 25.00	¥ 905.00
土岗	¥ 610.10	¥ 453.00	¥ 14.00	¥ 34.00	¥ 1,111.10
光明村	¥ 354.50	¥ 198.00	¥ 102.00	¥ 40.00	¥ 694.50
发展村	¥ 453.00	¥ 201.00	¥ 9.00	¥ 13.00	¥ 676.00

图 5－29　会计专用格式

5.时间和日期格式

在单元格输入日期或时间时，系统会以默认的日期和时间格式显示。也可以在“设置单元格格式"对话框中进行设置,用其他的日期和时间格式来显示数字(图 5—30)。

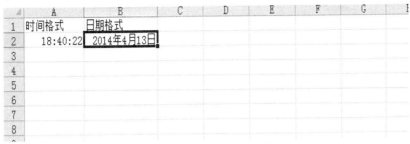

图 5—30　日期和时间格式

6.百分比格式

单元格中的数字显示为百分比格式有两种情况,即先设置后输入和先输入后设置。使用 Ctrl+ Shift+%组合键可以应用不带小数位的百分比格式。

7.分数格式

默认情况下在单元格输入"2/5"后按 Enter 键,会显示为 2 月 5 日,要将它显示为分数,可以先应用分数格式,再输入相应的分数。

8.科学计数格式

科学计数格式以科学计数法的形式显示数据,它适用于输入较大的数值。在 Excel 默认情况下,如果输入的数值较大,将自动被转化为科学计数形式。

也可根据需要直接设置科学计数格式,使用 Ctrl+Shift+^组合键,可以应用带两位小数的"科学计数格式"。

9.文本格式

文本格式中最直观最常见的输入数据是汉字、字母和符号,数字也可以作为文本格式输入,只需要在输入数字时先输入"'"即可。Excel 2016 中文本格式默认左对齐,与其他格式一样,也可以根据需要设置文本格式。

5.2.3　数据填充

当数据输入的过程中需要使用大量的相同数据或者具有某种规律性的同类数据时,可以使用自动填充数据功能。使用填充功能可以迅速把单元格按照某种规律进行数据填充。

1.填充相同的数据

(1)使用鼠标自动填充相同数据。

在行或者列中复制数据,可以使用自动填充数据功能来完成。例如,在网络 071 班 08—09d1 学期成绩表中有连续三位学生的计算机成绩都是 95,已经输入了最上方学生的成绩,则可以自动填充下面几位学生的成绩。

①选择已经输入数据的单元格。

②在当前单元格黑框的右下角有一个小方块,称为填充柄。将鼠标指针放在填充柄上,这时鼠标指针变为"+"形状。

③按住鼠标左键并拖动,即可复制完数据(图 5—31)。

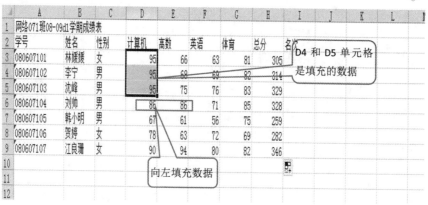

图 5－31　自动填充相同数据

注：如果要复制的是文本型数据，又是有序列规律的，如要全部填充星期一，则要按住Ctrl＋鼠标左键拖动，若不按住 Ctrl 键，则填充的是星期一、星期二、星期三、……。

（2）通过菜单项实现相同数据的填充。

选择"开始"→"编辑"选项组，单击"填充按钮"，将会弹出"填充"子菜单，如图 5－32 所示。

仍以填充计算机成绩为例，在图 5－32 的基础上继续填充第四位同学刘帅的计算机成绩86，如果恰好与其高数的成绩相同，使用菜单进行填充的具体步骤如下。

（1）选择单元格 D6。

（2）选择"开始"→"编辑"选项组，单击"填充"→"向左填充"命令即可（图 5－32）。

注：这里的"向左填充"指的是数据填充方向向左，并且每次只填充一个单元格。"向下填充""向上填充""向右填充"同理。

2.自动填充序列

除填充相同数据外，还会用到序列数据的情况。例如，林媛媛的体育成绩是 81，其下面的同学的体育成绩为 82、83，这就构成了一个序列，这时就可以使用自动填充数据功能来填充序列数据，具体步骤如下。

（1）选择林媛媛的体育成绩所在单元格 G3。

（2）将鼠标指针悬停在填充柄上，当它变成"＋"形状时，按住鼠标左键并向下拖动，释放鼠标左键。这两步操作的结果是填充了相同的数据。

（3）单击拖动得到的矩形右下方的"自动填充选项"按钮，将显示一个快捷菜单（图 5－33），选择以序列方式填充即可。

↓　向下(D)
→　向右(R)
↑　向上(U)
←　向左(L)
　　成组工作表(A)...
　　序列(S)...
　　两端对齐(J)
　　快速填充(F)

图 5－32　"填充"子菜单

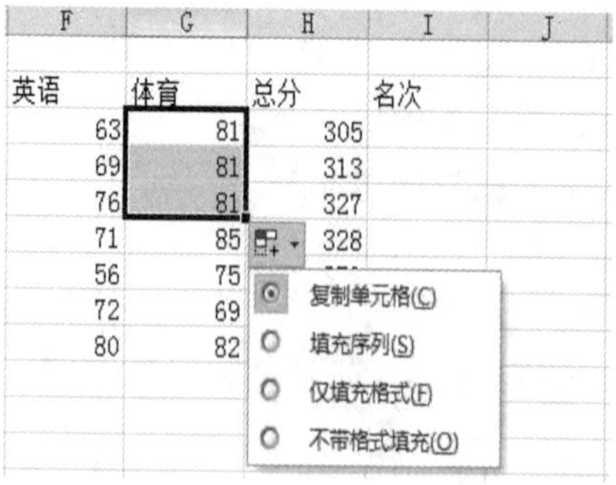

图 5－33　自动填充序列

"自动填充选项"各按钮的含义如下。

①复制单元格。复制原单元格的数据到其他单元格。

②以序列方式填充。原单元格中的数据与被填充的单元格数据构成一个序列。

③仅填充格式。仅将原单元格中所使用的格式应用到被填充单元格中,而不影响被填充单元格的数据。

④不带格式填充。仅填充原单元格中的数据,而不使用原单元格所使用的格式。

选定相应的单元格并拖动其右下角的填充柄,或者选择"开始"→"编辑"选项组,单击"填充"→"系列"命令,可在 Excel 工作表中快速填充多种类型的数据序列。

注:以上这种等差步长为 1 的序列填充可以先选择 G3 单元格,将鼠标指针悬停在填充柄上,当它变成"+"形状时,按下 Ctrl+鼠标左键拖动,即可完成填充。

3.使用前两个数据实现等差序列的填充

若出现 1、3、5、7 或 59、64、69、74 这样的等差数列,可以先填写前两个,然后用拖动鼠标左键的方法实现填充(同理,9:00、11:00、12:00,一月、四月、七月等都可以用这一方法实现),具体步骤如下。

(1)选择要填 1 的单元格 K2 输入 1。

(2)选择 K3 单元格输入 3。

(3)鼠标选择 K2:K3,将鼠标悬停在填充柄上,按住鼠标左键向下拖动,即可得到所需序列。

4.使用"序列"菜单命令实现自动填充

在要填充的起始单元格输入起始值,包含起始单元格在内选中要填充的单元格区域,选择"开始"→"编辑"选项组,单击"填充"→"系列"命令。例如,若要在 A2:A5 填充 1、3、9、27,具体步骤如下。

(1)在 A2 单元格中输入 1,选中 A2:A5。

(2)选择"开始"→"编辑"选项组,单击"填充"→"系列"命令,弹出"序列"对话框,如图5-34所示。

图 5-34　"序列"对话框

(3)选择等比数列,步长值为 3,点击"确定"按钮即可。

下面具体说明如何使用"序列"对话框来设置序列类型。

①"序列产生在"。如果是以矩形框选择单元格,且选择了多行多列,则可以在"序列"对话框的"序列产生在"选项区中设置序列将产生于行还是列。

②在"类型"选项区中,可以指定序列类型。等差数列指前一项与后一项的差相等;等比数列指前一项与后一项的比相等;日期指以日期增量的方式来填充数据序列。

③自动填充。当数据由文字加数字构成时,如"第 1 组""第 2 组"等,则可以使用自动填充。各单元格中的文字不变,但数字会构成序列。

④步长值。选择了"等差数列""等比数列"或"日期"作为序列类型后,可以在"步长值"文本框中输入一个数值来确定序列中相邻数据的步长值。

5.自定义序列

在 Excel 中已经定义好了一些序列,如"甲、乙、丙、丁、…"等,这样在输入数据"甲"后可以在后续单元格中自动填充"乙、丙、丁、…"等数据。

另外,在 Excel 中还可以定义用户自己的序列,具体步骤如下。

(1)选择"文件"选项卡,在下拉菜单中选择"选项"菜单命令,弹出"Excel 选项"对话框,单击左侧"高级"类别,在右侧下方的"常规"栏中单击"编辑自定义列表"按钮(图 5-35)。

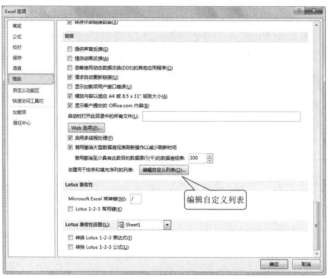

图 5-35 "Excel 选项"对话框

(2)打开"自定义序列"对话框,在"输入序列"文本区中输入"春""夏""秋""冬"(每个字要单独在一行)(图 5-36)。

(3)单击"添加"按钮,将新序列添加到序列集中。

(4)单击"确定"按钮,结束操作。

使用上面添加的序列自动填充具体步骤如下。

(1)在单元格中先输入"春",将这个单元格作为第一个单元格。

(2)选择第一单元格,用鼠标向下拖动填充柄,即可自动填充"春""夏""秋""冬"。

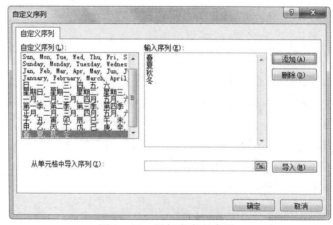

图 5-36 添加自定义序列

5.2.4　使用公式和函数

Excel 具有强大的数据计算功能，本部分主要介绍使用公式法填充数据和函数法填充数据方法，并介绍常用的函数。

1.使用公式

公式是由运算符和参与计算的运算数组成的表达式，使用公式可以很方便地对工作表中的数据进行统计和分析。使用公式的一般步骤如下。

(1)输入公式。在单元格中使用公式进行计算之前，必须先将公式输入单元格。公式的输入方法与一般数据的输入方法不同，因为公式表达的不是一个具体的数值，而是一种计算关系。输入公式后，单元格中将显示使用该公式计算后的结果。在工作表中输入公式的具体操作方法如下。

①在工作表中选中需要使用公式计算的单元格。

②输入等号“＝”。

③在等号“＝”后面输入要计算的公式，输入公式如图 5－37 所示，H3 单元格中输入“＝D3＋E3＋F3＋G3”。

④按 Enter 键。此时，计算结果将显示在公式所在的 H3 单元格中，计算出姓名为“刘帅”的学生的总分。

H3　fx　=D3+E3+F3+G3

	A	B	C	D	E	F	G	H	I
1	网络071班08-09d1学期成绩表								
2	学号	姓名	性别	计算机	高数	英语	体育	总分	
3	080607104	刘帅	男	86	86	71	85	328	
4	080607103	沈峰	男	95	75	76	81		
5	080607102	李宁	男	95	68	69	81		
6	080607105	韩小明	男	67	61	56	75		
7	080607107	江良珊	女	90	94	80	82		
8	080607101	林媛媛	女	95	66	63	81		
9	080607106	贺婷	女	78	63	72	69		
10									
11									
12									

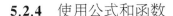

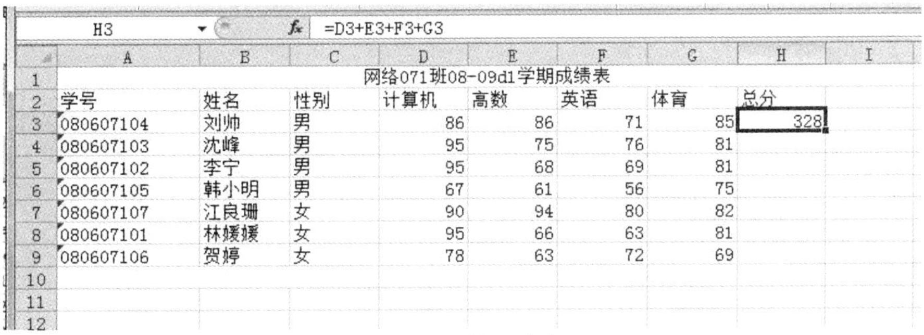

图 5－37　输入公式

(2)编辑公式。在 Excel 中，用户可以像编辑普通数据一样，对公式进行修改、复制和粘贴。

①修改公式。双击公式所在的单元格，进入编辑状态。此时，用户可以对单元格中的公式进行删除、增减或修改等操作。修改完成后，按 Enter 键，该单元格的内容就由修改后计算结果决定。

②复制、粘贴公式：选中包含公式的单元格，选择“开始”→“剪切板”选项组，单击“复制”命令(或按 Ctrl＋C 组合键)，将公式复制到剪贴板上，选中要粘贴公式的目标单元格，选择“开始”→“剪切板”选项组，单击“粘贴”下拉菜单中对应格式粘贴(或按 Ctrl＋V 组合键)，即可将复制的公式粘贴到目标单元格中，并在该单元格中使用该公式。

(3)利用公式求出全部学生的总分。在实际的应用当中，往往需要将公式应用在一段连续的单元格中，如需要计算出其他学生的总分，这种情况下使用的计算公式一样，只是数据各不相同。一种简便的方法如下：单击已应用公式计算的单元格，如 H3，将鼠标移至 H3 单元格，按住左键拖动填充柄即可将需要的公式复制到单元格，如拖至 H9 单元，这样可以算出所有学生的总分(图 5－38)。

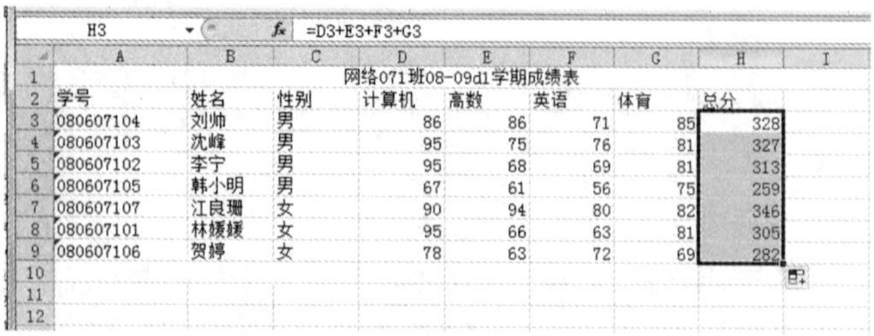

H3　=D3+E3+F3+G3

	A	B	C	D	E	F	G	H	I
1	网络071班08-09d1学期成绩表								
2	学号	姓名	性别	计算机	高数	英语	体育	总分	
3	080607104	刘帅	男	86	86	71	85	328	
4	080607103	沈峰	男	95	75	76	81	327	
5	080607102	李宁	男	95	68	69	81	313	
6	080607105	韩小明	男	67	61	56	75	259	
7	080607107	江良珊	女	90	94	80	82	346	
8	080607101	林媛媛	女	95	66	63	81	305	
9	080607106	贺婷	女	78	63	72	69	282	
10									
11									
12									

图 5－38　利用公式填充全部学生总分

在图 5－38 所示的 D10 单元格中输入“＝(D3＋D4＋D5＋D6＋D7＋D8＋D9)/7”，按 Enter 键即得到计算机学科的平均成绩，然后用上面介绍的方法向右拖动填充柄，可以将公式应用到其他学科算出平均分(图 5－39)。

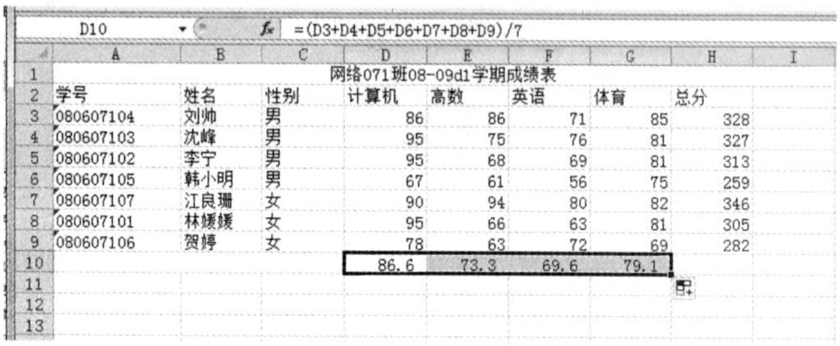

D10　=(D3+D4+D5+D6+D7+D8+D9)/7

	A	B	C	D	E	F	G	H	I
1	网络071班08-09d1学期成绩表								
2	学号	姓名	性别	计算机	高数	英语	体育	总分	
3	080607104	刘帅	男	86	86	71	85	328	
4	080607103	沈峰	男	95	75	76	81	327	
5	080607102	李宁	男	95	68	69	81	313	
6	080607105	韩小明	男	67	61	56	75	259	
7	080607107	江良珊	女	90	94	80	82	346	
8	080607101	林媛媛	女	95	66	63	81	305	
9	080607106	贺婷	女	78	63	72	69	282	
10				86.6	73.3	69.6	79.1		
11									
12									
13									

图 5－39　计算总和和平均分后的工作表

(4)公式的引用。

鼠标拖动填充柄的过程中，单元格会发生变化。例如，D10 单元格的公式为“＝(D3＋D4＋D5＋D6＋D7＋D8＋D9)/7”，鼠标拖动填充柄后 E10 单元格的公式为“＝(E3＋E4＋E5＋E6＋E7＋E8＋E9)/7”，这是因为 Excel 自动启动了引用的功能。引用的作用在于表示工作表上的单元格或单元格区域，并指明公式中所使用的数据位置，通过引用可以在公式中使用工作薄不同部分的数据，或者在多个公式中使用同一单元格的数值，即在公式引用中要用到相对地址和绝对地址。下面介绍其概念。

①相对地址。随公式复制(鼠标拖动填充柄)的单元格位置变化而变化的单元格地址称为相对地址。例如，上面求总分和平均成绩所用的就是相对地址。

②绝对地址。有时并不希望全部采用相对地址，如公式中某一项的值孤独存放在某个单元格中，在复制公式时，该项地址不能改变，这样的单元格地址称为绝对地址。例如，在求各学生的名次时，在 I3 单元格输入 “＝RANK(H3，$H$3：$H$9)”，其中“$H$3：$H$9”就是地址的绝对引用，在鼠标向下拖动填充柄时，“$H$3：$H$9”地址不发生变化。绝对地址的引用如图 5－40 所示，I4 单元格里的“$H$3：$H$9”没有发生变化。

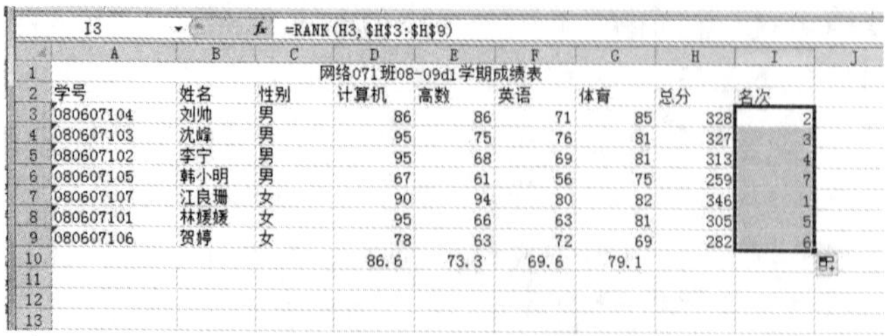

I3　=RANK(H3,$H$3:$H$9)

	A	B	C	D	E	F	G	H	I	J
1	网络071班08-09d1学期成绩表									
2	学号	姓名	性别	计算机	高数	英语	体育	总分	名次	
3	080607104	刘帅	男	86	86	71	85	328	2	
4	080607103	沈峰	男	95	75	76	81	327	3	
5	080607102	李宁	男	95	68	69	81	313	4	
6	080607105	韩小明	男	67	61	56	75	259	7	
7	080607107	江良珊	女	90	94	80	82	346	1	
8	080607101	林媛媛	女	95	66	63	81	305	5	
9	080607106	贺婷	女	78	63	72	69	282	6	
10				86.6	73.3	69.6	79.1			
11										
12										
13										

图 5－40　绝对地址的引用

2.使用"自动求和"按钮

求和是数学计算中经常用到的运算,Excel 也具有自动求和的功能。自动求和的具体操作方法为:选定要计算自动求和结果的单元格,选择"公式"→"函数库"选项组,单击"自动求和"下拉菜单,出现图 5－41 所示"自动求和"菜单项,选择"求和",Excel 将自动出现求和函数 SUM 及求和数据区域(图 5－42)。

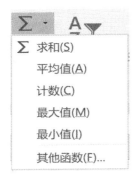

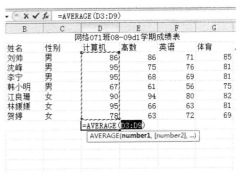

图 5－41 "自动求和"菜单项　　　　图 5－42 "自动求和"计算平均值

3.使用函数

函数是一种预定义的计算公式,它可以将指定的参数按特定的顺序或结构进行计算,返回计算结果。一个完整的函数包括函数名和参数两部分。函数名表示函数的功能,参数是在函数中参与计算的数值。参数被圆括号括起来,可以是数字、文本、逻辑值或单元格引用等。在使用 Excel 处理工作表时,最常用的函数主要有八种,分别为数学与三角函数(如 SUM 求和,Average 求平均数,sin 求正弦值,cos 求余弦值)、文本函数、逻辑函数、查找和引用函数、统计函数(如 Count 计数)、财务函数、工程函数和数据库函数。

在使用函数时,对于简单的函数,可以采用手工输入;对于较复杂的函数或者为避免在输入过程中产生错误,可以通过向导来输入。下面具体说明使用函数的步骤。

图 5－39 所示为某班学生的成绩表,要求在成绩表中的 H11 单元格中输出"总分"的最高分,其操作步骤如下。

(1)选中单元格 H10。

(2)选择"公式"→"函数库"选项组,单击"插入函数"按钮,或者单击编辑栏上的"插入函数"按钮,弹出"插入函数"对话框,如图 5－43 所示。

图 5－43 "插入函数"对话框

127

（3）在"或选择类别"下拉列表框中选择要输入的函数所属的类型。

（4）在"选择函数"列表框中选择"MAX"选项。

（5）单击"确定"按钮，弹出"函数参数"对话框，如图 5－44 所示。在"MAX"设置区域的"Number 1"文本框中输入要计算最大值的单元格区域，此处输入"H3：H9"，单击"确定"按钮，此时即可在 H11 单元格中显示输入结果。

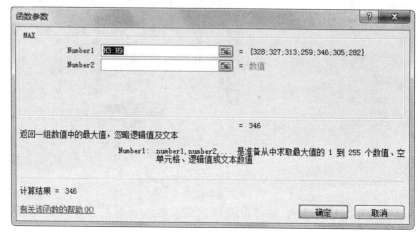

图 5－44 "函数参数"对话框

4.常用函数介绍

（1）SUM(number1,number2,…)。返回单元格区域中所有数值之和。

（2）AVERAGE(number1,number2,…)。返回单元格区域中所有数值的平均值。

（3）MAX(number1,number2,…)。返回一组数值中的最大值。

（4）MIN(number1,number2,…)。返回一组数值中的最大值。

（5）INT(number)。返回数值最接近的整数。

（6）IF(logic_test,value_if_true,value_if_false)。参数 logic_test 为真,把 value_if_true 作为函数的返回值;参数 logic_test 为假,把 value_if_false 作为函数的返回值。

（7）COUNT(value1,value2,…)。计算参数表中的数字参数和包含数字的单元格的个数。

（8）COUNTIF(range,criteria)。计算某个区域中满足给定条件单元格的数目。

（9）DATE(year,month,day)。返回年、月、日组成的指定日期。

（10）TODAY()。返回系统的当前日期。

（11）YEAR(serial_number)。返回日期序列对应的年份数。

（12）MONTH(serial_number)。返回日期序列对应的月份数。

（13）DAY(serial_number)。返回日期序列对应的天数。

5.2.5 数据的查找替换

对单元格中的数据进行查找,单击"开始"→"编辑"→"查找和选择"按钮,打开图 5－45 所示的"查找"快捷菜单,选择查找命令,弹出图 5－46 所示的"查找"对话框。

图 5-45　"查找"快捷菜单　　　　　图 5-46　"查找"对话框

①搜索方式。按行或按列搜索数据。

②范围。按工作表或工作簿。

③区分大小写。在搜索过程中是否区分英文字母的大小写。

④单元格匹配。查找与"查找内容"框中制定的字符完全匹配的单元格。

⑤区分全/半角。查找过程中是否区分全角、半角。

例 5-1　打开 Excellt 文件夹下的"Excel5-1.xlsx",完成要求。要求如下。

(1)填充"准考证号"列,格式设置为文本型,水平居中。准考证号从 01000536801 到 010005368135 为连续值。

(2)公式计算"总分"列,总分=公共基础×0.2+行测×0.3+申论×0.5。

(3)按"总分"列数据,公式填充"名次"列。提示:使用 Rank 函数。

(4)最后以原文件名保存。

操作步骤如下。

(1)打开 Excellt 文件夹下的"Excel5-1.xlsx",光标定位到 A3 单元格,输入"01000536801",按回车键。鼠标放至 A3 单元格的右下角,鼠标变为黑"+"形状(即填充手柄),按住鼠标左键向下拖动,一直填充到"01000536835"。

(2)将光标定位到 G3 单元格,输入"=D3*0.2+E3*0.3+F3*0.5",按回车键,鼠标放至 G3 单元格右下角,使用填充手柄,按住鼠标左键向下拖动,一直填充完所有人的总分。

(3)将光标定位到 H3 单元格,单击编辑栏的"插入函数"或者选择"公式"→"函数库"选项组,单击"插入函数"按钮,打开"插入函数"对话框,如图 5-47 所示。"或选择类别"选择"全部","选择函数"中选择"Rank"函数,单击"确定"按钮,弹出"Rank 函数参数"对话框,如图 5-48所示。按照对话框中的各参数说明填写各参数,单击"确定"按钮(注意:参数 Ref 使用了行绝对地址),然后将鼠标放置该单元格右下角,使用填充手柄填充所有人的名次。以原文件名保存文件。

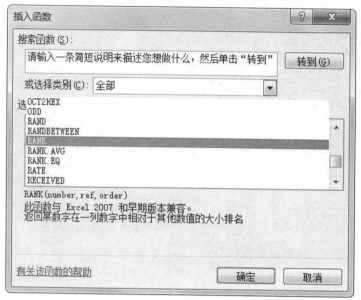

图 5—47　"插入函数"对话框

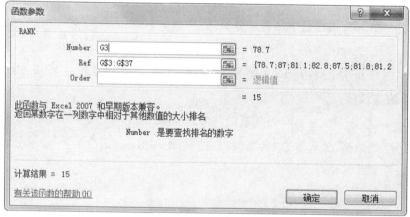

图 5—48　"Rank 函数参数"对话框

例 5—2　打开 Excellt 文件夹下的"Excel5—2.xlsx"，完成要求。要求如下。

(1)公式计算"结案用时"。结案用时＝结案日期－发案日期。

(2)公式填充"备注"列。如果结案用时大于 365，给出信息"较慢"；如果结案用时小于 30，给出信息"较快"；否则，内容空白。

(3)在 B11：B13 单元格区域分别用函数求出最长结案时间、最短结案时间、平均结案时间。

(4)最后以原文件名保存。

操作步骤如下。

(1)打开 Excellt 文件夹下的"Excel5—2.xlsx"，将光标定位到 E3 单元格，输入"＝D3－C3"，将鼠标放置 E3 单元格的右下角，使用填充手柄一直填充到 E7 单元格。

(2)将光标定位到 G3 单元格，选择"公式"→"函数库"选项组，单击"最近使用过的函数"下拉菜单，选中"IF"，打开"函数参数"对话框(图 5—49(a))。按照函数参数的说明，填写"Logical_test"参数和"Value_true"参数，然后将光标定位到"Value_false"参数后面的文本框，单击单元格地址中的"IF",弹出"函数参数"对话框,按函数参数说明填充(图 5—49(b))。单击"确定"按钮,然后将鼠标放置该单元格右下角,使用填充手柄填充 G4 到 G7 单元格。

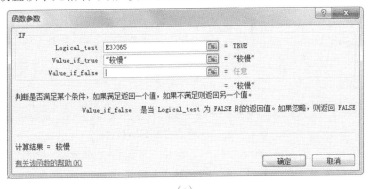

(a)

(b)

图 5—49 "IF 函数参数"对话框

(3)将光标定位到 B11 单元格,选择"公式"→"函数库"选项组,单击"自动求和"下拉菜单,选中"最大值",然后在 MAX 后面括号中输入"E3:E7",按回车键。同理,使用"最小值"和"平均值"填充最短结案时间和平均结案时间。

(4)最后以原文件名保存。

例 5—3 打开 Excellt 文件夹下的"Excel5—3.xlsx",完成要求。要求如下。

(1)根据"出版日期"列数据,公式计算"购入日期"。购入日期比"出版日期"延后 2 年,月、日不变。

(2)自动填充"数量"列,数量从 23 起,以 2 为步长递增。

(3)根据"类型"列数据,公式填充"类型编号"列。类型有"化工""计算机""文艺""政治"四种,类型编号依次为 001、002、003、004,文本型。

(4)根据"类型"类数据,公式填充各类型的总数量。提示:使用 Countif 函数。

(5)最后以原文件名保存。

操作步骤如下。

(1)打开 Excellt 文件夹下的"Excel5—3.xlsx",将光标定位在 B2 单元格,选择"公式"→"函数库"选项组,单击"日期和时间"下拉菜单,选中"Date",弹出"Date 函数参数"对话框,如图 5—50 所示。根据各参数的含义填充各参数,然后单击"确定"按钮。将鼠标放至 B2 单元格的右下角,使用填充手柄填充所有的"购入日期"。

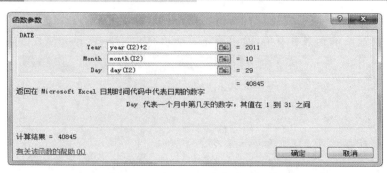

图 5—50 "Date 函数参数"对话框

（2）将光标定位在 C3 单元格，输入 23，然后选中 C3 到 C24 单元格，选择"开始"→"编辑"选项组，单击"填充"下拉菜单中的"序列"，打开"序列"对话框，如图 5—51 所示。选择系列产生在列、等差数列、步长值为 2，单击"确定"按钮。

图 5—51 "序列"对话框

（3）将光标定位在 E2 单元格，选择"公式"→"函数库"选项组，单击"最近使用的函数"下拉菜单中的"IF"，打开 IF 函数"函数参数"对话框，使用例 5—2 插入 IF 函数的方法插入该函数。各参数填写完毕后，编辑栏里是"＝IF(F2＝"化工"，"001"，IF(F2＝"计算机"，"002"，IF(F2＝"文艺"，"003"，"004")))"，然后使用填充手柄填充所有的类型编号。

（4）将光标定位在 B28 单元格，选择"公式"→"函数库"，单击"插入函数"按钮，打开"插入函数"对话框，选择"全部函数"中的"Countif"，弹出"Countif 函数参数"对话框，如图 5—52 所示。按照各参数的含义填写参数（注意参数 Range（范围）使用绝对引用，因为要统计总数量的范围不能随着填充手柄的移动而发生变化），然后单击"确定"按钮，使用填充手柄填充所有类型的总数量。

（5）最后以原文件名保存。

图 5—52 "Countif 函数参数"对话框

5.3　工作表的编辑和格式化

5.3.1　单元格的选定、复制、移动和选择性粘贴

1.单元格的选定

（1）鼠标选定。用鼠标直接单击某单元格，一次只能选一个单元格。

（2）Ctrl＋鼠标选定。先选择一个单元格，按住 Ctrl 键，再用鼠标单击其他要选中的单元格，一次可选择多个单元格，单元格可以是不连续的，如"A1,B4,C3"，不连续的单元格之间用逗号分隔。

（3）Shift＋鼠标选定。先选择一个单元格，按住 Shift 键，再用鼠标单击其他要选中的单元格，一次可选择多个单元格，选中的是一个连续的区域，如"A3:C5"。单元格区域用区域左上角单元格地址"A3"和右下角单元格地址"C5"表示，中间用冒号分隔。

2.单元格的复制、移动和选择性粘贴

用户可以通过复制、移动操作，将单元格中的数据复制或移动到同一个工作表的不同位置或其他工作表中。

（1）使用鼠标移动或复制。选中要复制或移动的单元格区域，将鼠标指针移动到选中区域的边框上，单击鼠标左键，当鼠标指针变为↔形状时，拖动鼠标到表格中的其他位置后释放鼠标即可，或者在拖动的同时按住 Ctrl 键，可以将选中区域的内容复制到新位置。

（2）使用剪贴板移动或复制。选中要复制或移动的单元格区域，选择"开始"→"剪切板"选项组，单击"复制"命令或选择"开始"→"剪切板"选项组，单击"剪切"命令。选中要粘贴单元格的目标区域，选择"开始"→"剪切板"选项组，单击"粘贴"下拉菜单，按照需要粘贴。

（3）选择性粘贴。复制或剪切了某区域的数据后，选择"开始"→"剪切板"选项组，单击"粘贴"下拉菜单，打开"选择性粘贴"对话框，可以进行选择性粘贴，如图5－53所示。选择性粘贴是指用户可有选择性地复制粘贴或剪切内容的全部、公式、数值或格式等，选择性粘贴不能复制行高、列宽。

图 5－53　"选择性粘贴"对话框

下面是"选择性粘贴"窗口的各选项说明。

①全部。粘贴全部，包括公式、数值和格式。

②公式。只粘贴公式。

③数值。只粘贴数值。

④格式。只粘贴格式。

5.3.2　插入删除行、列和单元格

（1）插入行。选择"开始"→"单元格"选项组，单击"插入"下拉菜单，选择"插入工作表行"命令（图5－54），即在选中行上面插入一行。在行号右击鼠标弹出快捷菜单，选择快捷菜单中的

"插入"，在该行上面插入一行。

（2）删除行。选中要删除的行，选择"开始"→"单元格"选项组，单击"删除"下拉菜单（图5-55），即可删除该行。也可以在行号右击鼠标弹出快捷菜单，选择快捷菜单中的"删除"。

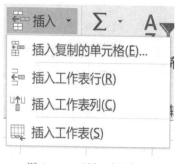

图5-54　"插入行"命令

图5-55　"删除行"命令

（3）插入列。单击"开始"→"单元格"选项组，单击"插入按钮"下拉菜单，选择"插入工作表列"命令菜单，会在当前列的左侧插入一列。在列号上右击鼠标弹出快捷菜单，选择快捷菜单中的"插入"，在该列的左侧插入一列。

（4）删除列。选中要删除的列，单击"开始"→"单元格"选项组，单击"删除"按钮，即可删除该列。也可以在列号右击鼠标弹出快捷菜单，选择快捷菜单中的"删除"。

（5）插入单元格。单击"开始"→"单元格"选项组，单击"插入按钮"下拉菜单，选择"插入单元格"命令。或者选择单元格右击鼠标，弹出如5-56所示的"插入单元格"对话框，可根据需求选择插入单元格的方式。

（6）删除单元格。选中要删除的单元格，选择"开始"→"单元格"选项组，单击"删除"按钮。或者在要删除的单元格右击鼠标，弹出图5-57所示的"删除单元格"对话框，可根据需求删除单元格的方式。

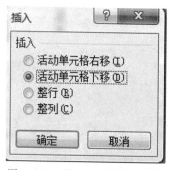

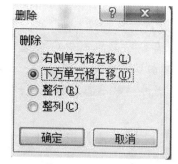

图5-56　"插入单元格"对话框

图5-57　"删除单元格"对话框

注：删除与清除有些类似，但在Excel中，它们是完全不同的两个概念。清除单元格是指清除单元格中的内容、格式等，而删除单元格是指不仅要删除单元格中的数据、格式等内容，还要将单元格本身从工作表中删除。清除单元格的具体操作步骤为：选中要清除的单元格，单击"开始"→"编辑"选项组，单击"清除"下拉菜单，选择合适的子菜单命令，即可清除单元格中的相应内容。

5.3.3　调整行高、列宽

如果单元格内的信息过长，列宽不够或者行高不合适，部分内容将无法显示，这时用户可以通过调整行高和列宽来达到要求。要改变行高和列宽，可以使用鼠标直接在工作表中修改，也可以利用菜单修改。

1.使用鼠标调整行高和列宽

将鼠标移到行号区数字上下边框或列号区字母的左右边框上,当鼠标变成双箭头时,按下鼠标左键,拖动行(列)标题的下(右)边界来设置所需的行高(列宽),这时将自动显示高度(宽度)值。调整到合适的高度(宽度)后放开鼠标左键。如果要更改多行(列)的高度(宽度),先选定要更改的所有行(列),然后拖动其中一个行(列)标题的下(右)边界;如果要更改工作表中所有行(列)的宽度,单击全选按钮,然后拖动任何一列的下(右)边界。

2.使用菜单精确调整行高和列宽

图 5-58　设置"行高"菜单

(1)行的设置。选定需要设置的行,选择"开始"→"单元格"选项组,单击"格式"命令,弹出图 5-58 所示的设置"行高"菜单。子菜单选项的含义如下。

①行高。单击"行高"菜单,弹出图 5-59 所示"行高设置"对话框,设置所选行的行高,单位是磅,"自动调整行高"让单元格的行高恰好容纳下单元格内的文字。

②可见性。使用"隐藏和取消隐藏"级联菜单可以隐藏选中的行或者取消隐藏。

③组织工作表。可以重命名工作表、移动和复制工作表、为工作表标签设置颜色。

④保护。可以保护工作表、锁定单元格、设置单元格格式。

在行号处右击也可弹出"行高设置"对话框。

(2)列的设置。选定需要设置的列,选择"开始"→"单元格"选项组,单击"格式"下拉菜单,弹出图 5-58 所示的菜单。关于列的子菜单选项的含义如下。

①列宽。单击"列宽"菜单,弹出图 5-60 所示"列高设置"对话框,设置所选列的列宽,单位是磅,"自动调整列宽"让单元格的列宽恰好容纳下单元格的文字。

②可见性。隐藏和取消隐藏级联菜单,还可以隐藏选中的列和工作表,也可以取消隐藏列和工作表。

在列号处右击也可弹出"列高设置"对话框。

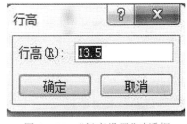

图 5-59　"行高设置"对话框

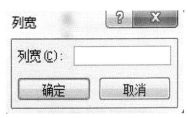

图 5-60　"列高设置"对话框

3.合并及居中相邻单元格

新建一个工作簿时,所有单元格都是均匀分布的。也就是说,工作表中各行各列单元格的宽度是相等的。但在实际工作中，有时需要将几个单元格合并成一个大的单元格。合并及居中相邻单元格的具体操作方法为：选中要合并的多个相邻单元格，单击格式工具栏中的"合并及居中"按钮，即可将选中的单元格及单元格中的内容合并居中。

例 5－4　打开 Excellt 文件夹下的"网络 071 班 d1 学期成绩.xlsx"，将标题在 A1 到 I1 合并居中，在 A10 单元格输入"单科平均成绩"，然后将 A10 到 C10 合并居中，最后以"例 5－4.xlsx"为文件名保存。

操作步骤如下。

(1)选中 A1 单元格，拖曳鼠标至要设置标题的最后一个单元格，选择"开始"→"对齐方式"选项组，单击"合并后居中"按钮。标题则正中显示在 A1:I1 区域中。

(2)在 A10 单元格中输入"单科平均成绩"，选中 A10:C10 单元格，单击"开始"→"对齐方式"选项组，单击"合并后居中"按钮。设置合并单元格后的效果如图 5－61 所示。

(3)文件另存为"例 5－4.xlsx"。

	A	B	C	D	E	F	G	H	I	J
1					网络071班08-09d1学期成绩表					
2	学号	姓名	性别	计算机	高数	英语	体育	总分	名次	
3	080607104	刘帅	男	86	86	71	85	328	2	
4	080607103	沈峰	男	95	75	76	81	327	3	
5	080607102	李宁	男	95	68	69	81	313	4	
6	080607105	韩小明	男	67	61	56	75	259	7	
7	080607107	江良珊	女	90	94	80	82	346	1	
8	080607101	林媛媛	女	95	66	63	81	305	5	
9	080607106	贺婷	女	78	63	72	69	282	6	
10	单科平均成绩			86.6	73.3	69.6	79.1			
11										
12										
13										

A10　单科平均成绩

图 5－61　设置合并单元格后的效果

4.编辑修改单元格中的数据

在单元格中输入数据后，可以根据需要，对其中的数据进行编辑修改。用户可以使用以下四种操作方法来编辑修改单元格中的数据。

(1)双击需要编辑的单元格，可将光标定位在该单元格中。

(2)单击需要编辑的单元格，按 F2 键将光标定位到该单元格中。

(3)单击需要编辑的单元格，单击编辑栏将光标定位到其中，此时即可在编辑栏中对单元格中的数据进行编辑修改。

(4)单击需要编辑的单元格，直接在该单元格中输入新的数据，即可将原数据覆盖。输入完成后，按回车键即可确认修改，按 Esc 键可取消修改。

5.3.4　设置单元格格式

工作表中的文字字体、数字格式与对齐方式都可以通过 Excel 的格式化命令来设置。

1.数字格式

例 5－5　将图 5－61 中学生的单科平均成绩精确到小数点后两位。

操作步骤如下。

(1)打开例 5－4 保存的"例 5－4.xlsx"文件，选定需要设置这些内容的单元格或单元格区域 D10:G10。

(2)选择"开始"→"数字"选项组，单击右侧"小箭头"按钮，弹出"设置单元格格式"对话框

(图 5-62)。

（3）在"设置单元格格式"对话框上方排列了"数字""对齐""字体"等六个选项的标签。选中"数字"标签，在"分类"中选择"数值"，然后在"小数位数"中选择"2"即可，D10 到 G10 单元的数字变为数值形式(图 5-63)。设置格式后的工作表如图 5-64 所示。

图 5-62　"设置单元格格式"对话框(1)

图 5-63　"设置单元格格式"对话框(2)

图 5-64　设置格式后的工作表

2.对齐格式

选中需要设置单元格对齐格式的单元格区域，单击"单元格格式"工具栏的"对齐"选项的标签，选择需要的对齐方式。如果需要合并单元格，则选中合并单元格前面的复选框。

3.字符格式

选中需要设置字体的单元格区域，单击"单元格格式"工具栏的"字体"选项的标签，在弹出的对话框中选择需要的字体、字形、字号、字符颜色即可。

4.边框

选中需要添加边框的单元格区域，单击"单元格格式"工具栏的"边框"选项的标签，在预设选项区中选择所需边框、线条及线条颜色图，单击"确定"按钮完成。

5.图案

选中需要填充颜色的单元格区域，单击"单元格格式"工具栏的"图案"选项的标签，选择需要的颜色或图案即可。

例 5-6　启动 Excel 应用程序，系统自动创建"工作簿 1.xlsx"工作簿。要求编辑 Sheet1 工作表。

（1）基本编辑。

①设置第一行行高 26，并在 A1 单元格输入标题"一季度维修情况"，黑体，18 磅，加粗，合并及居中 A1：G1 单元格。

②打开 Excellt 文件夹下的"Excel5－6.xlsx"工作簿，复制其内容到工作簿 1 的 Sheet1 工作表 A2 单元格开始处。

③除工作表大标题外，其他所有内容水平居中。

（2）填充数据。

①根据"厂家"列数据公式填充"车型"列数据。厂家："华晨"的车型为"宝马 5"；"通用"的车型为"君威"；"一汽大众"的车型为"高尔夫"，其他为空白。

②公式计算"维修费"列数据，维修费＝人工费＋零件费。货币样式：货币符号为"￥"，无小数。

（3）将 Sheet1 工作表 B2：F29 单元格区域中的数据复制到 Sheet2 中 A1 开始处，重命名 Sheet1 为"维修单"。

操作步骤如下。

（1）启动 Excel 应用程序，系统自动创建"工作簿 1.xlsx"，选中第一行，选择"开始"→"单元格"选项组，单击"格式"下拉菜单中的"行高"对话框，设置行高为 26。选中 A1 单元格，输入"一季度维修情况"，选择"开始"→"字体"设置字体为黑体，字号为 18 磅，加粗。选中 A1:G1 单元格，单击"对齐方式"选项组中的"合并后居中"按钮。

（2）打开 Excellt 文件夹下的"Excel5－6.xlsx"工作簿，选中 A1:G28 单元格，使用 Ctrl＋C（或者使用快捷菜单中的"复制"命令，或者使用"开始"→"剪贴板"选项组的的"复制"按钮）将内容复制到剪贴板上，然后切换到"工作簿 1.xlsx"的 Sheet1 工作表的 A2 单元格，使用 Ctrl＋V 组合键（或者使用快捷菜单中的"粘贴"命令，或者使用"开始"→"剪贴板"选项组的的"粘贴"按钮）将剪贴板上的内容粘贴到该表中。

（3）选中除大标题外的所有内容，选择"开始"→"对齐方式"选项组，单击"居中"按钮。

（4）将光标定位在 B3 单元格，选择"公式"→"函数库"选项组，单击"最近使用过的函数"下拉菜单中的"IF"，打开 IF 函数的"函数参数"对话框（图 5－65）。参数 Logical_test 为"A3＝"华晨""，参数 Value_if_true 为""宝马 5""，参数 Value_if_false 为"IF（A3＝"通用"，"君威"，IF（A3＝"一汽大众"，"高尔夫"，""））"。或者可以使用例 5－2 插入 IF 函数的方法插入嵌套 IF 函数，然后使用填充手柄填充所有的车型。

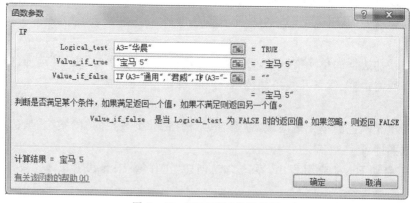

图 5－65 "IF 函数"参数设置

（5）将光标定位在 G3 单元格，输入"＝E3＋F3"，选中 G3 单元格，选择"开始"→"数字"选项组，单击右下角"小三角"按钮，弹出"设置单元格格式"命令（或者使用右击鼠标弹出快捷菜单中的该命令),设置单元格为货币格式如图 5—66 所示,设置数字为"货币",小数位为 0,货币符号为"￥"。

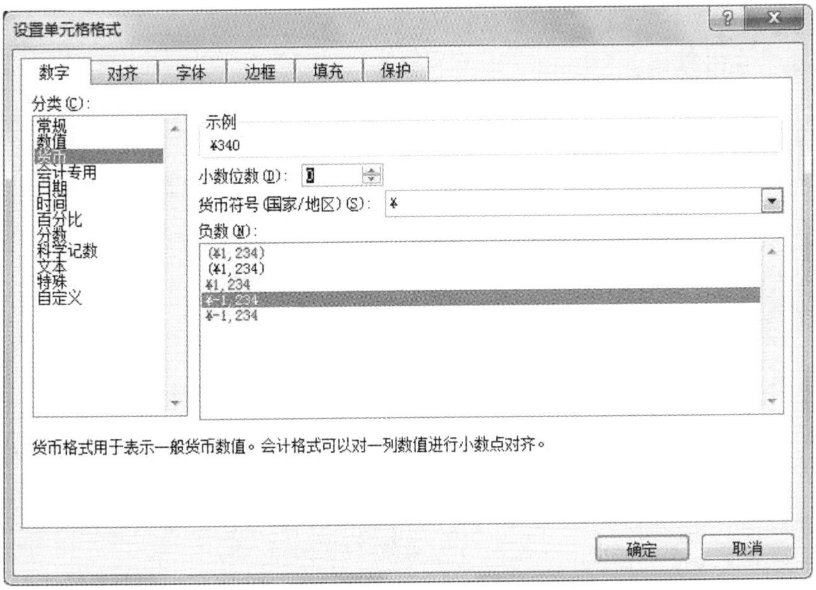

图 5—66　设置单元格为货币格式

(6)选中 B2:F29 区域,使用 Ctrl+C 组合键(或者使用快捷菜单中的"复制"命令,又或者使用"开始"→"剪贴板"选项组的的"复制"按钮)将内容复制到剪贴板上,然后切换到"工作簿 1.xlsx"的 Sheet2 工作表的 A1 单元格,使用 Ctrl+V 组合键(或者使用快捷菜单中的"粘贴"命令,又或者使用"开始"→"剪贴板"选项组的的"粘贴"按钮)将剪贴板上的内容粘贴到该表中。

(7)在工作表标签"Sheet1"上双击鼠标(或右击鼠标在弹出的快捷菜单中选择"重命名")使标签变成深色,输入文本"维修单"。最后以文件名"Excel5—6.xlsx"保存到 Excellt 文件夹中。

例 5—7　打开 Excellt 文件夹下的"Excel5—7.xls"文件,按下列要求操作。要求编辑 Sheet1 工作表。

(1)基本编辑。

①跨列居中 A1:F1 单元格,文字为黑体,20 磅,行高 30。

②设置 F3:F26 单元格为数值型,无小数位,使用千位分隔符。

(2)填充数据。

①公式计算"金额"列数据,金额＝单价×数量。

②填充"日期"列数据。日期从 2016—1—1 开始,间隔 2 个月,依次填充。

③设置 A2:F26 单元格自动套用格式为古典 2。

④最后以原文件名保存。

操作步骤如下。

(1)打开 Excellt 文件夹下的"Excel5—7.xlsx",选中 A1:F1 单元格,选择"开始"→"对齐方式"选项组,单击右下角"小三角"按钮,弹出"设置单元格格式"命令(或者使用右击鼠标弹出快捷菜单中的该命令),设置跨列居中如图 5—67 所示。自动选择"对齐"选项,水平对齐方式下拉列表中选择"跨列居中",然后选择"字体"选项,设置字体为黑体,字号为 20 磅,单击"确定"按钮。再次单击"格式"下拉菜单,选择"行高",设置行高为 30。

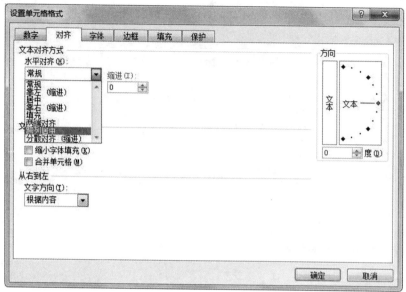

图 5－67　设置跨列居中

（2）选中 F3：F26 单元格，选择"开始"→"数字"选项组，单击右下角"小三角"按钮，弹出设置数字格式的对话框（图 5－68），设置数值型，无小数，使用千位分隔符。

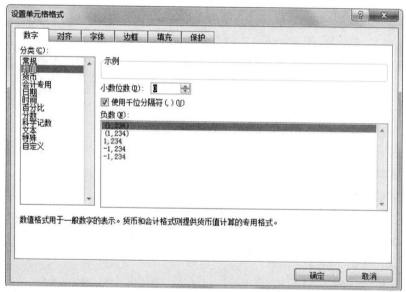

图 5－68　设置单元格格式

（3）将光标定位在 F3 单元格，输入"＝D3＊E3"，使用填充手柄填充 F4：F26 单元格。

（4）将光标定位在 A3 单元格，输入"2016－1－1"，然后选中 A3：A26 单元格，选择"开始"→"编辑"选项组，单击"填充"下拉菜单中的"序列"命令，弹出"序列"对话框（图 5－69）。设置序列产生在列，类型为日期，日期单位为月，步长值为 2，单击"确定"按钮。

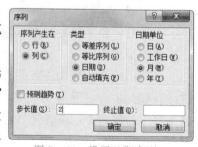

图 5－69　设置日期序列

（5）鼠标在"快速访问工具栏"上右击,弹出快捷菜单,选择"自定义快速访问工具栏",弹出"Excel 选项"对话框,自动选中"快速访问工具栏",添加"自动套用格式"到快速访问工具栏如图 5－70 所示。从"不在功能区的命令"中找到"自动套用格式",单击"添加"按钮,即将"自动套用格式"命令添加到"快速访问工具栏"中。

图 5－70　添加"自动套用格式"到快速访问工具栏

（6）选中 A2:F26 单元格,单击"快速访问工具栏"上的"自动套用格式"命令,弹出"自动套用格式"对话框,如图 5－71 所示,选择"古典 2",单击"确定"按钮。

（7）最后以原文件名保存。

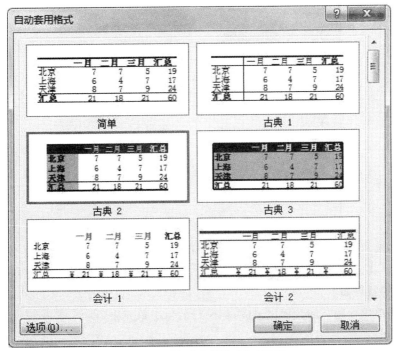

图 5－71　"自动套用格式"对话框

5.4　Excel 2016 的数据分析和管理

5.4.1　数据清单

在对数据进行分析和管理前,必须将数据存放在数据清单中,才能应用该清单进行相应的操作。因此,创建数据清单是一切工作的前提。

数据清单是包含相关数据的一系列数据行,也是一张工作表(如学生成绩表)。数据清单可以像数据库一样使用,其中,行表示记录,列表示字段。数据清单的第一行是字段的名称(称为列标题),表明该列中数据的实际意义(图5-72),学生成绩表中的计算机表明该列中的数据为计算机课程的成绩。记录单是数据清单的一种管理工具,使用它可以在数据清单中一次输入、显示、修改、删除和移动记录,还可以进行数据的查找。

学号	姓名	性别	计算机	高数	英语	体育	总分	名次
080607101	林媛媛	女	95	66	63	81	305	5
080607102	李宁	男	95	68	69	81	313	4
080607103	沈峰	男	95	75	76	81	327	3
080607104	刘帅	男	86	86	71	85	328	2
080607105	韩小明	男	67	61	56	75	259	7
080607106	贺婷	女	78	63	72	69	282	6
080607107	江良珊	女	90	94	80	82	346	1

图5-72　学生成绩表中的数据清单

数据清单可以通过在某个工作表的基础上修改获得,也可以创建一个新的数据清单,图5-72就是一个数据清单。

如果要修改数据清单中的记录,可以直接在表格中修改,也可以在"记录单"框中修改。具体的操作方法为:选中数据清单中的数据,选择"文件"→"选项"→"自定义功能区",选择不在功能区中的命令,添加新的选项组,把记录单添加到功能区,单击"记录单…"命令,弹出如图5-73所示的"记录单"对话框,对数据清单中的记录进行修改、添加或删除后关闭该对话框即可。

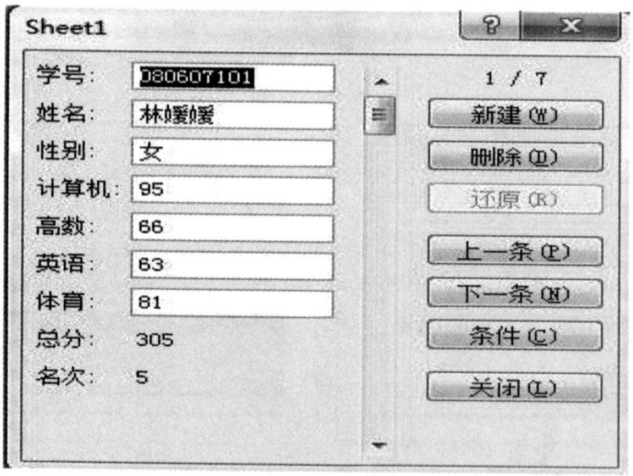

图5-73　"记录单"对话框

总之,数据清单是一个规则的二维表格。所谓规则的二维表格,就是指这个表格中没有合并的单元格。

数据清单的特点如下。

(1)数据清单由标题行和数据区组成,标题行的每个单元格为一个字段,单元格的内容为字段名。

(2)数据清单的每一列必须有且只能有唯一的名字。

（3）同一列中的数据具有相同的数据类型。

（4）数据区中的每一行称为一个记录，数据排序时作为整体和其他行交换。

（5）不允许有空行、空列或空白单元格。

（6）不允许有合并单元格操作后形成的单元格。

（7）同一工作表中可以容纳多个数据清单，但两个数据清单之间至少间隔一行、一列。

5.4.2　数据排序

数据的排序就是按照一定的规律把一列或多列无序的数据变成有序的数据，以便管理。Excel 提供了多种自动排序功能，用户既可以按常规的升序（Excel 默认方式）或降序排序，也可以自定义排序。下面通过实例讲解两种最常用的排序方法。

1.按一列排序

例 5－8　把"网络 071 班 08－09dl 学期成绩表"按照"总分"由高分到低分降序排序。

操作步骤如下。

（1）单击数据区域内的任意单元格。

（2）选择"数据"→"排序和筛选"选项组，单击"排序"按钮，弹出"排序"对话框，单击"选项"按钮，弹出"排序选项"对话框，选择"按列排序"单选按钮（图 5－74）。

（3）单击"确定"按钮，返回"排序"对话框，在"主关键字"下拉列表中选择"总分"，单击"降序"按钮（图 5－75）。

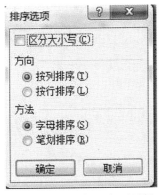

图 5－74　"排序选项"对话框

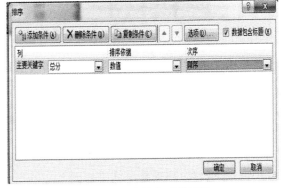

图 5－75　选择主要关键字

（4）单击"确定"按钮，返回工作表，可以看到"总分"这一列已经按要求排序（图 5－76）。

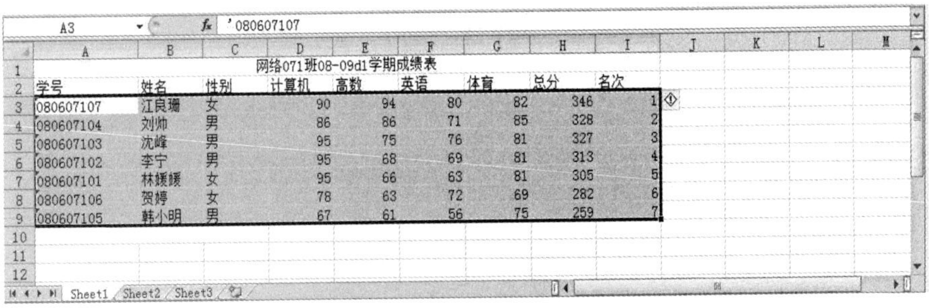

图 5－76　单列排序结果

现在可以填写名次字段，方法为先在 I3 和 I4 单元格中填写数字 1 和 2，选中 I3 和 I4 单元格，鼠标移至选定区域的右下角，使用填充手柄拖曳鼠标至 I9 单元格，则自动输入图 5－77 所示的"名次"字段。

注：对某个字段进行简单排序，可以使用功能区中的"升序"按钮和"降序"按钮，具体操作为：单击要排序的字段列的任一单元格，然后选择"数据"→"排序和筛选"选项组，单击"升序"按钮或者"降序"按钮即可对该列进行排序。

2.按多列排序

按一列进行排序时，可能遇到这一列有相同数据的情况。如果想进一步排序，就要使用多列排序。首先对主关键字排序，当主关键字值相同时，再按第二关键字排序，依此类推。

例 5—9　在"网络 071 班 08—09dl 学期成绩表"中，先按"性别"升序排序，再按"总分"降序排序。

操作步骤如下。

(1)选择排序数据区域任一单元格。

(2)选择"数据"→"排序和筛选"选项组，单击"排序"按钮，弹出"排序"对话框，如图 5—77 所示。

(3)在"主要关键字"下拉列表、"排序依据"下拉列表和"次序"下拉列表中，分别进行图 5—78 所示的设置。

图 5—77　"排序"对话框

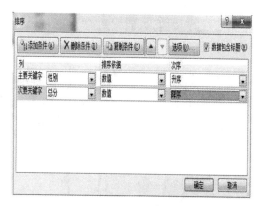

图 5—78　设置关键字

(4)单击"确定"按钮。多列排序结果如图 5—79 所示。所有学生先按"性别"升序，即"男"前"女"后(按拼音字母顺序)，所有男生再按"总分"降序排序，所有女生再按"总分"降序排序。

图 5—79　多列排序结果

3.自定义排序

在 Excel 中,使用以上的排序方法仍然达不到要求时,可以使用自定义排序。操作步骤如下。

(1)打开 Excellt 文件夹中的"网络 071 班 d1 学期成绩.xlsx"文件。

(2)选择需要自定义排序的单元格区域,然后选择"文件"选项卡,在弹出的列表中选择"选项"按钮,弹出"Excel 选项"对话框。在"高级"选项中的"常规"区域中单击"编辑自定义列表"按钮(图 5—80)。

(3)弹出"选项"对话框,选择"自定义序列",在"输入序列"文本框中输入序列(图 5—81),然后单击"添加"按钮。

图 5—80 "Excel 选项"对话框

图 5—81 "自定义序列"对话框

(4)单击"确定"按钮,返回"Excel 选项"对话框,再单击"确定"按钮,接着单击数据区域内的任意一个单元格。

(5)选择"数据"→"排序和筛选"选项组,单击"排序"按钮,弹出"排序"对话框,在"主要关键字"下拉列表中选择"性别"选项,在"次序"下拉列表中选择"自定义序列"选项(图 5—82)。

(6)弹出"自定义序列"对话框,选择相应的序列,然后单击"确定"按钮,返回"排序"对话框(图 5—83)。

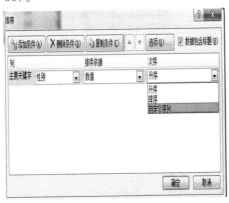

图 5—82 "排序"对话框

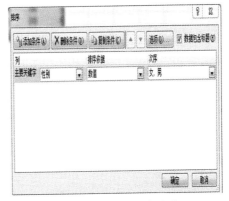

图 5—83 选择排序次序

(7)单击"确定"按钮,即可按自定义的序列对数据进行排序,自定义排序效果如图 5—84所示。

网络071班08-09d1学期成绩表								
学号	姓名	性别	计算机	高数	英语	体育	总分	名次
080607107	江良珊	女	90	94	80	82	346	1
080607101	林媛媛	女	95	66	63	81	305	5
080607106	贺婷	女	78	63	72	69	282	6
080607104	刘帅	男	86	86	71	85	328	2
080607103	沈峰	男	95	75	76	81	327	3
080607102	李宁	男	95	68	69	81	313	4
080607105	韩小明	男	67	61	56	75	259	7

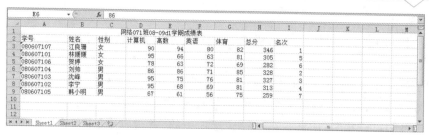

图 5－84　自定义排序效果

5.4.3　数据的分类汇总

分类汇总是对数据清单中指定的字段内容进行分类，然后统计同一类记录的相关信息。因此，分类汇总又称按类汇总。分类汇总之前一定要排序，按哪一项分类就按哪一项排序。

Excel 可以在数据列表中自动计算分类汇总及总计值，只需指定需要进行分类汇总的字段、待汇总的数据和用于计算的函数(如“求和”函数)即可。

如果要为数据列表插入分类汇总，则首先对数据列表排序，接着单击汇总列中的任一单元格，再选择“数据”→“分级显示”→“分类汇总”按钮，在“分类汇总”对话框中进行相应选项后，单击“确定”按钮完成。下面通过例子来介绍。

例 5－10　为比较男女生对每门功课学习成绩差异，对“网络 071 班 08－09d1 学期成绩表”按性别汇总各门功课的平均分。

操作步骤如下。

(1)单击“性别”列任一单元格，选择“数据”→“排序和筛选”选项组，单击“升序”按钮进行简单排序。

(2)选择“数据”→“分级显示”选项组，单击“分类汇总”按钮，弹出“分类汇总”对话框，如图 5－85 所示。

(3)在“分类字段”下拉菜单中选择“性别”，表示按“性别”字段进行分类。

(4)在“汇总方式”下拉列表中选“平均值”。

(5)在“选定汇总项”列表框中选择“计算机”“高数”“英语”“体育”和“总分”项(名次字段不选)。

(6)单击“确定”按钮。

分类汇总结果如图 5－86 所示。

图 5－85　“分类汇总”对话框

网络071班08-09d1学期成绩表								
学号	姓名	性别	计算机	高数	英语	体育	总分	名次
080607107	江良珊	女	90	94	80	82	346	1
080607101	林媛媛	女	95	66	63	81	305	5
080607106	贺婷	女	78	63	72	69	282	6
		女 平均值	87.66667	74.33333	71.66667	77.33333		
080607104	刘帅	男	86	86	71	85	328	2
080607103	沈峰	男	95	75	76	81	327	3
080607102	李宁	男	95	68	69	81	313	4
080607105	韩小明	男	67	61	56	75	259	7
		男 平均值	85.75	72.5	68	80.5		
		总计平均值	86.57143	73.28571	69.57143	79.14286		

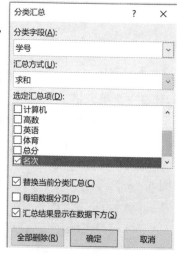

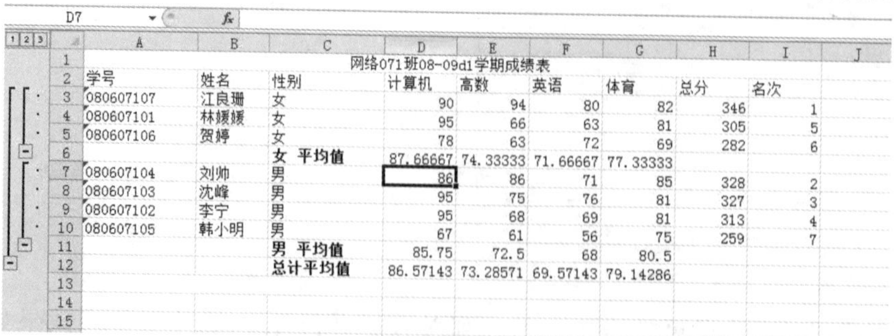

图 5－86　分类汇总结果

5.4.4　数据筛选

数据筛选就是将数据清单中符合特定条件的数据查找出来，并将不符合条件的数据暂时隐藏。因此，筛选是一种用于查找数据清单中特定数据的快捷方式。Excel 有自动筛选和高级筛选两种功能，自动筛选是筛选数据清单比较简单的方法，而使用高级筛选可以规定很复杂的筛选条件。

1.数据的自动筛选

例 5－11　自动筛选显示“网络 071 班 08－09d1 学期成绩表”中的男生记录。

操作步骤如下。

(1)选择数据表区域的任意单元格。

(2)单击“数据”→“排序和筛选”→“筛选”按钮，进入“自动筛选”状态，此时在标题行每列的右侧会出现一个下拉按钮(图 5－87)。

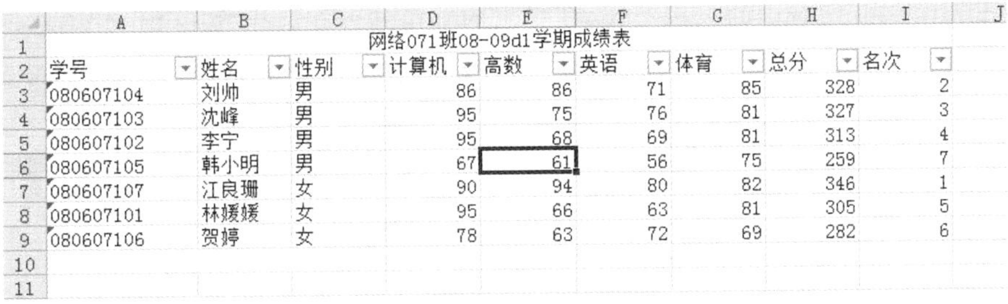

网络071班08-09d1学期成绩表

学号	姓名	性别	计算机	高数	英语	体育	总分	名次
080607104	刘帅	男	86	86	71	85	328	2
080607103	沈峰	男	95	75	76	81	327	3
080607102	李宁	男	95	68	69	81	313	4
080607105	韩小明	男	67	61	56	75	259	7
080607107	江良珊	女	90	94	80	82	346	1
080607101	林媛媛	女	95	66	63	81	305	5
080607106	贺婷	女	78	63	72	69	282	6

图 5－87　“自动筛选”状态

(3)单击所要筛选的下拉箭头，如“性别”。

(4)在下拉菜单中选择“男”。

“自动筛选”结果如图 5－88 所示。

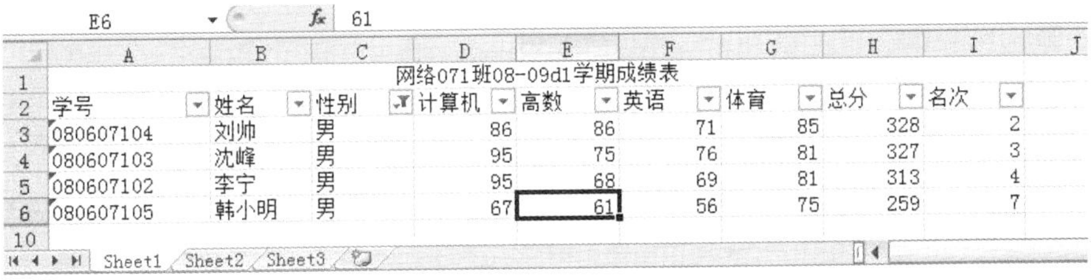

网络071班08-09d1学期成绩表

学号	姓名	性别	计算机	高数	英语	体育	总分	名次
080607104	刘帅	男	86	86	71	85	328	2
080607103	沈峰	男	95	75	76	81	327	3
080607102	李宁	男	95	68	69	81	313	4
080607105	韩小明	男	67	61	56	75	259	7

图 5－88　“自动筛选”结果

注：若要取消筛选，只要在“数据”菜单中选“筛选”项，单击“自动筛选”(即取消自动筛选状态)即可。

自动筛选中，在“筛选字段”对话框中可以自定义筛选条件，下面举例说明。

例 5－12　筛选“网络 071 班 08－09dl 学期成绩表”中男同学并且计算机成绩在 85 分以上的记录。

操作步骤如下。

(1)单击数据表区域任意单元格。

(2)选择“数据”→“排序和筛选”选项组，单击“筛选”按钮，进入“自动筛选”状态，此时在标题行每列的右侧会出现一个下拉按钮。

(3)单击“性别”列右侧的下拉按钮，在弹出的下拉列表中选择“文本筛选”菜单，弹出一个选择列表，在其中选择"等于"选项（图5—89），弹出"自定义自动筛选方式"对话框，在文本框中输入"男"（图5—90）。

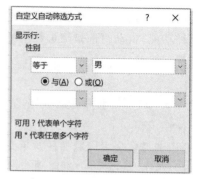

图5—89　"自动筛选"状态　　　　　图5—90　"自定义自动筛选方式"对话框1

（4）单击"计算机"列右侧的下拉按钮，在弹出的下拉列表中选择"数字筛选"菜单，弹出一个选择列表，在其中选择"大于"选项。弹出"自定义自动筛选方式"对话框，在文本框中输入"85"（图5—91）。

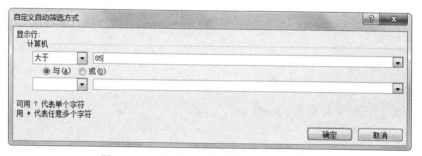

图5—91　"自定义自动筛选方式"对话框（2）

多条件筛选结果如图5—92所示。

图5—92　多条件筛选结果

2.数据的高级筛选

从前一部分自动筛选条件的叙述中可以看出，自动筛选只能对筛选的条件做简单的限制，用自动筛选进行比较复杂的筛选显得有些力不从心。如果要使用更加复杂的筛选条件，可用高级筛选来完成。高级筛选允许自定义复杂的筛选条件，筛选条件可以有很多，高级筛选条件可以包括一列中的多个条件、多列中的多个条件。高级筛选的条件不是在对话框中设置的，而是在工作表的某个区域中给定的，因此在使用高级筛选之前需要建立一个条件区域。

高级筛选的难点在于建立条件区域,规则如下。

①条件标记(字段名)要与条件的数据写在同一列上。

②条件标记(字段名)应写在同一行上,而且字段名要连着写。

③条件如果是"或者"关系,则写在不同行;如果是"并且"关系,则写在同一行。

④字段名和数据能复制的就复制,尽量不要自己输入。

下面具体讲述高级筛选条件写法。

(1)单列"或者"关系。

如果对于某一列具有两个或多个筛选条件,就可以直接在各行中从上到下依次输入各个条件。例如,图 5－93 的条件区域显示"姓名"中包含"李宁"或"刘帅"或"韩小明"的数据行。

(2)多列"并且"关系。

要在两列或多列中查找满足单个条件的数据,需在条件区域的同一行中输入所有条件。例如,图 5－94 的条件区域将显示"性别"是男、"计算机"列大于 85 且"英语"列等于 80 的数据行。

姓名
李宁
刘帅
韩小明

性别	计算机	英语
男	>85	80

图 5－93　筛选条件(1)　　　　图 5－94　筛选条件(2)

(3)多列"或者"关系。

要找到满足一列条件或另一列条件的数据,在条件区域中为不同行输入条件。例如,图 5－95 的条件区域将显示所有"性别"是男、"计算机"列大于 85 或"英语"列等于 80 的数据行。

(4)多列中既有"并且"关系又有"或者"关系。

要找到满足两种条件(每组条件都包含多列)之一的数据行,需在各行中输入条件。例如,图 5－96 的条件区域显示"性别"是男且"计算机"大于 80,同时显示"性别"是"女"或"体育"列小于 60 的数据行。

性别	计算机	英语
男		
	>85	
		80

性别	计算机	体育
男	>85	
女		<60

图 5－95　筛选条件(3)　　　　图 5－96　筛选条件(4)

例 5－13　筛选"网络 071 班 08－09dl 学期成绩表"中的男同学计算机成绩大于等于 85 分或英语大于 60 分的记录。条件区域定位在 L4 单元格,复制到起始单元格,定位到 A12。

操作步骤如下。

(1)打开"网络 071 班 08－09d1 学期成绩工作表",在 L4 单元格建立图 5－97 所示的条件区域。

(2)在数据区域内单击任一单元格,选择"数据"→

性别	计算机	英语
男	>=85	
男		>=60

图 5－97　条件区域

"排序和筛选"选项组,单击"高级"按钮,弹出"高级筛选"对话框,如图 5－98 所示。设置列表区域和条件区域,如图 5－99 所示。

图 5－98　"高级筛选"对话框　　　　图 5－99　设置列表区域和条件区域

（3）设置完毕，单击"确定"按钮，即可筛选出符合条件区域的数据，高级筛选结果如图5－100 所示，最后以文件名"Excel5－13.xlsx"保存。

学号	姓名	性别	计算机	高数	英语	体育	总分	名次
080607104	刘帅	男	86	86	71	85	328	2
080607103	沈峰	男	95	75	76	81	327	3
080607102	李宁	男	95	68	69	81	313	4

图 5－100　高级筛选结果

例 5－14　打开 Excellt 文件夹下的"Excel5－14.xlsx"，进行高级筛选。要求如下。

（1）筛选条件。图书类别为"基础类"且数量（册）大于 300，或月份为 3 的记录。

（2）条件区域。起始单元格定位在 H3。

（3）复制到。起始单元格定位在 H10。

操作步骤如下。

（1）从数据清单中复制"图书类别""数量（册）""月份"，粘贴到 H3：J3 单元格。

（2）将"基础类"从数据清单复制到 H4 单元格，在 I4 单元格输入"＞300"，在 J5 单元格输入"3"（图 5－101）。

（3）选择"数据"→"排序和筛选"选项组，单击"高级"按钮，弹出"高级筛选"对话框，如图5－102 所示，方式选择"将筛选结果复制到其他位置"，列表区域选定"Sheet2！＄A＄2：＄E＄29"，条件区域选定"Sheet2＄H＄3：＄J＄5"，复制到"Sheet2＄H＄10"，然后单击"确定"按钮，即将筛选结果复制到起始单元格为 H10 的区域。

图书类别	数量（册）	月份
基础类	>300	
		3

图 5－101　高级筛选条件

图 5－102　"高级筛选"对话框

5.4.5 数据透视表

5.4.3 节讲过数据的分类汇总,它只是在行的方向进行汇总,如果在使用工作表时同时需要对多个字段进行分类汇总,如统计班级成绩表里面的各班各科的平均成绩,这时就要使用数据透视表。数据透视表可以同时在行和列的方向对数据进行汇总。

制作数据透视表的具体操作步骤如下。

(1)单击数据清单内的任何一个单元格,选择"插入"→"表格"选项组,单击"数据透视表"下拉菜单中的"数据透视表",弹出如图 5-103 所示创建数据透视表对话框。

图 5-103 创建数据透视表对话框

(2)选择要分析的数据和放置数据透视表的位置,单击"确定"按钮,在弹出的图 5-104 所示窗口中选择建立数据透视表的数据区域(此时使用数据库的数据清单),选择透视表的行、列标题及汇总项(将相应的字段拖到相应的位置)。

(3)数据透视表区可以设置为"经典数据透视表布局",方法为:在图 5-104 所示的"数据透视表"区域右击鼠标,在弹出的快捷菜单中选择"数据透视表选项"命令,弹出"数据透视表选项"对话框,如图 5-105 所示。选择"显示"选项,选中"经典数据透视表布局"前面的复选框,数据透视表区会以经典模式显示(图 5-106)。

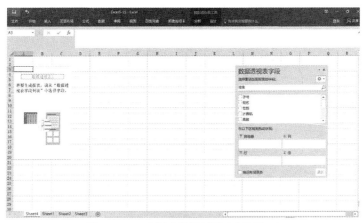

图 5-104 "创建数据透视表"界面(1)

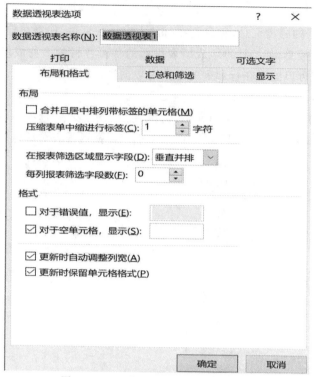

图 5－105　"数据透视表选项"对话框

图 5－106　"创建数据透视表"界面（2）

（4）在图 5－104 和图 5－106 中都可以对数据透视表的布局和汇总方式进行设置，可以选择数据透视表列表中的字段添加到相应的行标签、列标签，要汇总的数据项添加到"Σ数值"区。

①行标签相当于汇总表格的行标题。

②列标签相当于汇总表格的列标题。

③数值区域相当于汇总表格的数值汇总区。

如果"创建数据透视表"的界面设置如图 5－106 所示,则可以将行字段、列字段和汇总项直接拖到指定位置。

(5)汇总项的汇总方式默认为求和,若想改变汇总方式,可以在右侧"数据透视表字段列表"任务窗格中"数值"区域找到相应的汇总项,单击右侧的下拉三角,在弹出的菜单中选择"值字段设置"菜单,如图 5－107 所示,弹出如图 5－108 所示"值字段设置"对话框,选择需要的汇总方式,单击"确定"按钮,以同样的办法继续修改其他汇总项。

图 5－107　"值字段设置"菜单

图 5－108　"值字段设置"对话框

例 5－15　打开 Excellt 文件夹下的"Excel5－15.xlsx",针对 Sheet1 工作表建立数据透视表。要求行字段为性别,列字段为班级,数据字段为计算机平均值、英语平均值,数据透视表显示于 Sheet2 工作表的 A1 单元格。

操作步骤如下。

(1) 打开 Excellt 文件夹下的"Excel5－14.xlsx",单击 Sheet1 数据清单区域内的任一单元格,选择"插入"→"表格"选项组,单击"数据透视表"下拉菜单中的"数据透视表"命令。弹出"创建数据透视表"对话框,如图 5－109 所示。

(2) 选择要分析的数据是"Sheet1! ＄A＄2:＄J＄9",数据透视表的位置为现有工作表"Sheet2! ＄A＄1",单击"确定"按钮。

(3)弹出"创建数据透视表"界面,如图 5－110 所示,将"性别"字段拖至列标签,"班级"拖至行标签,"计算机"和"英语"拖至"Σ数值"区,默认汇总数值放置在列标签,将其拖至行标签,默认汇总方式为"求和项",按照图 5－107 和图 5－108 所示的方法将求和项改为平均值。

图 5－109　"创建数据透视表"对话框

图 5－110　"创建数据透视表"界面

（4）数据透视表完成后，可以使用功能区的"数据透视表工具"进行设置。在数据透视表界面也可以进行排序和筛选操作。

5.5　Excel 2016 的数据图表

作为一种比较形象、直观的表达形式，图表可以非常直观地反映工作表中数据之间的关系，可以方便地对比与分析数据。用图表表示数据，可以使表的结果更加清晰、直观和易懂，为分析数据提供了便利。

5.5.1　图表的组成

图表主要由图表区、绘图区、标题、数据系列、坐标轴、图例、模拟运算表和三维背景等组成。打开 Excel 2016 的一个图表，在图表中移动鼠标，在不同的区域停留时会显示鼠标所在区域的名称。Excel 图表如图 5－111 所示。

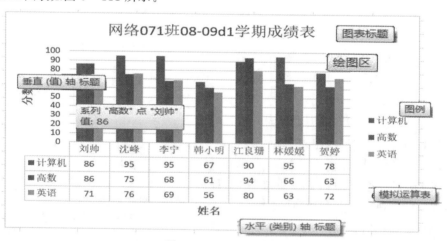

图 5－111　Excel 图表

1.图表区

整个图表及图表中的数据称为图表区。选择图表后，窗口中的功能区中将显示"图表工具"，其中包含"设计"和"格式"两个选项（图 5－112）。

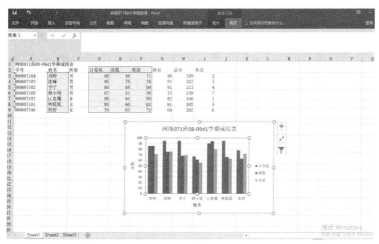

图 5－112　图标工具栏布局

2.绘图区

绘图区主要显示数据表中的数据,数据随着工作表中数据的更新而更新。

3.标题

Excel 2016 创建图表时会根据表格数据自动生成图表标题,图表的标题是文本类型,默认为居中对齐,用户可以通过单击图表标题来进行重新编辑。除图表标题外,还有一种坐标轴标题。坐标轴标题通常表示能够在图表中显示的所有坐标轴。有些图表类型(如雷达图)虽然有坐标轴,但不能显示坐标轴标题。

选择不同的图表类型创建图表后,若没有标题,还可以添加标题。添加图表标题的具体操作步骤如下。

(1)打开 Excellt 文件夹下的"Excel5－16.xlsx"。

(2)选择图表,在功能区中会出现"图表工具",选择"图表工具"→"设计"→"图表布局"选项组,单击"添加图表元素"菜单右侧三角,弹出菜单中选择"图表标题"→"图表上方",在弹出的下拉菜单中单击一种有标题样式,即可添加标题,可以单击标题进行编辑。添加图表标题如图5－113 所示。

(3)要设置整个标题的格式,可以用鼠标右键单击该标题,在弹出的快捷菜单中选择"设置图标标题格式"菜单命令,弹出"设置图表标题格式"对话框,从中选择所需的格式选项即可。或者用鼠标左键双击图表标题的边缘,也会弹出"设置图表标题格式"对话框,从中选择所需的格式进行设置即可。设置标题格式如图 5－114 所示。

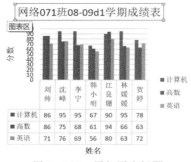

图 5－113　添加图表标题

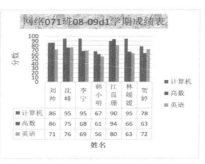

图 5－114　设置标题格式

4.数据系列

在图表中绘制的相关数据点,这些数据来自数据的行和列。如果要快速标识图表中的数据,可以为图表的数据添加数据标签,在数据标签中可以显示系列名称、类别名称和百分比等。在图表中添加数据标签的具体操作步骤如下。

(1)打开"Excel5－16.xlsx"文件。

(2)选择图表,鼠标移动至图表绘图区,选中任何一列数据,右击菜单选择"添加数据标签"→"添加数据标签",即可在图表中显示数据标签,如图5－115所示。

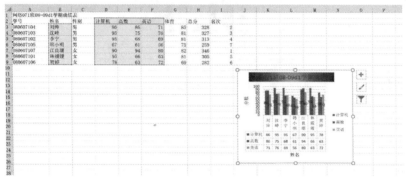

图5－115 显示数据标签

5.坐标轴

坐标轴是界定图表绘图区的线条,用作度量的参照框架。Y轴通常为垂直坐标轴并包含数据,X轴通常为水平坐标轴并包含分类。坐标轴都标有刻度值,默认情况下,Excel会自动确定图表中坐标轴的刻度值,但也可以自定义刻度,以满足使用需要。当在图表中绘制的数值涵盖范围非常大时,还可以将垂直坐标轴改为对数刻度。在图表中更改坐标轴的具体操作步骤如下。

(1)打开"Excel5－16.xlsx"文件。

(2)选择图表,单击"图表区"选择"垂直(值)轴"选项。

(3)右击,弹出"设置坐标轴格式"对话框,从中设置相应的格式(图5－116),水平轴操作同理。

(4)设置完毕后,单击"关闭"按钮即可更改坐标轴的样式。设置填充和阴影后的垂直轴的样式如图5－117所示。

图5－116 "设置坐标轴格式"对话框

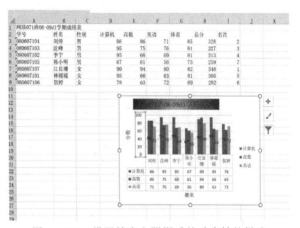

图5－117 设置填充和阴影后的垂直轴的样式

6.图例

图例用方框表示，用来标识图表中的数据系列所指定的颜色或图案。创建图表后，图例以默认的颜色来显示图表中的数据系列。需要修改图例的格式，在图例上单击鼠标右键，在弹出的快捷菜单中选择“设置图例格式”菜单命令，弹出“设置图例格式”对话框。或者在选择的图例上用鼠标左键双击，也会弹出“设置图例格式”对话框，从中设置相应的格式。

7.数据表

数据表是反映图表中的源数据的表格，默认的图表一般都不显示模拟运算表，可以通过设置来显示数据表。

选择图表，单击“图表工具”→“设计”→“图表布局”选项组，单击“添加图表元素”菜单右侧三角，弹出菜单中选择”数据表” →“显示图例项标示”，即可显示数据表。

8.背景

三维背景主要是为衬托图表的背景，使图表更加直观。设置三维格式需要选择图表，用鼠标右键单击，在弹出的快捷菜单中选择“设置绘图区格式”菜单命令，弹出“设置绘图区格式”对话框，然后进行相应的背景设置。

5.5.2　图表的创建

Excel 提供了图表向导功能，利用它可以快速、方便地创建一个标准类型或自定义类型的图表。下面以柱形图为例介绍图表的创建方法，具体操作步骤如下。

1.方法一

(1)打开“网络 071 班 08－09d1 学期成绩工作表”，并选中用于创建图表的数据，如选择图 5－118所示数据表 B2:B9,D2:G9 的区域。

	A	B	C	D	E	F	G	H	I
1	网络071班08-09d1学期成绩表								
2	学号	姓名	性别	计算机	高数	英语	体育	总分	名次
3	080607104	刘帅	男	86	86	71	85	328	2
4	080607103	沈峰	男	95	75	76	81	327	3
5	080607102	李宁	男	95	68	69	81	313	4
6	080607105	韩小明	男	67	61	56	75	259	7
7	080607107	江良珊	女	90	94	80	82	346	1
8	080607101	林媛媛	女	95	66	63	81	305	5
9	080607106	贺婷	女	78	63	72	69	282	6
10									

图 5－118　选择数据源

(2)选择“插入”→“图表”选项组，单击“柱形图”按钮，在弹出的下拉菜单中选择任意一种柱形图类型，此例中选择的是“二维柱形图”中的“簇状柱形图”，在当前工作表中创建一个柱形图表，如图 5－119 所示。

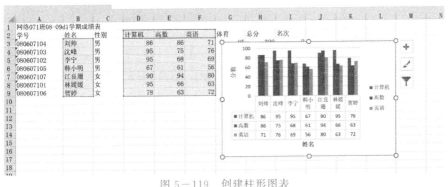

图 5－119　创建柱形图表

（3）单击"图表工具布局"→"标签"选项组，单击"图表标题"按钮，在弹出的下拉菜单中选择"图表上方"命令，即可在图表的上方插入一个标题，单击"图表标题"，将其重命名为"网络071班d1学期成绩"（图5－120）。

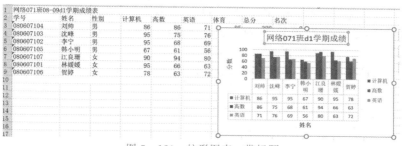

图5－120　柱形图表—带标题

（4）单击"图表工具布局"→"标签"选项组，单击"数据标签"，在"数据标签"中选择一种显示方式即可显示数据标签。如果需要改变数据标签的位置，只需按住鼠标左键拖动数据标签到合适的位置，松开鼠标左键即可（图5－121）。

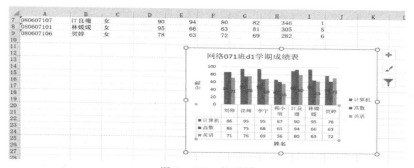

图5－121　柱形图

此方法简单快捷，只要所选数据区域内没有合并单元格，制作图表类型为柱形图、条形图、折线图，该方法便基本适用。该方法最大的特点是制作图表前先把数据源选上，在制作过程中就不需要再设置数据源了。

注：该方法关键在于数据源的选择。如何来确定图表的数据源区域呢？数据源区域由图例和分类轴决定，图例和分类轴有哪些字段就选择哪些字段。例如，图5－122所示图例是各科成绩，分类轴是姓名，所以数据源区域就选各科成绩和姓名。

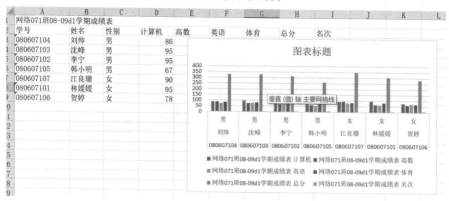

图5－122　修改前数据窗口

2.方法二

（1）打开"网络 071 班成绩工作表"，单击"插入"→"图表"选项组，单击"柱形图"按钮，在弹出的下拉菜单中选择任意一种柱形图类型，此例中选择的是"二维柱形图"中的"簇状柱形图"，在当前工作表中创建一个柱形图表。

（2）此时弹出的窗口图表会很乱，直接在图表的绘图区单击鼠标右键，在弹出的快捷菜单中选择"选择数据"菜单，弹出图 5－123 所示的"选择数据源"对话框，用"图例项系列"列表框中的"删除"按钮把所有系列都删掉，再单击"添加"按钮添加一个系列，需要设置添加系列的"名称"和"值"。"添加系列"对话框如图 5－124 所示，用此办法连续添加四个系列。系列添加完毕后添加分类轴标志，此图用的分类轴是"姓名"。注意：此时再添加分类轴标志时只需要选择数据即可，也就是选择姓名的数据区"B3：B9"作为分类轴标志。"添加分类轴"数据如图 5－125 所示，然后单击"确定"按钮。

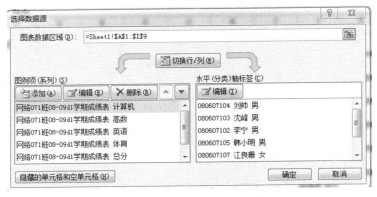

图 5－123　"选择数据源"对话框

图 5－124　"添加系列"对话框

图 5－125　"添加分类轴"数据

（3）与方法一类似，通过添加图表标题和图例等属性，最终生成的柱形图如图 5－126 所示。

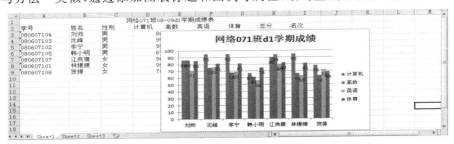

图 5－126　柱形图

与方法一相比，方法二手动设置系列和分类轴标志，比较灵活，对于不能用方法一完成的图表，可以考虑方法二。一般需要两种方法结合使用。

5.5.3 图表的编辑

在 Excel 2016 中，用户可以对创建的图表进行修改。整个图表由许多对象组成，如前面介绍到的图表标题、分类轴标题、分类轴、数值轴标题、数值轴、系列、绘图区和图例等。每个对象都可以重新编辑，包括图表类型、图表数据源和图表选项等。下面简单介绍几种对象的修改。

1.图表类型

在创建图表时，用户已经为图表设定了类型，但创建图表以后可能需要对其类型进行修改，Excel 里提供了修改图表的方法。

要修改图表，必须先激活该图表，右击选择"更改图表类型"菜单，弹出"更改图表类型"对话框，选择需要的图表类型（图 5－127），此时图表的类型就被修改了。

2.标题

与 5.5.1 节相同，此处不再赘述。

3.图例

与 5.5.1 节相同，此处不再赘述。

4.坐标轴

与 5.5.1 节相同，此处不再赘述。

5.移动与复制图表

可以通过移动图表来改变图表的位置，也可以通过复制图表将图表添加到其他工作表或文件中。

如果创建的嵌入式图表不符合工作表的布局要求（如位置不合适、遮住了工作表的数据等），可以通过移动图表来解决。

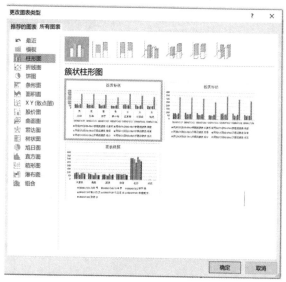

图 5－127 "更改图表类型"对话框

要把图表移动到另外的工作表中，选中图表，右击"移动图表"菜单，在弹出的"移动图表"对话框中进行相应的设置（图 5－128），然后单击"确定"按钮即可。

图 5－128 "移动图表"对话框

5.5.4　图表的格式化

使用默认格式生成的图表常常不能满足用户的需要,因此需要对图表格式进行设置,以达到期望的效果。设置图表格式的具体操作方法为:选中需要进行设置的图表,单击"图表工具"→"设计"→"图表样式"选项组,单击右侧三角按钮,在弹出的下拉列表中单击一种合适的样式,即可更改图表的显示外观(图 5-129),在相应的选项组中进行相应的设置操作,单击"确定"按钮完成。

如果想对图表中的任何对象的格式进行修改,那么直接在图表上双击该对象,如修改"图例"的格式,双击图表中的"图例"对象,弹出或者选择"图表工具格式"→"形状样式"选项组,单击右下角的"小箭头"按钮,弹出"设置图例格式"对话框,如图 5-130 所示,修改完毕后,单击"确定"按钮。

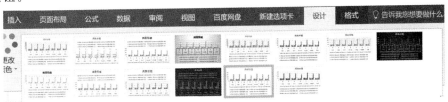

图 5-129　"快速样式"列表

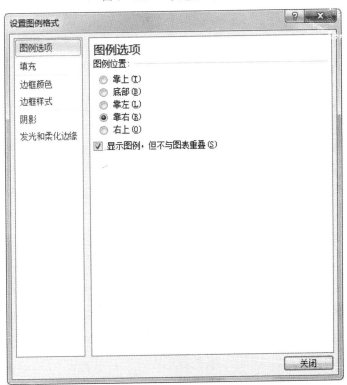

图 5-130　"设置图例格式"对话框

第6章 PowerPoint 2016 演示文稿软件

6.1 PowerPoint 2016 概述

PowerPoint 是微软办公套装软件 Office 的一个重要组成部分,它是一个可视化演示文稿制作展示工具,可将文字、图形、图像、声音及视频剪辑等多媒体元素融为一体,赋予演示对象更强的感染力,是目前最受欢迎的演示文稿制作软件之一。

6.1.1 PowerPoint 2016 基础知识

PowerPoint 的基本功能是创建、浏览、修改和演示电子演示文稿。所谓电子演示文稿,就是向观众介绍情况、阐述观点时演示的电子化材料。幻灯片是演示文稿的基本组成单元。用户要演示的全部信息,包括文字、图形、表格、图表、声音和视频等,都要以幻灯片为单位组织起来。本节主要介绍 PowerPoint 演示文稿制作软件的界面及其基本操作。

1.PowerPoint 窗口组成

(1)标题栏。

标题栏位于快速访问工具栏的右侧,主要显示正在使用的文档名称、程序名称及窗口控制按钮等。

(2)文件选项卡。

基本命令(如"新建""打开""关闭""另存为…"和"打印")位于此处。

(3)快速访问工具栏。

快速访问工具栏位于标题栏左侧,它包含了一些 PowerPoint 2016 最常用的工具按钮,如"保存"按钮、"撤销"按钮和"恢复"按钮等。

也可以添加个人常用命令。在"快速访问工具栏"上单击鼠标右键,弹出快捷菜单,通过快捷菜单可以删除快速访问工具,可以改变快速访问工具栏的位置,可以自定义快速访问工具栏,在这里添加一些常用命令,可以自定义功能区,可以最小化功能区。快速访问工具栏的设置如图 6—1 所示。

图 6—1　快速访问工具栏的设置

自定义快速访问工具栏的方法（如添加"格式刷"）如下。

①在"快速访问工具栏"上单击鼠标，弹出图 6－1 所示的快捷菜单。

②单击"自定义快速访问工具栏"，打开"其他命令"对话框（图 6－2），左侧自动选中"快速访问工具栏"，在"常用命令"列表框中选中"格式刷"，单击"添加"按钮，即将"格式刷"添加到"快速访问工具栏"。

图 6－2　自定义快速访问栏

（4）功能区。

在 PowerPoint 2016 窗口上方看起来像菜单的名称其实是功能区的名称，单击这些名称时并不会打开菜单，而是切换到与之相对应的功能区面板。每个功能区根据功能的不同又分为若干个组，一般包括"开始""插入""设计""切换""动画""幻灯片放映""审阅""视图"等功能区。每个功能区所拥有的功能如下。

①"开始"功能区。

"开始"功能区中包括剪贴板、幻灯片、字体、段落、绘图、编辑选项组。使用"开始"功能区的命令，可以插入新幻灯片、将对象组合在一起及设置幻灯片上的文本格式。新建幻灯片时还可以从多个幻灯片布局进行选择。该功能区主要用于帮助用户新建幻灯片及对幻灯片文字和段落进行编辑，是用户最常用的功能区（图 6－3）。

图 6－3　"开始"功能区

②"插入"功能区。

"插入"功能区包括表、图像、插图、链接、文本、符号、媒体等几个组，对应 PowerPoint 2016 中"插入"菜单的部分命令，主要用于插入表、形状、图表、页眉和页脚等各种对象（图6－4）。

图6－4　"插入"功能区

③"设计"功能区。

"设计"功能区包括页面设置、主题、背景几个组，使用该功能区命令可以自定义演示文稿背景、主题设计和页面设置，对应 PowerPoint 2016 的"页面设置"菜单命令和"格式"菜单中的部分命令（图6－5）。

图6－5　"设计"功能区

④"切换"功能区。

"切换"功能区包括预览、切换到此幻灯片、计时几个组，该功能区命令主要用于幻灯片切换效果的设置（图6－6）。

图6－6　"切换"功能区

⑤"动画"功能区。

"动画"功能区包括预览、动画、高级动画和计时几个组，该功能区的命令主要用于动画效果的设置（图6－7）。

图6－7　"动画"功能区

⑥"幻灯片放映"功能区。

"幻灯片放映"功能区包括开始放映幻灯片、设置和监视器几个组，使用该功能区的命令可以开始幻灯片放映、自定义幻灯片放映设置和隐藏单个幻灯片(图 6－8)。

图 6－8　"幻灯片放映"功能区

⑦"审阅"功能区。

"审阅"功能区包括校对、语言、中文简繁转换、批注和比较几个组,使用该功能区的命令可以检查拼写、更改演示文稿中的语言或比较当前演示文稿与其他演示文稿的差异(图 6－9)。

图 6－9　"审阅"功能区

⑧"视图"功能区。

"视图"功能区包括演示文稿视图、母版视图、显示、显示比例、颜色/灰度、窗口和宏几个组,主要用于查看幻灯片母版、备注母版、幻灯片浏览,也可以打开或关闭标尺、网格线和绘图指导(图 6－10)。

图 6－10　"视图"功能区

a.隐藏/显示功能区。点击最小化功能区按钮或使用快捷键 Ctrl＋F1 来隐藏/显示功能区。

b.设置功能区的选项卡和选项组。"文件"→"选项"弹出 PowerPoint 选项对话框,选择"自定义功能区",或者在功能区右击鼠标弹出快捷菜单,选择"自定义功能区"(具体参见 Word"自定义功能区"的设置)。

c.在功能区的每个选项组的右下角有一个"小箭头"按钮,点击它打开设置对话框。

(5)大纲窗格。

用于显示当前演示文稿的幻灯片数量及位置,包括"大纲"和"幻灯片"两个选项,单击选项的名称可以在不同的选项之间切换。

如果仅希望在编辑窗口中观看当前幻灯片,可以将"大纲/幻灯片"窗口暂时关闭。在编辑过程中,通常需要将"大纲/幻灯片"窗口显示出来。选择"视图"→"演示文稿视图"选项组,单击"普通视图"按钮,即可恢复"大纲/幻灯片"窗口。

(6)编辑窗口。

显示正在编辑的演示文稿。

(7)备注窗格。

用于编辑备注信息。

(8)占位符。

标识对象在幻灯片上所占的位置。

(9)视图按钮。

用于在不同的视图间进行切换。

(10)缩放滑块。

用于显示比例和调节页面显示比例的控制杆。

(11)状态栏。

状态栏位于当前窗口的最下方，用于显示当前文档页、总页数、字数和输入法状态等。

2.PowerPoint 的显示视图

根据幻灯片编辑的需要，在不同的视图上进行演示文稿的制作。视图的选择可以在"视图"菜单下实现，也可以通过图 6—1 所示的窗口右下角"视图"按钮在不同的视图间进行切换。在 PowerPoint 中，常用的视图有以下几种。

(1)普通视图。

图 6—1 所示的就是普通视图。在普通视图下，系统把文稿编辑区分成三个窗格：大纲窗格、幻灯片窗格和备注窗格。从这三个窗格中可以查看、编辑幻灯片的不同内容。在大纲窗格显示各幻灯片的标题和全部文本，可以对文本进行编辑和格式化操作；在幻灯片窗格显示的是当前幻灯片，可以进行文本录入、插入对象、设置格式等操作；在备注窗格显示的是当前幻灯片演讲者的备注信息，可对其进行编辑。普通视图是系统默认的视图。另外，各窗格的大小可以通过拖动它们之间的分隔线来调整。

(2)备注页视图。

备注页视图是单独放大备注页窗格的区域。在此视图下，可以重点编辑幻灯片的备注内容。

(3)幻灯片浏览视图。

使用幻灯片浏览视图可以在窗口中按每行若干张幻灯片缩略图的方式顺序显示幻灯片，以便于用户对多张幻灯片同时操作，以及方便、快速地定位到某张幻灯片。另外，在此视图下，进行幻灯片切换及移动、复制都很方便。

(4)幻灯片放映视图。

在此视图下，可以观看放映效果，在编辑时无法显示的动画及动作也只有在放映视图下才能看到。

注：各种视图提供了演示文稿创作的良好工作环境，不同的视图更方便于不同的操作。例如，对幻灯片插入对象及编辑时，可以在普通视图下进行；进行幻灯片之间的切换或调整时，用浏览视图更方便；想要查看整体的演示效果，就只能在放映视图下进行。

6.1.2　PowerPoint 2016 的启动与退出

1.PowerPoint 2016 的启动

在 Windows 10 操作系统下启动 PowerPoint 2016（为叙述方便，如不特殊说明，PowerPoint 表示 PowerPoint 2016），常用方法如下。

（1）从"开始"菜单启动。

选择"开始"→"所有程序"→"Microsoft Office"→"Microsoft Office PowerPoint 2016"命令可以启动 PowerPoint。

（2）通过双击桌面上的 PowerPoint 快捷方式图标。

（3）通过新建 PowerPoint 文档启动。

在 Windows 10 系统桌面空白处右击鼠标弹出快捷菜单选择"新建"→"Microsoft PowerPoint 演示文稿"命令，这时会在屏幕上出现一个"新建 Microsoft PowerPoint 演示文稿.pptx"的图标，双击该图标，即启动 PowerPoint 并新建一个文档，默认文件名为"新建 Microsoft PowerPoint 演示文稿.pptx"，".pptx"是 PowerPoint 2016 文件的扩展名。

2.PowerPoint 2016 的退出

退出 PowerPoint 的方法有以下几种。

（1）单击"文件"→"退出"命令。

（2）单击窗口标题栏最右边的"关闭"按钮。

（3）双击标题栏左端，快速启动工具栏左侧的 PowerPoint 应用程序窗口控制菜单图标。

（4）在标题栏的任意处右击，然后选择快捷菜单中的"关闭"命令。

（5）组合键 ALT＋F4。

6.1.3　PowerPoint 2016 的基本概念

1.演示文稿

演示文稿实际上就是指 Powerpoint 的存储文档，是以".pptx"为后缀名的文件。演示文稿可以有不同的表现形式，是演讲者借助于文字、图形、动画及视频等多种多媒体手段，将需要表达的内容制作成的一个独立的可放映文件。

2.幻灯片

在 PowerPoint 中，演示文稿首先表现为一张张内容相关联而结构独立的界面，该界面就是幻灯片。幻灯片是演示文稿的核心部分，记录了演示文稿的主要内容。在 PowerPoint 中，幻灯片只是一个屏幕形象，不同于传统的胶片。幻灯片通常由两部分组成：上面部分较小，放置幻灯片标题文本；下面部分较大，通常含有对幻灯片标题进行说明的文本。此外，在幻灯片页面中还可以插入各种图形、表格、动画、声音及视频对象等内容。

3.模板

模板是指一个演示文稿整体上的外观设计方案，它包含预定义的文字格式、颜色及幻灯片背景图案等。

4.母版

母版是指一张具有特殊用途的幻灯片，其中已经设置了幻灯片的标题和文本的格式与位置，其作用是统一所要创建的幻灯片的版式。因此，对母版的修改会影响到所有基于该母版的幻灯片。此外，如果需要在演示文稿的每一张幻灯片显示固定的图片、文本和特殊的格式，也可以向该母版添加相应的内容。

6.2 演示文稿与幻灯片的基本操作

6.2.1 演示文稿的基本操作

1.演示文稿的创建

（1）新建空白的演示文稿。

①启动 PowerPoint 2016 软件后，系统会自动创建一个名为"演示文稿1"的空白演示文稿。

②使用"文件"选项卡。单击"文件"→"新建"命令，在"可用模板"中单击"空白演示"，单击右侧的"创建"按钮即可创建一个新的空白演示文稿（图6－11）。

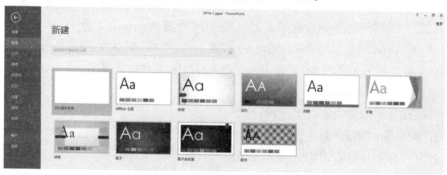

图6－11 "新建演示文稿"窗格

③使用"快速访问工具栏"。单击"快速访问工具栏"右侧的按钮，在弹出的下拉菜单中选择"新建"菜单命令，即可将"新建"功能添加到"快速访问工具栏"中，然后单击"新建"按钮，也可新建一个空白演示文稿。

④使用快捷键。使用 Ctrl＋N 组合键也可以新建一个新的空白演示文稿。

（2）根据样本模板。

PowerPoint 的样本模板与 Word 的设计模板类似，用来生成新演示文稿的样板，应用于整个演示文稿的建立。通过设计模板可以快速建立起演示文稿的雏形，只要填上实际内容即可变成自己的演示文稿。

2.打开演示文稿

编辑已有的演示文稿，须在 PowerPoint 中把它打开。打开演示文稿的方法有以下三种。

（1）若是".pptx"类型的文件，双击文件图标即可打开。

（2）在 PowerPoint 程序下单击"文件"→"打开"命令。

（3）使用 Ctrl＋O 组合键打开。

3.保存

（1）单击"快速工具栏"的"保存"按钮。

（2）单击"文件"选项卡上的"保存"按钮。

（3）使用组合键 Ctrl＋S 保存。

若新建的文件并未保存过，单击"保存"会弹出保存对话框。在对话框中，可以选择保存路径和保存的类型文件，默认类型为 PowerPoint 演示文稿。

6.2.2　幻灯片的基本操作

在演示文稿的制作中，经常要进行幻灯片的编辑操作，如插入、移动、复制和删除，这些操作在不同视图下稍有不同，使用较方便的是幻灯片视图和幻灯片浏览视图。

1.选择幻灯片

编辑操作之前常需要选择幻灯片，选中方式一般有以下四种。

（1）选择单张幻灯片。直接在幻灯片上单击即可。

（2）选择多个连续幻灯片。先单击起始幻灯片，然后单击 Shift 键，单击末尾幻灯片。

（3）选择多个不连续的幻灯片。按住 Ctrl 键，逐个单击需要选择的幻灯片。

（4）按住鼠标拖动。拖过的幻灯片都会选中（适用于幻灯片浏览视图）。

2.插入幻灯片

（1）在普通视图下插入。选择"开始"→"幻灯片"选项组，单击"新建幻灯片"按钮，会在当前幻灯片之后插入一张新幻灯片。

（2）可以把鼠标放在幻灯片窗格中右击，在弹出的快捷菜单中选择"新建幻灯片"命令，如图 6－12 所示。

图 6－12　"新建幻灯片"命令

（3）在浏览视图下插入。在需要插入的位置单击，此位置会显示一条"插入线"（图 6－13）。选择"开始"→"幻灯片"选项组，单击"新建幻灯片"命令，会在该位置插入一张新的幻灯片。

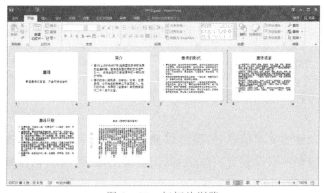

图 6－13　幻灯片浏览

3.幻灯片的移动和复制

幻灯片的移动和复制操作一般在幻灯片普通视图或浏览视图下进行。

选中需要移动或复制的幻灯片，若是在同一个演示文稿中进行操作，则用鼠标按住直接拖动即可（复制需要按住 Ctrl 键）；若是在不同演示文稿间进行操作，则使用剪切板，可以单击"开始"选项卡上的命令按钮，也可以通过右击打开的快捷菜单选择"剪切"（复制操作使用"复制"），然后在另外的文件中选择好插入位置，单击"粘贴"命令按钮。

4.幻灯片的删除

选中需要删除的幻灯片，按 Delete 键即可。

6.3　幻灯片对象的编辑及格式化

6.3.1　幻灯片的构成

幻灯片示例如图 6－14 所示，一张幻灯片包括以下内容。

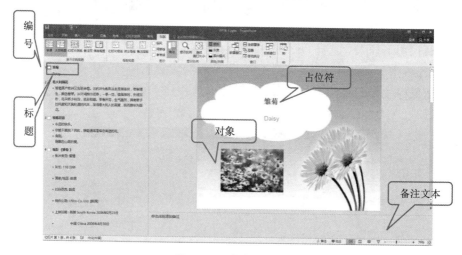

图 6－14　幻灯片示例

1.编号

幻灯片的编号即它的顺序号，决定它的排列次序。一般情况下，幻灯片的放映也是按编号的次序进行的。

2.标题

一般来说，每一张幻灯片都需要一个标题，它可以在大纲视图中作为幻灯片的名字显示出来，起提示该片主题的作用。另外，对幻灯片的链接和定位也是通过标题来进行的。

3.占位符

幻灯片上的标题、文本、图片、图表及其他对象在幻灯片上所占的位置称为占位符。占位符的大小和位置一般由幻灯片所用的版式确定。

4.对象

在幻灯片上除可以录入文本信息外，还可以插入图形、图片、艺术字、图表、表格、声音和视频剪辑等对象。可以根据需要设置它们的格式、出现时的动画、与其他位置的链接等效果。实际上，占位符也是一种对象。

5.备注文本

幻灯片的备注性文字在演示时不会放映出来,但是可以打印出来或在后台显示,作为演讲者的手稿,其编辑方法与 Word 中的文字编辑方法相同。

6.3.2　文本的编辑及格式化

1.编辑文本

在普通视图中,幻灯片中会出现"单击此处添加标题"或"单击此处添加副标题"等提示文本框,这种文本框统称为"文本占位符"。

在文本占位符中可以直接输入标题、文本等内容,除此之外,还可以利用文本框输入文本、符号及公式等(图 6-15)。

单击此处添加标题

单击此处添加副标题

图 6-15　文本占位符

在 PowerPoint 中,输入文本的方法如下。

(1)在文本占位符中输入文本。

在文本占位符中输入文本非常简单,在其上单击并输入文本即可。同时,输入的文本会自动替换文本占位符中的提示性文字,它是 PowerPoint 2016 最基本、最方便的一种输入方式。例如,在"单击标题处添加标题"的文本占位符中输入"勤能补拙",结果如图 6-16 所示。

(2)在"大纲"窗口中输入文本。

在"大纲"窗口中也可以直接输入文本,并且可以浏览所有幻灯片的内容。选择"大纲"选项卡下幻灯片图标后面的文字,直接输入新文本"爱拼才会赢",原文本占位符处的文字将被替换。替换后的效果如图 6-17 所示。

图 6-16　在"文本占位符"中输入文本

图 6-17　在"大纲"窗口中输入文本

(3)在文本框中输入文本。

幻灯片中文本占位符的位置是固定的。如果想在幻灯片的其他位置输入文本,可以首先绘制一个文本框,然后在文本框中输入文本。

2.文本的格式化

文本的格式设置可以针对占位符或文本框中的所有文本,也可以只针对其中选定的部分文本。

格式化的内容主要包括字体格式化和段落格式化。

(1)设置字体格式。

在文稿中输入文本后,可以设置喜欢的字体格式化,通过以下两种方法可以更改字体格式。

①选择要设置的文本,选择"开始"→"字体"选项组,设定文字的字体、字号、样式、颜色等。

②选择"开始"→"字体"选项组，单击右下角的"小箭头"按钮，打开"字体"对话框，从中对字体进行设置。

（2）设置对齐方式。

段落对齐包括左对齐、右对齐、居中对齐、两端对齐和分散对齐。

将光标定位在某个段落中，选择"开始"→"段落"选项组，单击"对齐方式"按钮，即可更改段落的对齐方式。

（3）设置缩进方式。

段落缩进指的是段落中的行相对于页面左边界或右边界的位置。段落缩进方式主要包括左缩进、右缩进、悬挂缩进和首行缩进等。

将光标定位在要设置的段落中，选择"开始"→"段落"选项组，单击右下角的"小箭头"按钮，如图6－18所示，在弹出的"段落"对话框中可以设定缩进的具体值（图6－19）。

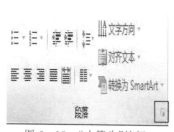

图6－18 "小箭头"按钮

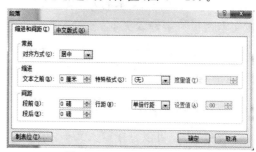

图6－19 "段落"对话框

（4）设置行距和段间距。

段间距包括段前距和段后距。段前距（段后距）指的是当前段与上一段（下一段）之间的间距；行距则是指段内各行之间的距离（图6－19）。

（5）分栏。

通常情况下，为展示更美观的文本显示方式，需要对段落设置分栏，也就是将文稿中的某段文本分成两栏、三栏或多栏等模式。

可以通过以下两种方法设置段落分栏。

①选择要分栏的段落，选择"开始"→"段落"选项组，单击"分栏"按钮，在下拉列表中选择栏数（图6－20）。

②选择要分栏的段落，单击单击"开始"→"段落"→"分栏"按钮下拉列表中的"更多栏"选项，在弹出的"分栏"对话框中进行更为细致的设定（图6－21）。

图6－20 "分栏"按钮

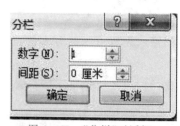

图6－21 "分栏"对话框

6.3.3　对象的插入及格式化

在 PowerPoint 幻灯片上插入对象,既是幻灯片表达信息的一种必要手段,也是丰富画面、增强演示感染力的有效方式。

幻灯片上的对象有图片、艺术字、图形、表格、图表、组织结构图、声音及视频剪辑等。插入方法是使用"插入"选项卡,然后选择对应的选项组。下面分别介绍下各种对象的插入。

1.插入对象

(1)插入图片。

图片的插入可以从"插入"→"图像"选项组进行。图片的格式有剪贴画和文件图片两种,使用方法与 Word 一样。

在 PowerPoint 2016 中插入图片的操作步骤具体如下。

①启动 PowerPoint 2016,新建一个空白幻灯片,选择"插入"→"图像"选项组,单击"图片"按钮(图 6—22)。

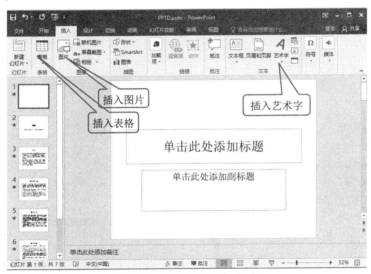

图 6—22　"空白幻灯片"版式

②弹出"插入图片"对话框(图 6—23),找到图片所在的位置,然后在下面的列表框中选择需要使用的图片。

③单击"插入"按钮即可在幻灯片中插入图片,插入后的效果图如图 6—24 所示。

图 6—23　效果图

图 6—24　效果图

（2）插入表格。

与文字相比，表格更能体现内容的对应性及内在的联系，适合用来表达比较性和逻辑性较强的主题内容。PowerPoint 2016 支持多种插入表格的方式，用户可以在幻灯片中直接插入表格。

①新建一空白演示文稿。

②打开"插入"选项卡，选择"插入"→"表格"选项组，单击"表格"按钮，在弹出的列表框中选择"插入表格"选项，如图 6－25 所示。

图 6－25　"插入表格"选项

③弹出"插入表格"对话框，在其中分别设置"列数"为 5、"行数"为 7（图 6－26）。

④单击鼠标左键拖曳表格的角点，调整表格大小和位置，表格效果图如图 6－27 所示。

图 6－26　"插入表格"对话框

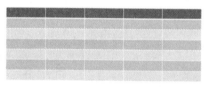

图 6－27　表格效果图

（3）插入艺术字。

在演示文稿中，适当地更改文字的外观，为文字添加艺术字效果，可以使文字看起来更加美观。利用 PowerPoint 2016 的艺术字功能插入艺术字，可以创建带阴影的、扭曲的、旋转的和拉伸的艺术字，也可以按预定义的形状创建文字。

添加艺术字的具体操作步骤如下。

①新建一个空白演示文稿。

②选择"插入"→"文本"选项组，单击"艺术字"按钮，在弹出的列表中选择"填充—金色，着色 4，软棱台"（图 6－28）。

③在文稿中即可自动插入一个艺术字框，调整艺术字框位置，并在"请在此处放置您的文字"处输入文字，如"天道酬勤"（图 6－29）。

图 6－28　艺术字样式　　　　　　　　　　　　图 6－29　输入文本

（4）插入影片和声音。

在制作幻灯片时，可以插入影片和声音。影片和声音的来源有多种，可以是 PowerPoint 2016 自带的影片或声音，也可以是用户在计算机中下载或者是自己制作的影片或声音。

①插入声音。

选择"插入"→"媒体"选项组，单击"声音"按钮，在打开的菜单中选择其中一种声音来源。

插入以后，在幻灯片的中央有一个声音图标，就是刚插入的声音对象，在编辑状态时，双击该图标就可以播放。幻灯片放映时，可选择自动播放或单击播放。

②插入视频。

与图形图像等静态对象不同，视频剪辑是可以放映的动态对象，恰当地使用可以得到更好的演示效果。

选择"插入"→"媒体"选项组，单击"视频"按钮，在打开的菜单中选择其中的一种视频来源，可以是剪辑管理器中的影片，也可以是外部的影片（图 6－30）。

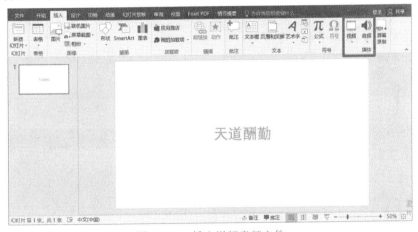

图 6－30　插入视频音频文件

插入后，幻灯片的中心位置显示出所插入的视频对象。在编辑状态时，双击该对象就可以播放。幻灯片放映时，可选择自动播放或单击播放。

（5）插入图表。

在幻灯片中插入图表，可以使幻灯片的内容更丰富。形象直观的图表与文字数据相比更容易让人理解，在幻灯片中插入图表可以使幻灯片的显示效果更加清晰。

在 PowerPoint 2016 中，可以插入幻灯片中的图表，包括柱形图、折线图、饼图、条形图、面积图、XY（散点）图、股价图、曲面图、圆环图、气泡图和雷达图。"插入图表"对话框中可以体现出图表的分类。

插入图表的具体操作步骤如下。

①启动 PowerPoint 2016，新建一空白幻灯片，选择"插入"→"插图"选项组，单击"图表"按钮，弹出"插入图表"对话框，如图 6－31 所示。

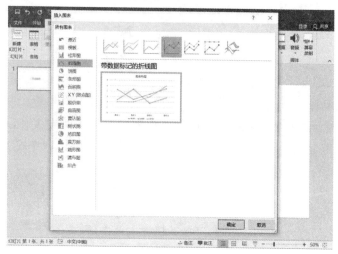

图 6－31　"插入图表"对话框

②在该对话框中选择"折线图"区域的"带数据标记的折线图"图样，然后单击"确定"按钮。

③弹出 Excel 2016 软件界面，根据提示可以输入所需要显示的数据（图 6－32）。

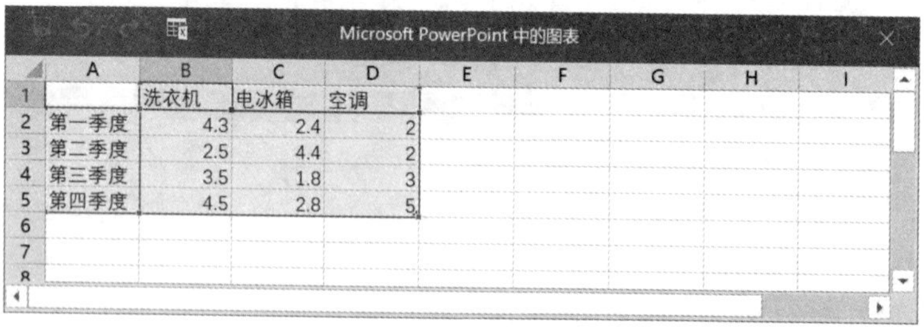

图 6－32　Excel 工作表

④输入完毕，关闭 Excel 表格即可插入一个图表，点击右侧"＋"即可对各项图标元素进行编辑（图 6－33）。

（6）对象的编辑和格式化。

①对象的编辑。

选中对象只需要单击即可，选中后，对象的四周会有 8 个空心的控制点，可以通过它们来改变大小。值得说明的是，文本框或占位符对象，选中时要单击框线的位置，这时对象被选中，文本中没有插入点光标。若是单击文本内容，则文本处于编辑状态，当中有插入点光标，这时是不

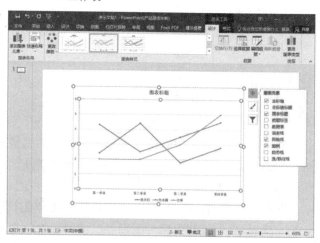

图 6－33　插入图表

能对对象进行操作的,它们的虚线边框也不相同。

对象的移动、复制、删除操作与 Word 中的同类操作相同。

②对象的格式化。

对象的格式化包括对象的边框线型及颜色、填充颜色和效果、对象的大小、位置等内容,可以通过格式对话框和相应的工具栏来实现。所有的操作与 Word 基本相同,可以参见第 4 章。

6.3.4　幻灯片的格式化

1.选择版式

幻灯片版式包含要在幻灯片上显示的全部内容的格式设置、位置和占位符。PowerPoint 2016 中包含标题幻灯片、标题和内容、节标题等 11 种内置幻灯片版式。

(1)在演示文稿中,选择"开始"→"幻灯片"选项组,单击"新建幻灯片"按钮,弹出图 6—34 所示的"版式"窗格,从中选择一张版式应用到新幻灯片上。

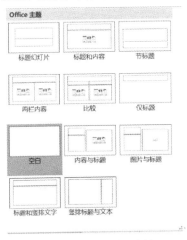

图 6—34　"版式"窗格

(2)在演示文稿中,选择"开始"→"幻灯片"选项组,单击"幻灯片版式"按钮,也可以弹出幻灯片版式列表。

(3)使用快捷菜单,选中更改版式的幻灯片,右击鼠标,在快捷菜单中选择"版式",然后打开级联菜单,显示"幻灯片版式"窗格,选择新的版式应用到当前幻灯片上。

需要注意的是,PowerPoint 2016 系统中每一种版式都有自己的名称,如"标题幻灯片""标题和文本""空白"等,根据需要选择即可。

2.应用设计模板

为使演示具有良好的效果,在设计时往往需要对演示文稿的所有幻灯片采用同样的外观风格。统一控制幻灯片外观的方法有四种:幻灯片版式、设计模板、配色方案和母版。PowerPoint 2016 自带的主题样式比较多,用户可以根据当前的需要选择其中的任意一种。

(1)使用 PowerPoint 2016 自带的模板设置主题的具体操作步骤如下。

①打开"pptd.pptx"幻灯片,选择需要设置颜色的幻灯片。

②单击"设计"→"主题"选项组右侧的下拉按钮,在打开的"主题"列表中可以选择更多的主题效果样式,所选择的主题模板将会直接应用于当前幻灯片(图 6—35)。

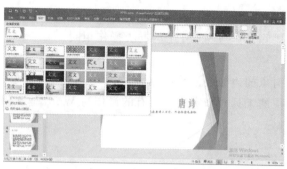

图 6－35　主题样式

（2）使用外部文件作为主题，仍然单击"设计"→"主题"选项组右侧的下拉按钮，在打开的"主题"列表中选择浏览主题按钮，单击"浏览主题"打开"选择主题或主题文档"对话框，在对话框中定位所需文件的位置。注意文件的类型为".potx"。

3.设置背景

（1）PowerPoint 2016 自带多种背景样式，用户可以根据需要选择使用，具体操作步骤如下。

①打开"项目状态报告.pptx"。

②选择幻灯片后，选择"设计"→"设置背景格式"，在弹出窗口中选择一种样式。

③所选的背景样式只应用于所选幻灯片，若所有幻灯片都需设置该背景，点击下方"全部应用"（图 6－36）。

图 6－36　应用背景样式

（2）设置背景格式。

例如，在"设置背景格式"选择"渐变填充"选项，"预设渐变"下拉列表中选择"渐色渐变—个性色 1"选项，然后单击"关闭"按钮，自定义的背景样式就会被应用到当前幻灯片（图 6－37）。

图 6－37　"设置背景格式"对话框

4.选择配色方案

除使用 PowerPoint 2016 自带的主题样式外,用户还可以自行搭配颜色、字体、效果和背景样式以满足需要,每种颜色的搭配都会产生不同的视觉效果,所选择的内容就会直接应用于文稿中的所有幻灯片(图 6－38)。

图 6－38　"新建主题颜色"选项

5.母版

幻灯片母版与幻灯片模板相似,使用幻灯片母版最重要的优点是在幻灯片母版、备注母版或讲义母版上均可以对与演示文稿关联的每个幻灯片、备注页或讲义的样式进行全局修改。

(1)幻灯片母版。

使用幻灯片母版,可以为幻灯片添加标题、文本、背景图片、颜色主题、动画,修改页眉、页脚等,快速制作出属于自己的幻灯片。可以将母版的背景设置为纯色、渐变或图片等效果。在母版中对占位符的位置、大小和字体格式进行更改后,会自动应用于所有的幻灯片。

在幻灯片母版中设置幻灯片背景和占位符的具体操作步骤如下。

①打开 Powerpoint 2016,选择"视图"→"母版视图"选项组,单击"幻灯片母版"按钮,功能区出现"幻灯片母版"选项卡,如图 6－39 所示。

图 6－39　"幻灯片母版"选项卡

②选择"幻灯片母版"→"背景"选项组,单击"背景样式"按钮,弹出"背景样式"列表,如图 6－40 所示。

③单击合适的背景样式,即可将其应用于所有幻灯片(图 6－41)。

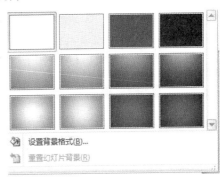

图 6－40　"背景样式"列表

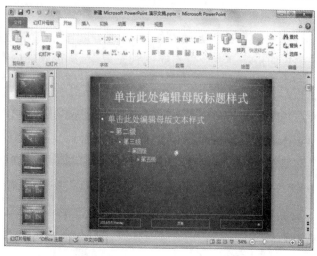

图 6—41　添加背景样式后的文稿

④单击要更改的占位符，当四周出现小节点时，可拖动四周的任意一个节点更改其大小（图 6—42）。

⑤选择"开始"→"字体"选项组，可以对占位符中的文本进行字体样式、字号和颜色的设置（图 6—43）。

图 6—42　调整文本占位符大小

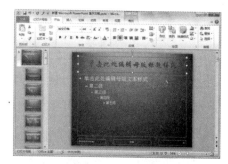

图 6—43　设置字体等

⑥选择"开始"→"段落"选项组，可以对占位符中的文本进行对齐方式的设置（图 6—44）。

图 6—44　设置段落对齐方式

⑦另外，在"幻灯片母版"选项卡中，还可以对幻灯片进行页面设置、编辑主题及插入幻灯片等操作（图 6—45）。

图 6—45　"幻灯片母版"选项卡

⑧设置完毕,选择"幻灯片母版"→"关闭"选项组,单击"关闭母版视图"按钮。提示:自定义母版时,其背景样式也可以设置为纯色填充、渐变填充、图片或纹理填充等效果。

(2)讲义母板。

讲义母版可以将多张幻灯片显示在一张幻灯片中,便于预览和打印输出。设置讲义母版的具体操作步骤如下。

①打开 PowerPoint 2016,选择"视图"→"母版视图"选项组,单击"讲义母版"按钮,功能区出现"讲义母版"选项卡,如图 6—46 所示。

图 6—46　"讲义母版"按钮

②选择"插入"→"文本"选项组,单击"页眉和页脚"按钮,在弹出的"页眉和页脚"对话框中单击"备注和讲义"选项卡,为当前讲义母版添加页眉和页脚,然后单击"全部应用"按钮(图 6—47)。

③新添加的页眉和页脚会显示在编辑窗口中(图 6—48)。

图 6—47　"页眉和页脚"对话框　　　　　　图 6—48　讲义母版

(3)备注母板。

备注母版主要用于显示幻灯片中的备注,可以是图片、图表或表格等。

设置备注母版的具体操作步骤如下。

①打开 PowerPoint 2016,选择"视图"→"母版视图"选项组,单击"备注母版"按钮,在功能区出现"备注母版"选项卡,如图 6—49 所示。

图 6—49　"备注母版"选项卡

②选择备注文本区的文本，在弹出的菜单中用户可以设置文字的字号、颜色和字体等。

③设置完成后，选择"备注母版"→"关闭母版视图"按钮，返回普通视图，在"备注"窗口中输入要备注的内容(图6－50)。

④输入完毕，选择"视图"→"演示文稿视图"选项组，单击"备注页"按钮，即可查看备注的内容及格式(图6－51)。

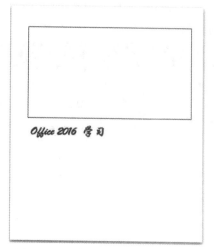

图6－50　"备注母版"中备注字体设置　　　　图6－51　"备注页"中备注字体效果

6.4　幻灯片放映效果的设置

对于一个演示文稿来说，除编辑幻灯片上的对象及设置幻灯片的外观样式外，为取得良好的放映效果，设置一些动态放映方式及链接方式也是必要的。在计算机上播放的演示文稿称为电子演示文稿，它将幻灯片直接显示在计算机的屏幕上。与实际演示文稿相比，它可以在幻灯片之间增加换页效果及设置幻灯片放映时的动画效果。

6.4.1　动画效果添加

动画用于给文本或对象添加特殊视觉或声音效果。在演示文稿中添加适当的动画效果，可以更好地吸引观众的注意力，大大地增加幻灯片的感染力。单击"动画"选项卡，显示图6－52所示的"添加动画"功能区。

图6－52　"添加动画"功能区

1."动画"选项组

选中图片或文字，再选择"动画"选项卡，可以对这个对象进行四种动画设置，分别是进入、强调、退出和动作路径。进入是指对象从无到有的过程；强调是指对象直接显示后再出现的动画效果；退出是指对象从有到无的过程；动作路径是指已有的或者自己绘制的运动路径。

"动作"选项卡中的一排绿色的图标是指常用的出现方式，用鼠标左键单击，点击左边的预览按钮可以查看效果，如果不满意，可以再单击别的方式进行更改。如果需要选择其他出现方式，可以选择"高级动画"选项组，单击"添加动画"按钮，弹出图6－53所示的"添加效果"菜单，选择需要的出现方式。其中，"效果选项"按钮可以设置对象的"上浮"或"下浮"效果。

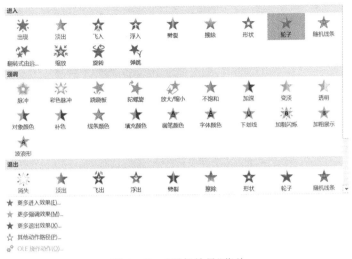

图 6—53　"添加效果"菜单

注：单击"动画"选项卡的右侧的向下三角按钮也可以打开图 6—54 所示的菜单。

2."高级动画"选项组

如果给一个对象添加多个动画，只能使用这个选项组。熟练应用可以把动画设计得非常绚丽。

①动画窗格。单击会出现所有的动画窗格；双击每一栏（或单击"下拉"菜单→"效果选项"）会出现动画的详细设计。对于不同的动画效果，各个设置会有所差别（图 6—54）。

②触发。给动画添加触发器，即只有鼠标单击某个设定的对象，动画才出现。

③动画刷。与格式刷类似，将某个对象的动画效果应用于另一个对象。

图 6—54　动画窗格

3."计时"选项组

开始时间选择默认为"单击时"，如果单击"开始"后的下拉选框，则会出现"与上一动画同时"和"上一动画之后"。顾名思义，如果选择"与上一动画同时"，那么此动画就会与同一张 PPT 中的前一个动画同时出现（包含过渡效果在内）；如果选择"上一动画之后"，就表示上一动画结束后再立即出现。如果有多个动画，建议选择后两种开始方式，这样对于幻灯片的总体时间比较好把握。

调整"持续时间"，可以改变动画出现的快慢；调整"延迟时间"，可以让动画在"延迟时间"设置的时间到达后才开始；点击"对动画进行重新排序"按钮，可以对动画出现的方向、序列等进行调整。

点击如图 6—55 所示的效果选项可以出现"效果"和"计时"选项卡。

图6-55　"效果"和"计时"选项卡

PowerPoint 2016动画方案设置的具体操作步骤如下。

(1)打开"ppt6-1.pptx"文件,点击第三张幻灯片,选择文本占位符中的文本(图6-56)。

(2)单击"动画",在弹出的下拉列表中"强调"动画组中选择"陀螺旋",设置后单击"预览"按钮,即可提前观看设置的动画效果(图6-57)。

图6-56　选择文本

图6-57　动画效果

在幻灯片中设置动画效果后,如果觉得不满意,用户还可以对其重新修改。

①打开"ppt6-1.pptx"文件,点击第三张幻灯片中的文本占位符,选择"动画"→"强调"选项组选择"陀螺旋",单击"动画窗格"按钮,弹出"动画窗格"菜单,如图6-58所示。

②在"动画窗格"中同时选中三个动画,用鼠标单击最右侧小三角,在弹出的快捷菜单中列出了可以设置的菜单命令,这里选择"从上一项开始"菜单命令(图6-59)。

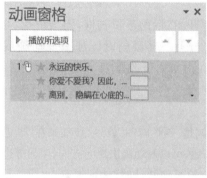

图6-58　"动画窗格"菜单

图6-59　"效果设置"菜单

③再次单击"效果选项"命令,弹出"陀螺旋"对话框,在"声音"下拉列表中选择"爆炸"(图 6—60)。选择"计时"选项卡,在"重复"下拉列表中选择"2",设置完成后,单击"确定"按钮(图 6—61)。

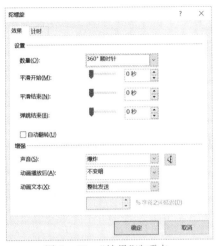

图 6—60　"效果"选项卡

图 6—61　"计时"选项卡

添加完动画效果之后,还可以调整动画的播放次序。

打开文件,选择"动画"→"高级动画"选项组,单击"动画窗格"按钮,弹出"动画窗格",选择"动画窗格"中需要调整顺序的动画,单击"重新排序"左侧或右侧的按钮调整即可。

PowerPoint 2016 提供了一些路径效果,可以使对象沿着路径展示其动画效果。选择要设定的对象,选择"动画"→"高级动画"选项组,单击"添加动画"按钮,在弹出的下拉列表中选择需要使用的路径(图 6—62)。

图 6—62　添加路径效果

路径动画可以让对象沿着一定的路径运动,PPT 提供了几十种路径。如果没有自己需要的,可以选择"自定义路径",选择"动画"选项卡,单击"向下翻页"按钮(图 6—63)。此时,鼠标指针变成一支铅笔，可以用这支铅笔绘制自己想要的动画路径。如果想要让绘制的路径更加完善，可以在路径的任一点上单击右键，选择"编辑顶点"，可以通过拖动线条上的每个顶点或线段上的任一点调节曲线的弯曲程度。

图 6－63 "自定义路径"按钮

6.4.2 幻灯片切换效果设置

切换效果是指从一张幻灯片移动到另一张幻灯片时屏幕显示的变化，用户可以根据情况设置不同的切换方案及切换速度。"切换"选项卡如图 6－64 所示。

(1)"切换到此幻灯片"。

由前一张切换到本张的动画效果，有很多的预设效果。右侧的"效果按钮"同样可以设置方位。

(2)"计时"选项卡。

可以设置声音和切换时间。

换片方式如下。

①单击时。

②设定自动换片时间。如果设定的时间小于该页动画时间，则在动画播放完后自动切换到下一页；如果大于动画时间，则在设定时间后自动切换到下一页。

图 6－64 "切换"选项卡

具体操作步骤如下。

①打开"ppt6－2.pptx"文件，选中第二张幻灯片。

②单击"切换"，在弹出的下拉类表中选择需要切换的效果，如华丽型中的"百叶窗"，"效果选项"里选择"水平"(图 6－65)，设置完后即可预览该效果。

图 6－65 "切换效果"设置

③重复上述操作，可为其他幻灯片设置不同的切换效果，如果需要把一种切换效果应用到所有幻灯片，需点击"切换"→"计时"→"全部应用"按钮。

④单击"切换"→"计时"→"声音"右侧的下三角按钮，在弹出的列表中选择一种声音。通过"持续时间"文本框右边的向上(向下)按钮可以调整幻灯片的持续时间。在"换片方式"中选择需要的换片方式，放映时就会自动应用到当前幻灯片中(图 6－66)。

6.4.3 动作设置与超链接设置

设置对象的动作及超级链接,在幻灯片放映时可以提供一个人机交互的途径,使演讲者可以根据自己的需要选择幻灯片的演示顺序或展示幻灯片的演示内容,可以在不同的幻灯

图 6-66 声音、速度和换片方式设置

片及演示文稿中实现跳转,或者与其他文件或网上资源进行连接。

1.设置动作按钮

动作按钮是一类带有动作设置的自选图形,它的表现形式及设置内容都与一般图形无异,但是可以为它设置鼠标单击或鼠标移过时的动作。

动作按钮的使用方法如下。

选择"插入"→"插图"选项组,单击"形状"按钮,打开的菜单中提供了 12 种不同形式的动作按钮(图 6-67)。也可以点击"格式"→"插入形状",点击下拉按钮,然后从打开的菜单中选择"动作按钮"选项。

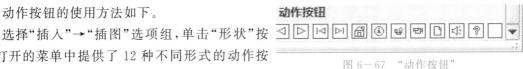

图 6-67 "动作按钮"

每一种按钮都有一个名字,鼠标在其上停留片刻会有一个标签弹出,提示该动作按钮的名称,也就是它的默认动作。选中一种动作按钮,在幻灯片上的合适位置画出图形,系统会自动弹出"动作设置"对话框,如图 6-68 所示。该对话框有两个选项卡,分别设置动作启动的方式:"单击鼠标"和"鼠标移过"。两种方式下动作内容都相同。

(1)超级链接到。选择"超级链接到"时,可以设置链接的目的位置,打开下拉列表,会看到目标位置主要有如下几种形式。

①当前演示文稿的某一张幻灯片。"下一张""上一张""第一张""最后一张""最近看过的一张""结束放映"或"幻灯片",通过"幻灯片"可以打开当前演示文稿的幻灯片列表,从中选择任意一张幻灯片。

图 6-68 "动作设置"对话框

②其他 PowerPoint 演示文稿。选择此项会打开演示文稿选择对话框,从中定位本机的其他演示文稿。

③其他文件。选择此项会打开文件选择对话框,从中定位本机的其他文件。

④URL。选择此项会打开"输入 URL"对话框,输入网址,放映时单击对象会自动启动浏览器显示链接的网页。

(2)运行程序。选择此项后,可在文本框中输入要运行的应用程序及其路径,也可以单击"浏览"按钮在对话框中选择程序。

(3)对象动作。当设置的是一个 OLE 对象时,可以设置它的动作。

除此之外,还可以设置是否播放声音及是否突出显示。

2. 为对象添加超链接

除为对象设置动作外，也可以为幻灯片上的其他对象设置动作，如文本、图片等。选中对象右击，在打开的快捷菜单中选择"超链接"选项，会打开图 6—69 所示的"插入超链接"对话框。与"动作设置"相比，只是设置方式不同，本质是一样的，都是设置当前幻灯片对象链接到其他位置或运行其他文件。可以是指向本演示文稿的其他幻灯片，也可以是指向另外的演示文稿；可以是指向本机的文件，也可以是指向与本机通过网络连接的其他计算机的文件。

图 6—69　"插入超链接"对话框

（1）本演示文稿内置的幻灯片。在"链接到"列表框中选择"本文档中的位置"，在右边的"请选择文档中的位置"选定某张幻灯片。

（2）其他文件。在"链接到"列表框中选择"现有文件或 Web 页"，在右边的"地址"文本框内输入文件路径及名称，或者单击"浏览文件"按钮，通过对话框定位文件。

（3）网络资源。在"链接到"列表框中选择"现有文件或 Web 页"，在右边的"地址"文本框内输入网页的 URL，或者单击"浏览 Web"按钮，通过浏览器定位网页。

（4）新文档。在"链接到"列表框选择"电子邮件地址"，在右边的"电子邮件地址"文本框中输入收件人的地址。放映时，单击幻灯片上的对象即可以发送电子邮件。

除以上的设置不同的链接位置外，还可以设置对象显示的文字及放映时的屏幕提示内容。

例 6—1　打开"ppt6—1.pptx"文件，将第四张幻灯片的"电影《雏菊》"文本框链接到 URL：http://www.baidu.com。

操作步骤如下。

（1）打开"ppt6—1.pptx"文件选中第四张幻灯片。

（2）选中"电影《雏菊》"文本框。选择该文本框与选择"电影《雏菊》"文本对象不同。前者在框线位置单击，选中后，框内没有光标，框线为点阵组成的虚框；后者按住鼠标在文字上拖动，选中后，文本呈蓝色反显，框线为斜线组成的虚框。

（3）对选中的文本框右击，在打开的快捷菜单中选择"超链接"，打开图 6—70。

图 6—70　设置超链接

(4)在"链接到"列表框中选择"现有文件或 Web 页",在下边的"地址"文本框内输入"http://www.baidu.com",超链接地址如图 6—71 所示,单击"确定"按钮。

图 6—71　超链接地址

(5)切换到幻灯片放映视图,查看效果,然后存盘退出。如果想删除已添加的动作或超链接,右击,在弹出的菜单中选择"取消超链接"即可。

6.4.4　幻灯片放映方式设置

在放映幻灯片之前,用户可以根据实际需要设置合适的放映方式。设置放映方式的具体操作方法为选择"幻灯片放映"→"设置"选项组,单击"设置幻灯片放映"按钮,打开"设置放映方式"对话框,如图 6—72 所示。根据需要对放映类型、换片方式、放映选项等进行相应的选择,单击"确定"按钮完成。

6.4.5　幻灯片放映

当所有准备工作完成后,用户可以放映幻灯片。

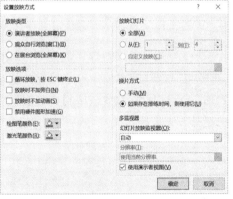

图 6—72　"设置放映方式"对话框

在 PowerPoint 2016 中,用户可以使用以下三种方法中的任一种来放映幻灯片。

(1)单击工作窗口右下角的"幻灯片放映"按钮。

(2)选择"幻灯片放映"→"开始放映幻灯片"选项组,单击"从头开始"或"从当前幻灯片开始"按钮。

(3)按 F5 键直接放映幻灯片。

例 6—2　打开 pptlt 文件夹下的"ppt6—2.pptx"文件,进行如下操作。要求如下。

（1）将第二张幻灯片分成两张幻灯片，操作后的结果样式如图6－74所示。

（2）在标题为"主要派别"的第四张幻灯片中，为右下角的文本"苏轼"添加超链接，链接到第八张幻灯片（标题为"水调歌头"）。

（3）为第五张幻灯片（标题为"雨霖铃"）中的文本占位符添加动画。

①效果：棋盘。方向：下。

②时间：上一动画之后1 s，持续时间0.5 s。

（4）设置除第一张以外其他所有幻灯片的背景。预设颜色：底部聚光灯—个性色1。方向：线性对角—左上到右下。

操作步骤如下。

（1）打开 pptlt 文件夹下的"ppt6－2.pptx"演示文稿，选中第二张幻灯片，使用组合键Ctrl＋C复制（或者使用选项组中的"剪贴板"中的"复制"，又或者使用右击鼠标弹出的快捷菜单中的"复制"），然后将光标定位到第二张幻灯片的后面，使用组合键 Ctrl＋V（或者使用选项组中的"剪贴板"中的"粘贴"，又或者使用右击鼠标弹出的快捷菜单中的"粘贴"），即插入一张和第二张内容完全相同的幻灯片。

（2）选中第二张幻灯片，删除文本"5.按词牌来源分……"之后的部分，设置字体的大小和行间距等；选中第三张幻灯片，删除文本"1.长短规模来分……4.按按创作风格分，大致可以分为婉约派和豪放派"，修改小标题"按词牌来源分"的标号为5，设置字体的大小和行间距等，这两张幻灯片的效果如图6－73所示。

图6－73　第二张幻灯片分成两张后的效果

（3）选择第四张幻灯片，选中右下角的文本"苏轼"，然后选择"插入"→"链接"选项组，单击"超链接"按钮（或者使用右击鼠标的快捷菜单中的"超链接"命令），弹出"插入超链接"对话框，如图6－74所示。在"链接到："列表框中选择"本文档的位置"，"请选择文档中的位置"列表框中选择"7.《水调歌头》"，然后单击"确定"按钮。

图6－74　"插入超链接"对话框

(4)选择第五张幻灯片,选中标题"雨铃霖"的文本占位符,选择"动画"→"高级动画"选项组,单击"添加动画"下拉菜单中的"更多进入效果"命令,弹出"更改进入效果"对话框,如图 6—75 所示,选择"基本型"中的"棋盘",单击"确定"按钮。然后选择"动画"→"动画"选项组,单击"效果选项"下拉菜单中的方向为"下";再选择"计时"选项组,设置"开始"为"上一动画之后",设置"延迟"为 01.00。

图 6—75　"更改进入效果"对话框

(5)选中第二～九张幻灯片,选择"设计"→"背景",单击右下角的"小箭头"按钮,弹出"设置背景格式"对话框,如图 6—76(a)所示,设置填充为"渐变填充"→"预设颜色"→"底部聚光灯—个性色 1","类型"为"线性",方向为"线性对角—左上到右下",如图 6—76(b)所示。然后单击"关闭"按钮。最后以原文件名保存。

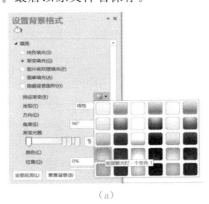

(a)　　　　　　　　　　　　　(b)

图 6—76　"设置背景格式"对话框

例 6—3　打开 pptlt 文件夹下的"ppt6—3.pptx"文件,进行如下操作。要求如下。

(1)为第一张幻灯片主标题添加动画。

①效果:自顶部飞入。

②开始:单击鼠标时,持续时间 1.5 s。

③播放后的效果:播放动画后隐藏。

为第一张幻灯片副标题添加动画。

①效果：自底部飞入。

②开始：上一动画之后，持续时间 1 s，延迟 1 s。

（2）为最后一张幻灯片中的图片添加超链接，链接到 http://www.chinanews.com。

（3）将第二张幻灯片和第三张幻灯片位置互换。

（4）在第五张幻灯片（标题：老龄问题）中的右下角添加动作按钮：前进或下一项。高 1 cm，宽 2.5 cm。鼠标单击时链接到下一张幻灯片。

（5）在演示文稿中应用 pptlt 文件夹中的设计模板"枫叶.potx"。

操作步骤如下。

（1）打开 pptlt 文件夹下的"ppt6－3.pptx"文件，选择第一种幻灯片，选中该幻灯片中的对应占位符，如图 6－77(a) 所示设置主标题动画。设置"飞入"的效果选项为"自顶部"，切换至"计时"选项，设置开始为"单击时"，持续时间 1.5 s，打开动画窗格找到效果选项，设置动画播放后为"播放动画后隐藏"，然后单击"确定"按钮。如图 6－77(b) 所示设置副标题动画。设置"飞入"的效果选项为"自底部"，切换至"计时"选项，设置开始为"上一动画之后"，持续时间 1 s，延迟 1 s，然后单击"确定"按钮。

（a）

（b）

图 6－77　主标题设置动画效果对话框和副标题设置动画效果对话框

（2）选择最后一张，选中图片，选择"插入"→"链接"选项组，单击"超链接"按钮（或者使用右击鼠标的快捷菜单中的"超链接"命令），弹出"插入超链接"对话框，如图 6－78 所示，在"链接到："列表框中选择"现有文件或网址"，在地址后面的文本框内输入文本"http://www.

chinanews.com",然后单击"确定"按钮。

图 6－78　插入超链接对话框

(3)选择第二张幻灯片,按住鼠标左键,向下拖动至第三张幻灯片之后,释放鼠标左键,第二张和第三张幻灯片交换位置。

(4)切换到第五张幻灯片,选择"插入"→"插图"选项组,单击"形状"下拉菜单中的"动作按钮"→"前进或下一项",鼠标变为"＋"字形状,在第五张幻灯片的右下角按下鼠标左键拖动至合适位置,弹出"操作设置"对话框,如图 6－79 所示,设置"单击鼠标时的动作"链接到"下一张幻灯片"。选中该动作按钮,选择"绘图工具格式"→"大小"选项组,设置高度为 1 cm,宽度为 2.5 cm。

(5)选择"设计"→"主题"选项组,单击选择"主题"右侧的下拉按钮,在打开的"主题"列表中选择"浏览主题"命令,打开"选择主题或主题文档"对话框,在对话框中定位所需文件的位置,找到 pptlt 文件夹下的模板"枫叶.potx",单击"应用"按钮,将模板"枫叶.potx"应用到该幻灯片中。最后以原文件名保存。

图 6－79　"操作设置"对话框

6.5　其他操作

6.5.1　演示文稿的导出

PowerPoint 2016 提供了文件导出功能,可以将演示文稿导出为 PDF 文档、视频或其他类型文件,以提供不同的使用方式。

1.创建 PDF 文档

可通过"文件"→"导出"或"另存为",将已编辑好 PPT 文档保存为不易修改的 PDF 文档(图 6－80)。

图 6－80　保存为 PDF 文档

2.创建视频文件

将演示文稿另存为可刻录光盘及发送到网络的视频文件，文件包含录制计时、旁白和激光笔痕迹、动画和切换效果。可以设置录制视频的质量及幻灯片切换时间（图6－81）。

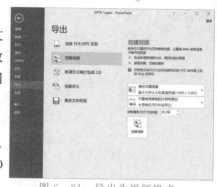

图6－81 导出为视频格式

3.打包为CD

演示文稿可以保存到本地文件夹，也可以保存到CD。如果要保存到CD，需要在CD驱动器中插入CD（图6－82）。

图6－82 "打包成CD"对话框

6.5.2 演示文稿的打印

大部分的演示文稿都设计成彩色，而打印的讲义以黑白居多。底纹填充和背景在屏幕上看起来很美观，但是打印出来的讲义可能会变得不易阅读。PowerPoint提供了黑白显示功能，以便用户在打印之前先预览打印的效果。

（1）选择"视图"→"颜色/灰度"选项组，单击"灰度"或"黑白模式"按钮（图6－83），可以看到一份黑白打印时幻灯片的灰度预览。

（2）选择"文件"→"打印"命令进行打印，可以设置幻灯片的打印版式和每页显示幻灯片的片数和顺序，最后单击"打印"按钮开始打印（图6－84）。

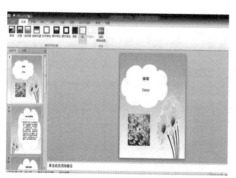

图6－83 "黑白模式"

图6－84 打印排版

第7章 Office 2016 综合应用

7.1 Word 与 Excel 资源共享

7.1.1 在 Word 文档中创建 Excel 表格

在 Word 文档中创建 Excel 表格会有诸多好处,如可以实现复杂的公式计算、可以在 Word 中直接编辑 Excel 表格等。

把鼠标定位到要插入电子表格的位置,选择"插入"→"表格"选项组,单击"表格"下拉菜单中的"Excel 电子表格",即会在当前位置插入有一个工作表的 Excel 表格。Word 文档中创建的 Excel 表格如图 7-1 所示。此时,功能区切换为编辑 Excel 电子表格的功能区工具(图 7-2),此时在 Word 文档中即可直接编辑 Excel 电子表格。根据需要拖动 Excel 对象四周的控点,可以调整 Excel 电子表格对象的大小。编辑完毕之后,可以在对象之外的位置单击鼠标,退出编辑状态,此时单击 Excel 对象,可以拖动改变其位置。双击该对象可以再次进入编辑状态。

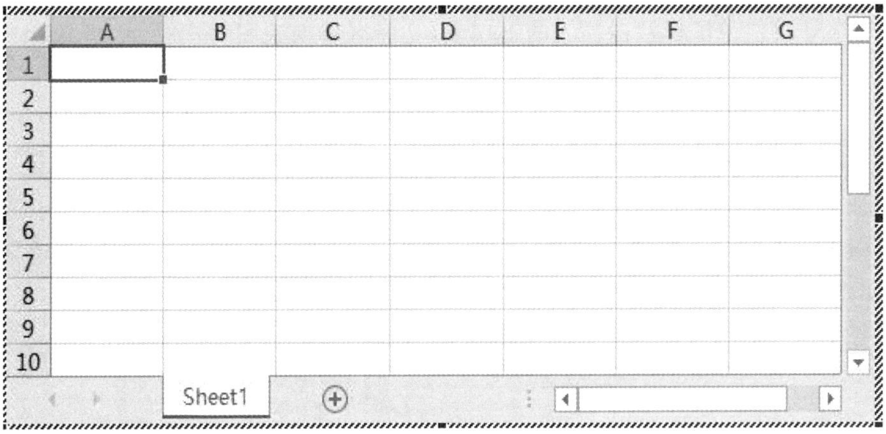

图 7-1 Word 文档中创建的 Excel 表格

图 7-2 Word 文档中插入 Excel 表格时的功能区

7.1.2 在 Word 中调用 Excel 表格

1.调用少量数据

(1)打开相应的 Excel 文件,鼠标选中需要调用的区域,单击鼠标右键,选择"复制"。

(2)切换到 Word 编辑窗口,鼠标定位到要插入工作表的位置,选择"开始"→"剪贴板"选项组,单击"粘贴"下拉菜单中的"选择性粘贴",弹出"选择性粘贴"对话框,如图 7-3 所示。

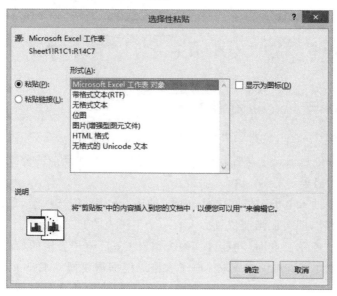

图 7－3　"选择性粘贴"对话框

（3）在对话框中选择"粘贴"和"Microsoft Excel 工作表对象"，单击"确定"按钮。

（4）在 Word 文件中鼠标双击插入的工作表，功能区切换到图 7－2 所示的 Excel 表格功能区，即可对 Excel 工作表直接进行编辑。

（5）若在"选择性粘贴"对话框中，选中"粘贴链接"，双击插入的表格对象时打开 Excel 文件，则该表格与源表格实现联动。

2.调用较多数据

（1）启动 Word，打开需要插入表格的文档，将鼠标定在插入表格处，选择"插入"→"文本"选项组，单击"对象"下拉菜单中的"对象"命令，弹出"对象"对话框，如图 7－4 所示。

图 7－4　"对象"对话框

（2）选择"由文件创建"选项，单击"浏览"按钮，找到要插入的 Excel 文件，单击"确定"按钮。

（3）在 Word 文档中鼠标双击插入的工作表，功能区切换到图 7－2 所示的 Excel 表格功能区，即可对 Excel 工作表直接进行编辑。

（4）若在"对象"对话框中选中了"链接到文件"，双击插入的表格对象时打开 Excel 文件，则实现表格与源表格的联动。

（5）如果 Excel 工作簿中有多个工作表，请先启动 Excel，打开相应的文件，将需要调用的工作表作为当前工作表，保存退出，再进行上述操作即可。

注意：使用上述方法插入到 Word 中的工作表，若实现表格与源表格的联动，当编辑源 Excel 表格中的数据后，在 Word 表格中右击鼠标，选择"更新链接"，即可把 Excel 中修改的数据更新到 Word 文档电子表格中。

当再次打开上述 Word 文档时，系统会弹出一个图 7－5 所示的"数据链接更新"对话框，可以根据实际需要确定是否进行相应的修改。

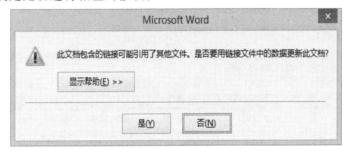

图 7－5 "数据链接更新"对话框

7.1.3 综合使用 Word、Excel 邮件合并

邮件合并功能非常强大，对一个主文档和一个包括变化信息的数据源使用"邮件合并"功能可以在主文档中插入变化的信息，合成一个包括变化信息的 Word 文档。使用"邮件合并"功能可以批量生成工资条、信封、明信片、准考证、成绩单等。下面通过使用"邮件合并"功能制作准考证来详细说明"邮件合并"的过程。

准考证内容大致相同，只是考生的个人信息有变化，如果一张一张人工完成，则既麻烦又易出错。使用"邮件合并"可以批量完成准考证的生成，减少很多重复工作。

例 7－1 使用"邮件合并"批量生成准考证。

操作步骤如下。

（1）创建"数据源"文件。新建一个 Excel 表格，存放考生信息，存放在 WdElPt 文件夹的例 7－1 子文件夹中，文件名为"例 7－1.xlsx"（图 7－6）。

图 7－6 "邮件合并"数据源

（2）创建主文档。新建 Word 文档，制作准考证模版，存放在 WdElPt 文件夹的例 7－1 子文件夹中，文件名为"例 7－1.docx"（图 7－7）。

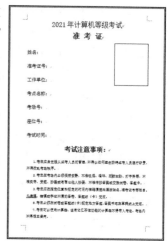

（3）在主文档界面，选择"邮件"→"开始邮件合并"选项组，单击"开始邮件合并"下拉菜单中的"信函"命令。

（4）选择"邮件"→"开始邮件合并"选项组，单击"选择收件人"下拉菜单中的"使用现有列表"命令，弹出"选择数据源"对话框，找到步骤（1）创建的"例 7－1.xlsx"文件，单击"打开"按钮，弹出"选择表格"对话框，选择需要的工作表，单击"确定"按钮。

（5）选择"邮件"→"开始邮件合并"选项组，单击 "邮件合并收件人"→"编辑收件人列表"命令，弹出"邮件合并收件人"对话框，根据需要选择或取消收件人（图 7－8），单击"确定"按钮。

图 7－7　"邮件合并"主文档

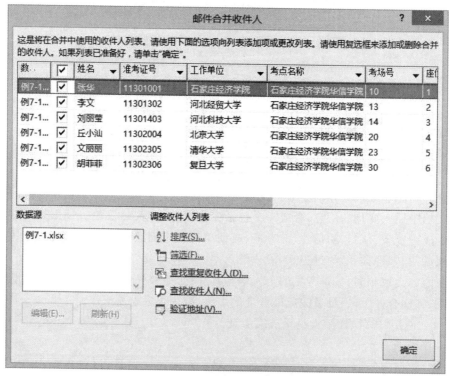

图 7－8　"邮件合并收件人"对话

（6）插入字段。将光标定位在要插入合并域的位置，选择"邮件"→"编写和插入域"选项组，单击"插入合并域"下拉菜单，对应选择要插入的字段。

（7）照片的插入。将光标定位到主文档照片的小表格里，选择"插入"→"文本"选项组，单击"文档部件"下拉菜单中的"域"，弹出"域"对话框，如图 7－9 所示。在"域名"中选择"IncludePicture"，在域属性"文件名或 URL"文本框中输入"1"（便于编辑域），单击"确定"按钮。选中刚刚插入的域，按组合键 Shift＋F9 切换为源代码方式（图 7－10），选中"1"，选择"邮件"→"编写和插入域"选项组，单击"插入合并域"下拉菜单中的"照片"。

图 7－9　"域"对话框

（8）选中插入的照片，按 F9 刷新，选择"邮件"→"完成"选项组，单击"完成并合并"下拉菜单中的"编辑单个文档"命令，弹出"合并到新文档"对话框。选择"全部"单选框（图 7－11）。单击"确定"按钮，按组合键 Ctrl＋A 全选，按 F9 刷新，生成多个准考证。若照片是同一人照片，可以保存生成的文档，关闭退出，然后重新打开，再次全选，按 F9 刷新，即可刷新照片。

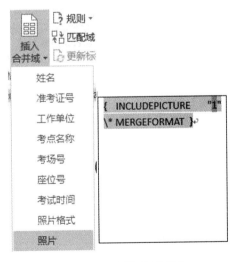

图 7－10　编辑"照片域"

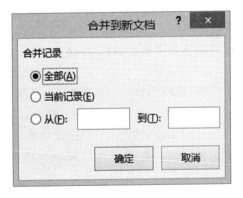

图 7－11　"合并到新文档"对话框

（9）生成的文档以文件名"准考证.docx"保存在例 7－1 文件夹下。生成的准考证效果图如图 7－12 所示。

图 7－12　生成的准考证效果图

　　注意：该题目也可以使用"邮件"→"开始邮件合并"→"开始邮件合并"下拉菜单中的"邮件合并分步向导"打开"邮件合并"任务窗格，在任务窗格中根据提示一步一步地完成。

7.1.4　在 Word 中插入 Excel 图表

　　在 Word 中插入一个 Excel 图表，可以增加文章的可读性，使说明简单明了。可以直接在 Word 中创建一个图表，也可以将 Excel 中现有的图表复制到 Word 中。

　　1.复制的方法

　　如果要插入的图表已经在 Excel 中制作完毕，可以直接在 Excel 中选中图表，然后右击鼠标，弹出快捷菜单，单击"复制"按钮，将光标定位到 Word 文档中要插入图表的位置，选择"开始"→"剪贴板"选项组，单击"粘贴"下拉菜单中的"选择性粘贴"命令，弹出"选择性粘贴"对话框，如图 7－13 所示。选中"粘贴"和"Microsoft Excel 图表对象"，单击"确定"按钮，将图表以对象的形式插入到 Word 文档中，双击该对象，功能区切换为 Excel 功能区的工具，可直接对图表和数据源进行编辑。若在该对话框中选中的是"粘贴链接"，则实现图表和 Excel 源文件的联动。

　　2.直接插入的方法

　　选择"插入"→"插图"选项组，单击"图表"按钮，弹出"插入图表"对话框，如图 7－14 所示，选择图表类型，单击"确定"按钮，Excel 2016 将自动运行并创建一个名为"Microsoft Office Word 中的图表"的工作表，该工作表中包含图表数据，将与 Word 同时保存。可以看到，Word

和 Excel 窗口显示在屏幕上(图 7—15)。同时,Excel 还为图表自动创建了一些数据。

图 7—13　"选择性粘贴"对话框　　　　图 7—14　"插入图表"对话框

对图表数据进行修改,并删除不需要的数据(图 7—15)。同时,拖动数据区域四周的蓝色方框右下角,调整数据区域的大小。

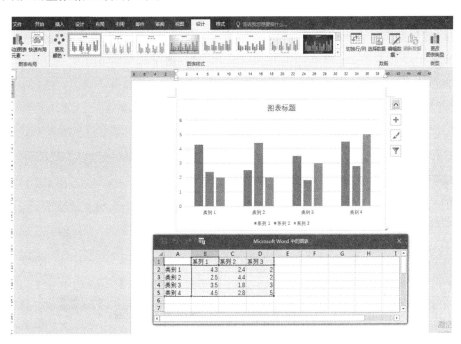

图 7—15　Word 中插入图表工作窗口

以后,如果要修改图表数据,可以单击"图表工具设计"→"数据"→"编辑数据",然后在 Excel 2016 中进行修改。

7.1.5　在 Excel 中嵌入 Word 内容

1.Word 表格复制到 Excel 表格中

鼠标选定 Word 文档中的表格,右击鼠标弹出快捷菜单,单击"复制"命令,然后切换到 Excel 电子表格中,将光标定位到要粘贴表格的地方,右击鼠标弹出快捷菜单,单击"粘贴"命令,将 Word 表格复制到 Excel 电子表格中进行表格的编辑。

2.将 Word 内容作为对象插入

鼠标选定 Word 文档的指定内容,右击鼠标,弹出快捷菜单,单击"复制"命令,然后选择"开始"→"剪贴板"选项组,单击"粘贴"下拉菜单中的"选择性粘贴"命令,弹出"选择性粘贴"对话框,如图 7－16 所示,选中"粘贴"单选框和"Microsoft Word 文档对象",单击"确定"按钮,所选 Word 内容即会作为一个对象插入到 Excel 文件中。双击插入的 Word 对象,功能区切换为 Word 功能区的工具,可以直接对 Word 文件进行编辑。

注意:用该方法插入的 Word 是作为一个对象存在的,不在任何一个单元格中。用鼠标拖动 Word 文档对象四周的控点,可以调整 Word 对象的大小;也可以将鼠标移动到边缘,通过拖动改变其位置。编辑完毕可以在对象之外的单元格上单

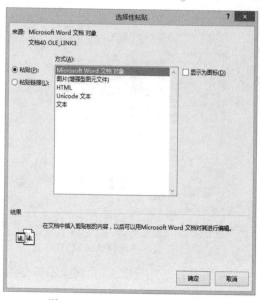

图 7－16 "选择性粘贴"对话框

击鼠标,退出编辑状态。此时如果单击 Word 文档对象,则会看到四周的控点变成圆形,可以像拖动绘图对象一样拖动 Word 对象的位置及改变其大小,操作起来非常方便。双击该对象可以再次进入编辑状态。

7.2 Word 与 PowerPoint 资源共享

7.2.1 在 Word 中调用 PowerPoint 演示文稿

在实际工作中,有时需要在 Word 中直接进行演示文稿的演示。在 Word 编辑窗口,将光标定位到要插入演示文稿的位置,选择"插入"→"文本"选项组,单击"对象"按钮,打开"对象"对话框,选择"由文件创建"选项,单击"浏览",在"浏览"窗口找到已经存在的演示文稿,再回到该对话框(图 7－17)。单击"确定"按钮,所选演示文稿即插入到 Word 文档,双击插入的对象即可放映该演示文稿。

注意:若在如图 7－17 的"对象"对话框中选择了"链接到文件",当源文件修改以后,在该对象上右击鼠标,弹出快捷菜单中单击"更新链接"命令,就会将修改更新到 Word 中。当再次打开

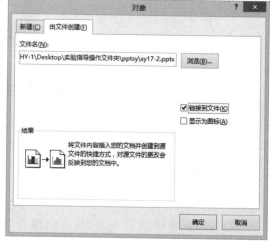

图 7－17 "对象"对话框

上述 Word 文档时,系统会弹出一个对话框(7.1.2 节中所述),可以根据实际需要决定是否进行相应的修改。

7.2.2 在 Word 中调用单页幻灯片

打开演示文稿,选中要调用的单页幻灯片,使用组合键 Ctrl＋C 复制。切换到 Word 编辑

窗口,将光标定位到要插入幻灯片的位置,选择"开始"→"剪贴板"选项组,单击"粘贴"下拉菜单中的"选择性粘贴",弹出"选择性粘贴"对话框,如图 7－18 所示。选择"粘贴"单选框和"Microsoft PowerPoint 幻灯片对象",单击"确定"按钮,将该张幻灯片插入到 Word 指定位置。双击该对象,功能区切换为演示文稿的功能区工具,可以对该幻灯片进行编辑。

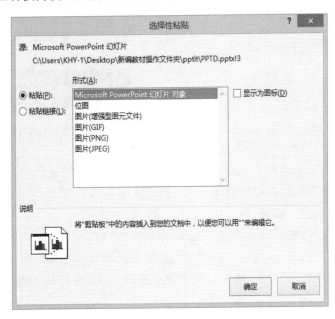

图 7－18 "选择性粘贴"对话框

　　注意:若在"选择性粘贴"对话框选择了"粘贴链接",当源文件修改以后,在该对象上右击鼠标,弹出快捷菜单中单击"更新链接"命令,就会将修改更新到 Word 中。当再次打开上述 Word 文档时,系统会弹出一个对话框(7.1.2 节中所述),可以根据实际需要决定是否进行相应的修改。

7.2.3 将 Word 文件转换为演示文稿

　　通常用 Word 来录入、编辑、打印材料,而有时需要将已经编辑、打印好的材料做成 PowerPoint 演示文稿,以供演示、讲座使用。在 PowerPoint 中重新录入既麻烦又浪费时间,如果在二者之间通过一块块地复制、粘贴,一张张地制成幻灯片,也比较费事。其实,可以利用 PowerPoint 的大纲视图快速完成 Word 到 PPT 文档的转换。

　　(1)将要转换为演示文稿的 Word 文档切换到大纲视图,可根据需要进行文本格式的设置,包括字体、字号、字型、字的颜色和对齐方式等,然后将光标定位到需要划分为下一张幻灯片处,直接按回车键,或者使用"样式"对要转换的文档进行更进一步的编辑。

　　(2)在快速启动访问栏上右击鼠标,弹出快捷菜单,单击"自定义快速访问工具栏"命令,弹出"Word 选项"对话框,如图 7－19 所示。在左侧导航栏中选择"快速访问工具栏",在"从下列位置选择命令"下拉框中选择"不在功能区中的命令",下面的列表框中选中"发送到 Microsoft PowerPoint"单击"添加"按钮,添加到自定义快速访问栏中,单击"确定"按钮,该命令就会添加在"快速访问工具栏"中(图 7－20)。

图 7-19　"Word 选项"对话框

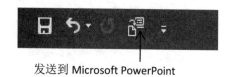

发送到 Microsoft PowerPoint

图 7-20　"快速访问工具栏"

（3）将光标定位到已经修改为大纲视图的文档中，鼠标单击"快速访问工具栏"中的"发送到 Microsoft PowerPoint"按钮，就可以将 Word 文档转换为演示文稿，此时切换到演示文稿窗口，可以进一步对演示文稿进行编辑。

注意：除上述方法外，也可以在 PowerPoint 中选择"开始"→"幻灯片"选项组，单击"新建幻灯片"下拉菜单中的"幻灯片（从大纲）命令"，弹出"插入大纲"的对话框，找到已经调整为大纲视图的 Word 文件，单击"确定"按钮，就可以将大纲视图的 Word 文档插入到演示文稿中。

7.2.4　将演示文稿转换为 Word 文档

如果是将 PowerPoint 演示文稿转换成 Word 文档，则同样可以利用"大纲"视图快速完成。方法是将光标定位在除第一张以外的其他幻灯片的开始处，按 BackSpace（退格键），重复多次，将所有的幻灯片合并为一张，然后全部选中，复制、粘贴到 Word 中即可。

7.2.5　在 Word 中创建 PPT 讲义

（1）在 PowerPoint 环境下，准备好 PPT 文档。

（2）选择文件选项卡，选择"选择"，选择"快速访问工具栏"，选择"不在功能区中的命令"，选择"在 Microsoft Word 中创建讲义"命令，选择"添加"按钮，点击"确定"相应命令显示在快速工具栏中（图 7-21）。

（3）单击"快速访问工具栏"中新增加的"使用 Microsoft Word 创建讲义"按钮，创建讲义的版式选择如图 7-22 所示。

图 7-21　设置"快速访问工具栏"

图 7-22　版式选择

7.3　Excel 与 PowerPoint 资源共享

7.3.1　在 PowerPoint 中使用 Excel 表格

制作演示文稿少不了要用到表格,而表格习惯用 Excel 制作,将制作好的 Excel 表格插入到幻灯片中即可。

1.插入少量数据

(1)打开相应的 Excel 文件,鼠标选中需要调用的区域,单击鼠标右键,选择"复制"。

(2)切换到演示文稿窗口,光标定位到要插入工作表的位置,单击"开始"→"粘贴"下拉菜单中的"选择性粘贴",弹出"选择性粘贴"对话框,如图7—23所示。

(3)在对话框中选择"粘贴"和"Microsoft Excel 工作表对象",单击"确定"按钮。

图 7—23　"选择性粘贴"对话框

(4)在演示文稿文件中鼠标双击插入的工作表,功能区切换到 Excel 表格功能区,即可对 Excel 工作表直接进行编辑。

(5)若在"选择性粘贴"对话框中选中了"粘贴链接",双击插入的表格对象时打开 Excel 文件,即可实现表格与源表格的联动。

2.调用较多数据

(1)启动演示文稿,打开需要插入表格的文档,将光标定位在插入表格处,选择"插入"→"文本"选项组,单击"对象"下拉菜单中的"对象"命令,弹出"插入对象"对话框,如图 7—24 所示。

(2)选项,单击"浏览"按钮,找到要插入的 Excel 文件,单击"确定"按钮。

(3)在演示文稿文件中鼠标双

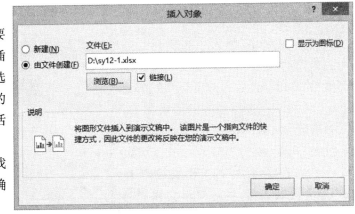

图 7—24　"插入对象"对话框

击插入的工作表,功能区切换到 Excel 表格功能区,即可对 Excel 工作表直接进行编辑。

(4)若在"插入对象"对话框中选中了"链接",双击插入的表格对象时,同时打开 Excel 文件,即可实现表格与源表格的联动。

使用上述方法插入到演示文稿中的工作表,若实现了联动,当编辑源 Excel 表格中的数据后,在演示文稿表格中右击鼠标;选择"更新链接",即可把 Excel 中修改的数据更新到演示文稿的电子表格中。

当再次打开上述演示文稿时，系统会弹出一个"是否更新链接"的对话框，可以根据实际需要决定是否进行相应的修改。

仿此操作，也可以将 Word 表格插入到 PPT 中。

7.3.2 在 PowerPoint 中使用 Excel 图表

PPT 中经常用到图表，如柱形图、圆饼图、折线图等，这些图就是基于一定的数据建立起来的，所以需要先建立数据表格然后才能生成图表。下面提供了两种建立和插入图表的方法，原理其实是一样的。

1.复制粘贴法

创建一个 Excel 文件，基于 Excel 文件中的数据插入图表，在图表上右击鼠标，弹出快捷菜单，单击"复制"，切换到演示文稿，将光标定位到要插入图表的位置，选择"开始"→"剪贴板"选项组，单击"粘贴"下拉菜单中的"选择性粘贴"，弹出"选择性粘贴"对话框，如图 7－25 所示，选中"粘贴"单选框和"Microsoft Office 图表对象"，单击"确定"按钮，将图表作为对象插入到演示文稿中。鼠标单击图表，功能区出现"图表工具"，可以对图表进行编辑。若在"选择性粘贴"对话框里选中了"粘贴链接"，双击插入的图表对象时会打开源演示文稿进行编辑。当再次打开该演示文稿时，会弹出对话框，询问是否更新链接，可以根据需要来进行选择。

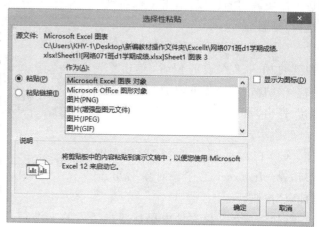

图 7－25 "选择性粘贴"对话框

2.直接插入图表

在演示文稿中，插入一张空白幻灯片，选择"插入"→"插图"选项组，单击"图表"按钮，弹出"插入图表"对话框，如图 7－26 所示。选择插入的图表类型，单击"确定"按钮，Excel 2016 将自动运行并创建一个名为"Microsoft Office PowerPoint 中的图表"的工作表，该工作表中包含图表数据，将与演示文稿同时保存。可以看到演示文稿和 Excel 窗口并排显示在屏幕上。同时，Excel 还为图表自动创建了一些数据。PPT 中插入图表后界面如图 7－27 所示。右边是演示文稿中的图表 Excel 表格，在这个表格中输入数据，这些数据就是用于建立图表的。一开始给出了一些默认的数据，这

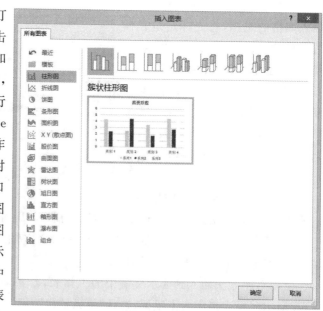

图 7－26 "插入图表"对话框

些数据都是没用的,修改这些数据,改成需要的图表,然后关闭 Excel,图表就自动创建了。使用功能区的"图表工具"可以对图表进行格式编辑。

若要修改 Excel 数据,选择"图表工具设计"→"数据"选项组,单击"编辑数据",界面就会切换出 Excel 电子表格,用来编辑数据。

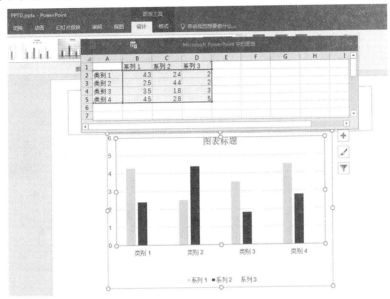

图 7-27　PPT 中插入图表后界面

7.4　Word、Excel、PowerPoint 综合举例

7.4.1　使用 Word、Excel 批量生成学生成绩单

1.使用 Word 创建主文档

"主文档"效果如图 7-28 所示。

科目	期末成绩	最高成绩	平均成绩
语文		90	72.5
数学		95	80.7
英语		98	77.3
计算机		96	80.2

图 7-28　"主文档"效果

(1)新建空白 Word 文档,输入"主文档"中标题,标题为宋体、二号字、加粗,水平居中。输入正文第一行文字"＿＿＿＿同学,期末考试成绩单",字体为宋体,四号字,然后选择"插入"→"表格"选项组,单击"表格"下拉菜单,插入一个五行四列的表格,表格水平居中。

(2)选中表格,右击鼠标,在弹出的快捷菜单中单击"表格属性"命令,打开"表格属性"设置对话框,设置行高均为固定值 1 cm,列宽为 2.8 cm。

(3)选中表格,选择"表格工具布局"→"对齐方式"选项组,单击"水平居中"工具,然后在表格中输入文字。

（4）选中表格，右击鼠标，在弹出的快捷菜单中单击"边框和底纹"命令，打开"边框和底纹"设置对话框，单击边框"自定义"设置外边框为 0.5 磅蓝色双线，内框为 0.5 磅蓝色实线（图 7－29(a)）。然后选中表格第一行，右击鼠标，在弹出的快捷菜单中选择"边框和底纹"命令，打开"边框和底纹"设置对话框，选择"底纹"选项，在"填充"下面的列表框中选择"黄色"（图 7－29(b)），单击"确定"按钮，同理设置第一列底纹为黄色。以文件名"7.4.1 主文档.docx"保存在 7.4.1 文件夹内。

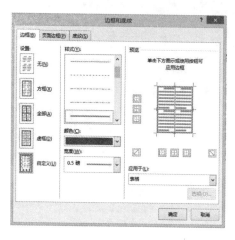 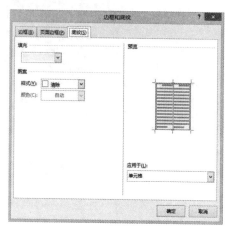

（a）　　　　　　　　　　　　　　　（b）

图 7－29　"边框和底纹"设置

2.创建数据源文件

"数据源"效果如图 7－30 所示。

	A	B	C	D	E	F
1	姓名	语文	数学	英语	计算机	
2	张华	74	95	70	96	
3	李文	90	78	80	78	
4	刘丽莹	85	80	54	88	
5	丘小汕	37	90	86	89	
6	文丽丽	89	56	98	60	
7	胡菲菲	60	85	76	70	

图 7－30　"数据源"效果

创建一个 Excel 电子表格，并输入图 7－30 所示数据，作为"邮件合并"的数据源，以文件名"7.4.1 数据源.xlsx"保存到 7.4.1 文件夹下。

3.开始邮件合并

（1）切换到 7.4.1 主文档，选择"邮件"→"开始邮件合并"选项组，单击"开始邮件合并"下拉菜单中的"信函"。单击"选择收件人"下拉菜单中"使用现有列表"，弹出"选择数据源"对话框，选择 7.4.1 文件夹下的"7.4.1 数据源.xlsx"文件，单击"打开"按钮，在弹出的"选择表格"对话框中选择"Sheet1 表"，单击"确定"按钮。

（2）在"开始邮件合并"选项组中单击"编辑收件人列表"按钮，弹出"编辑收件人"对话框，根据需要选择收件人，然后单击"确定"按钮（图 7－31）。

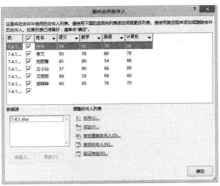

图 7−31　选择"邮件合并收件人"

（3）选择"邮件"→"编写和插入域"选项组，单击"插入合并域"下拉菜单，在表格的对应位置插入"姓名""语文""数学""英语""计算机"，"插入域"效果如图 7−32 所示。

（4）选择"邮件"→"完成"选项组，单击"完成并合并"下拉菜单中的"编辑单个文档"命令，弹出"合并到新文档"对话框，选中"全部"单选框，然后单击"确定"按钮，生成合并文档。

科目	期末成绩	最高成绩	平均成绩
语文	《语文》	90	72.5
数学	《数学》	95	80.7
英语	《英语》	98	77.3
计算机	《计算机》	96	80.2

图 7−32　"插入域"效果

（5）合并成的新文档包含了数据源里收件人所有人的成绩单，分多页显示，每页有一个成绩单；删除每页之间的分页符，在同一页可以显示多人成绩单，"7.4.1 邮件合并"效果如图 7−33 所示。

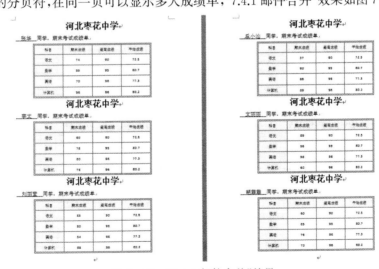

图 7−33　"7.4.1 邮件合并"效果

7.4.2　使用 Excel、PowerPoint 制作专题培训 PPT

1.使用 Excel 制作 PPT 所需要的数据

（1）新建一个空白 Excel 表格，表格中输入培训进度相关数据，并对其格式进行简单的设置。选中整个表格，右击鼠标，在弹出的快捷菜单中，设置列宽为 16 磅。然后选中 A1:B1 单元格，选择"开始"→"对齐方式"选项组，单击"合并及居中"按钮，在"字体"选项组中设置隶书，加粗，20 磅。

（2）选中列标题行（第二行），使用"字体"选项组设置隶书、16 磅，加粗。同理，选中 A3:A6

单元格设置为隶书,14 磅,加粗。选中 B3：B6 单元格,选择"开始"→"数字"选项组,单击"％"按钮。"7.4.2 Eexcel 数据"效果如图 7—34(a)所示。

(3)选中 A2：B6 单元格,选择"插入"→"图表"选项组,单击"折线图"下拉菜单中的"数据点折线图",生成图 7—34(b)所示的图表。最后做好的 Excel 文件以文件名 7.4.2Excel.xlsx 保存在 7.4.2 文件夹下。

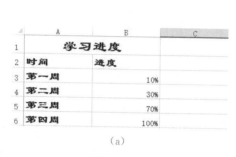
（a）

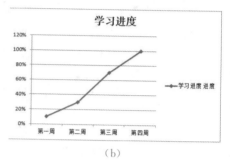
（b）

图 7—34　"7.4.2Excel 数据"效果和"7.4.2Excel 图表"效果

2.制作培训 PPT

要求：制作第一页(包括培训题目,主讲人)、最后一页(结束页)及学习计划页。

(1)新建一个名称为"7.4.2PPT.pptx"的一个空白幻灯片,选择"开始"→"幻灯片"选项组,单击"新建幻灯片"下拉菜单中的"标题幻灯片"。在"设计"→"主题"选项组中选择一个主题(图 7—35)。

(2)删除"单击此处添加标题"占位符,然后选择"插入"→"文本"选项组,单击"艺术字"下拉菜单,选中一种艺术字样式,输入"办公软件培训"。选择"开始"→"字体"选项组,设置字体为"华文隶书",字号 66 磅,选择"绘图工具格式"→"艺术字样式"选项组,单击"文本填充"下拉菜单,选择填充颜色为橙色。

(3)单击"单击此处添加副标题"占位符,并输入"培训人：康辉英",设置字体为"华文隶书",字号为 40,字体颜色为"金色,个性色 3,深色 25％",将该占位符调整合适大小,拖动到合适位置(图 7—36)。

图 7—35　"插入幻灯片主题"效果

图 7—36　"首页完成"效果

(4)制作学习计划页。选择"开始"→"幻灯片"选项组,单击"新建幻灯片"下拉菜单中的"标题和内容幻灯片"。单击"单击此处添加标题"占位符,输入"学习计划",选择"开始"→"字体"选项组,设置字体为"隶书",字号为 48,字体颜色为"深绿,个性色 2,深色 25％"。单击"单击此处添加文本"占位符,输入图 7—37 所示内容,然后设置字体为"隶书",字号为 36,字体颜色为"绿色,个性色 1,深色 25％"。

（5）制作学习进度页。插入一张"标题和内容"幻灯片，单击"单击此处添加标题"占位符，输入"学习进度"，设置字体为"隶书"，字号为 48，字体颜色为"深绿，个性色 2，深色 25％"。将制作好的学习进度图表粘贴到该页（图 7－38）。

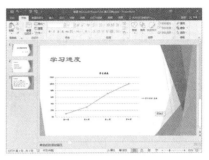

图 7－37　"学习计划页"效果　　　　图 7－38　"学习进度页"效果

（6）制作结束页。插入一张"空白幻灯片"，选择"插入"→"文本"选项组，单击"艺术字"下拉菜单，选择一种艺术字样式，输入"谢谢！"，设置字体为"华文行楷"，字号为 96。选择"绘图工具格式"→"艺术字样式"选项组，设置"文本填充"颜色为"绿色，个性色 1，淡色 60％"，文本边框颜色为"深绿，个性色 2，深色 25％"。选择"绘图工具格式"→"艺术字样式"选项组，单击"文字效果"下拉菜单中"映像"→"映像变体"第一种"紧密映像，接触"（图 7－39）。

图 7－39　"结束页"效果

（7）设置切换效果。选择"切换"→"切换到此幻灯片"选项组，选择"华丽型"中的"涟漪"，单击"效果选项"下拉菜单，选择"从左下部"，单击"全部应用"按钮，换片方式为"鼠标单击时换片"。最后以文件名"7.4.2PPT.pptx"保存到 7.4.2 文件夹下。

7.4.3　使用 Word 编辑文档，然后生成 PPT，再对 PPT 进行美化

（1）新建一个 Word 空白文档，输入相关文本内容，然后根据需要对文本内容进行编辑，切换到大纲视图。设置一级标题为宋体，红色，一号字；二级标题为隶书，黑色，小三号字。在每两部分之间插入"下一页分隔符"（图 7－40）。

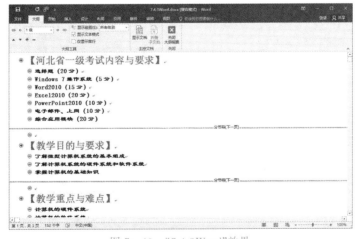

图 7－40　"7.4.3Word"效果

（2）自定义快速访问工具栏。在快速访问工具栏上右击鼠标，弹出快捷菜单，选中"自定义快速访问工具栏"命令，打开"Word 选项"对话框，在左侧导航栏中选中"快速访问工具栏"，在右侧工作区的"从下列位置选择命令"列表框中选择"不在功能区中的命令"，找到"发送到Microsoft PowerPoint"添加到快速访问工具栏。

（3）单击"快速访问工具栏"上的"发送到 Microsoft PowerPoint"命令，即生成图 7－41 所示的演示文稿。

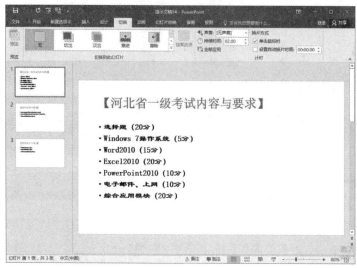

图 7－41　生成的演示文稿

（4）对转换成的演示文稿进行美化。选择"设计"→"主题"选项组，选择一种主题。选择"切换"→"切换到此幻灯片"选项组，单击"摩天轮"，效果选项为"自右侧"，单击"全部应用"按钮，换片方式设置为"单击鼠标时"。最后以"7.4.3PPT.pptx"的文件名保存在 7.4.3 文件夹中。"7.4.3PPT.pptx 演示文稿"效果如图 7－42 所示。

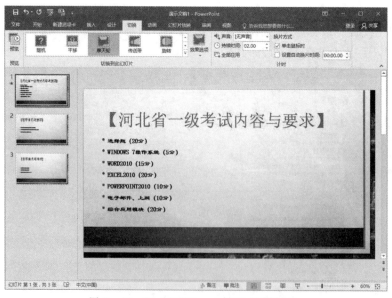

图 7－42　"7.4.3PPT.pptx 演示文稿"效果

7.4.4 使用 Word、Excel、PowerPoint 制作项目报告 PPT

1. 使用 Word 输入文本

（1）新建一个空白 Word 文档，输入报告提纲，"7.4.4Word.docx 文档"效果如图 7－43 所示，将视图切换到"大纲视图"，单击"大纲"，使用"大纲工具"设置好一级标题和二级标题。单击"开始"设置字体为隶书，一级标题字号为一号字，二级标题字号为二号字。最后一节的"谢谢!"设置为一级标题，华文行楷、初号字、红色。

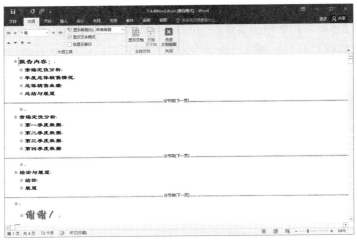

图 7－43 "7.4.4Word.docx 文档"效果

（2）分节。光标定位到要插入分隔符的位置，选择"页面布置"→"页面设置"选项组，单击"分隔符"下拉菜单，选择"分节符"→"下一页"。将文件以"7.4.4Word.docx"的文件名另存到 7.4.4 文件夹下。

2. Word 转换为 PPT 演示文稿

（1）继续编辑"7.4.4Word.docx"文档，单击"快速访问工具栏"中的"发送到 Microsoft PowerPoint"命令（7.4.3 详细讲解了自定义快速访问工具栏），生成一个演示文稿（图 7－44）。

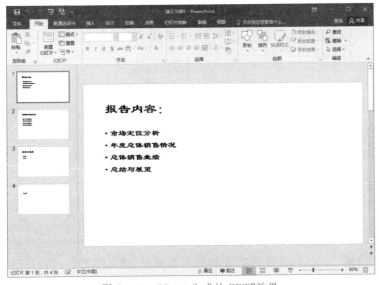

图 7－44 "7.4.4 生成的 PPT"效果

（2）选择"设计"→"主题"选项组，应用一个主题。将最后一页"单击此处添加文本"占位符删除，调整"谢谢"占位符大小，设置字号为96，用鼠标将其拖动到合适位置。

（3）光标定位第二张幻灯片后面，选择"开始"→"幻灯片"选项组，单击"新建幻灯片"下拉菜单，选中"标题和内容"。同理，再添加三张"标题和内容"版式的幻灯片。

3.在 PPT 演示文稿中直接插入 Excel 数据

（1）切换到第三张幻灯片，单击"单击此处添加标题"，输入文本"第一季度数据"，设置文本"左对齐"。

（2）光标定位在"单击此处添加文本"占位符中，单击"图表"按钮，弹出"插入图表"对话框，选择"柱形图"→"簇状柱形图"，单击"确定"按钮。打开一个名为"Microsoft PowerPoint 中的图表.xlsx"的电子表格，在该表格中输入第一季度数据（图 7－45）。

	A	B	C	D	E	F	G	H	I
1	销售产品	销售地点	单价	销量	销售总额				
2	洗衣机	国美	3200	120	384000				
3	液晶电视	苏宁	2000	200	400000				
4	冰箱	北国	2700	300	810000				
5	电脑	苏宁	7300	210	1533000				
6	空调	北国	4200	100	420000				
7	手机	北国	1800	300	540000				

图 7－45 "Microsoft PowerPoint 中的图表"效果

（3）切换到演示文稿界面，选中图标，选择"图表工具设计"→"数据"选项组，单击"选择数据"，打开"选择数据源"对话框，如图 7－46 所示。设置水平（分类轴）标签为 A2：A8 单元格，图例项（系列）为 E2：E8 单元格，设置完毕单击"确定"按钮。同理，设置第四到第六张幻灯片。

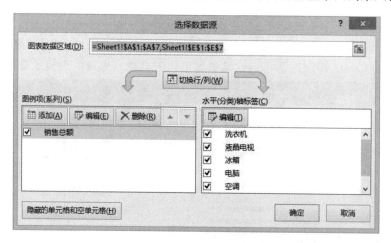

图 7－46 "选择数据源"对话框

（4）鼠标选中第二张幻灯片，选中文本"第一季度数据"，右击鼠标，在弹出的快捷菜单中单击"超链接"命令，弹出"插入超链接"对话框，如图 7－47 所示。"链接到"选择"本文档的位置"，然后在"请选择文档中的位置"中选择第三张幻灯片"第一季度数据"，单击"确定"按钮。同理，为第二张幻灯片的第二、三、四季度数据分别插入超链接，链接到相应的数据图表上。

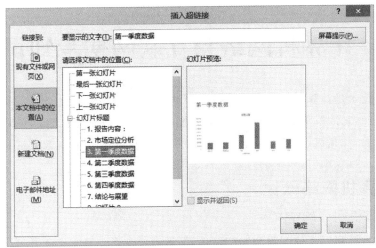

图 7-47　"插入超链接"对话框

（5）选中第一张幻灯片"标题占位符"，选择"动画"→"动画"选项组，单击"飞入"，效果选项设置为"自左侧"。鼠标选中"内容占位符"，选择"动画"→"随机线条"选项组，效果选项中"方向"设置为"水平"，"序列"设置为"按段落"。

（6）选择"切换"→"切换到此幻灯片"选项组，选中"溶解"，单击"全部应用"命令。最后文件以"7.4.4PPT.pptx"保存在 7.4.4 文件夹下。"7.4.4PPT.pptx"效果如图 7-48 所示。

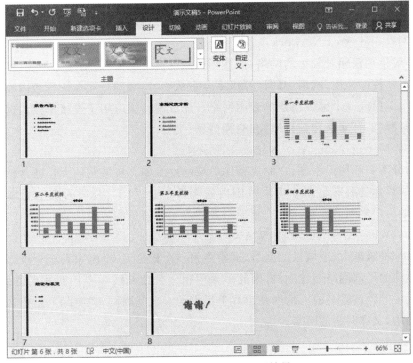

图 7-48　"7.4.4PPT.pptx"效果

第8章　计算机网络与互联网初步知识及应用

计算机网络技术是计算机技术和通信技术相结合的产物,它代表着当前计算机系统结构的一个重要发展方向,它的发展和应用正改变着人们的传统观念和生活方式,使信息的传递和交换更加快捷。目前,计算机网络在全世界范围内迅猛发展,网络应用逐渐渗透到各技术领域和社会的各个方面。可以预言,未来的计算机就是网络化的计算机。

8.1　计算机网络概述

8.1.1　计算机网络的定义

计算机网络是指利用通信线路和通信设备,把地理上分散并具有独立功能的多个计算机系统相互连接,按照网络协议进行数据通信,由功能完善的网络软件实现资源共享的计算机系统的集合。其建立的主要目的是实现资源(硬件、软件、信息)共享。

8.1.2　计算机网络的分类

由于计算机网络自身的特点,因此其分类方法有很多种,可以按网络的覆盖范围分类,可以按传输中的速率分类,也可以按不同的传输介质分类。下面介绍几种常用的分类方法。

1.按网络的规模或覆盖范围分类

根据网络连接的地理范围,可以将网络分为局域网、城域网和广域网。

(1)局域网(Local Area Network,LAN)。

局域网一般指规模相对较小的网络,即计算机硬件设备不大,通信线路不长(不超过几十千米,采用的是单一传输介质,网络中的计算机不分主从)。局域网一般在一栋楼内或一个校园内组网,属于一个部门或一个单位组建的专用网络。局域网常被应用于连接单位内部的计算机资源,以便共享资源(如打印机和数据库)和交换信息。

(2)城域网(Metropolitan Area Network,MAN)。

城域网的分类一般用得不多,它的规模比局域网要大些。城域网的大小通常覆盖一个地区或城市,设计的目标是要满足几十千米范围内的大量企业、机关、公司的多个局域网互联的需求,以实现大量用户之间的数据、语言、图形与视频等多种信息的传输功能。

(3)广域网(Wide Area Network,WAN)。

广域网是一种跨越大、地域性的网络,通常覆盖一个地区、一个国家乃至全世界。广域网通常是为连接不同的局部网络而建立的,因此多采用租用公用路线和专用路线的方式,如租用电话线、光纤、卫星等。最著名的因特网是世界上最大的全球互联网,它实际上是由许多物理网络互连而成的网络,又称网络的网络。

2.按通信速率分类

(1)低速网。

网络数据传输速率为 300 bit/s~1.4 Mbit/s,系统通常是使用调整解调器,利用公用电话网 PSTN 实现。广域网一般是低速网。

（2）中速网。

网络数据传输速率为 1.5～45 Mbit/s，这种系统主要是传统的数字式公用数据网。

（3）高速网。

网络数据传输速率为 50～1 000 Mbit/s。信息高速公路的数据传输速率将会更高，局域网是高速网。ATM 网的传输速率可以达到 2.5 Gbit/s。

3.传输介质分类

传输介质是指数据传输零碎中发送安置和接受安置间的物理媒体，按其物理外形可以划分为有线和无线两大类。

（1）有线网。

传输介质接纳有线介质连接的网络称为有线网，常用的有线传输介质有双绞线、同轴电缆和光导纤维。

①双绞线。

双绞线由两根绝缘金属线互相围绕纠缠而成，这样的一对线作为一条通信线路，由四对双绞线组成双绞线电缆。双绞线点到点的通信间隔一般不超出 100 m。目前，计算机网络上使用的双绞线按其传输速率分为三类线、五类线、六类线、七类线，传输速率为 10～600 Mbit/s，双绞线电缆的连接器一般为 RJ－45。

②同轴电缆。

同轴电缆由内、外两个导体组成，内导体可以由单股或多股线组成，外导体一般由金属编织网组成。内、外导体之间有尽缘质料，其阻抗为 50 Ω。同轴电缆分为粗缆和细缆，粗缆用 DB－15 连接器，细缆用 BNC 和 T 连接器。

③光缆。

光缆由两层折射率差别的质料组成。内层由具有高折射率的玻璃单根纤维体组成，外层包一层折射率较低的质料。光缆的传输方式分为单模传输和多模传输，单模传输优于多模传输。因此，光缆分为单模光缆和多模光缆，单模光缆传送间隔为几十雄里，多模光缆传送间隔为几雄里。光缆的传输速率可达到每秒几百兆位，使用 ST 或 SC 连接器。光缆的优点是不会遭到电磁的滋扰，传输的间隔也比电缆远，传输速率高。光缆的安置和维护相对困难，需要专用的设备。

（2）无线网。

接纳无线介质连接的网络称为无线网。目前无线网主要接纳三种技术：微波通信、红外线通信和激光通信。这三种技术都是以大气为介质的。其中，微波通信用处最广，目前的卫星网就是一种非凡的微波通信，它利用地球同步卫星作中继站来转发微波信号，一个同步卫星可以覆盖地球的三分之一以上，三个同步卫星就可以覆盖整个地球上的通信区域。

3.其他分类

（1）按网络协议分类。

按网络协议可以把计算机网络分为以太网（Ethernet）、令牌环网（Token Ring）、光纤分布式数据接口（Fiber Distributed Data Interface，FDDI）、X.25 分组交换网络、TCP/IP 网络、SNA 网络和异步传输模式等。

（2）按网络操作系统分类。

按网络操作系统可分为以下几种：Nover 公司的 Netware 网络、3COM 公司的 3＋Share 和

3＋OPEN 网络、Microsoft 公司的 LAN Manager 网络和 Windows NT/2000 网络、Banyan 公司的 VINES 网络、UNIX 网络等。

8.1.3　计算机网络的基本功能

计算机网络组建以后，应具有如下功能。

1. 数据通信

不同地区的网络用户可以通过计算机网络快速而又可靠地相互传输信息，这是计算机网络最基本的功能，也是实现其他功能的基础。用户可以通过网络传送电子邮件、聊天、购物、上传和下载文件等。

2. 资源共享

能够实现资源共享，这是计算机网络最突出的优点。入网用户可以共享网中数据、软件和硬件资源。网络中，可供共享的数据主要是网络中设置的各种专门数据库；可供共享的软件包括各种语言处理程序和各类应用程序；打印机、绘图仪、扫描仪等设备均可作为共享的硬件资源。

3. 负荷均衡和分布处理

负荷均衡是指网络中的负荷被均匀分配给网络中的各计算机系统。当某系统的负荷过重时，网络能自动地将该系统中的一部分负荷转移到负荷较轻的系统中去处理。

分布处理指把任务分散到网中的多台计算机上进行处理，由网络完成对多台计算机的协调工作。这样，以往需要大型计算机才能完成的复杂任务，可改为由多台微型机或小型机构的网络来协调完成，系统性能价格比明显提高。

4. 提高系统可靠性

可靠性对军事、银行、工业过程控制部分非常重要。有了计算机网络，当某台计算机出了故障时，可以使用网络中的另一台计算机，某条线路不通则可以取道另一条线路。

8.1.4　计算机网络的组成

计算机网络要完成数据处理和数据通信两个基本功能，因此计算机网络从逻辑功能上可以分为两个部分：资源子网和通信子网。

1. 资源子网

主机在通信子网支持下构成资源子网，负责全网络的数据处理和向网络用户提供资源及网络服务。资源子网是指通过适配器与网络相连的各计算机系统构成的整个网络共享的资源，包括硬件、软件等。

2. 通信子网

通信子网由通信控制处理机、通信线路和其他通信设备组成，负责完成全网络的数据传输和数据处理工作。

（1）通信控制处理机。

通信控制处理机是一种在数据通信系统和计算机网络中具有处理通信访问控制功能的专用计算机，在网络拓扑结构中被称为网络节点。它一方面作为与资源子网的主机、终端连接的接口，将主机的终端连入网内；另一方面又作为通信子网中的分组存储转发结点，完成分组的接收、校验、存储、转发等功能，实现将源主机报文准确发送到目的主机的作用。

（2）通信线路。

通信线路为通信控制处理机与通信控制处理机、通信控制处理机与主机之间提供通信信道。计算机网络采用了多种通信线路，如电话线、双绞线、同轴电缆、光纤电缆、无线通信信道、微波与卫星通信信道等。

8.2　协议和网络体系结构

8.2.1　计算机网络协议的概念

计算机网络是由多个互联的结点组成的,结点之间需要不断地交换数据和控制信息。要做到有条不紊地交换数据,每个结点都必须遵守一些事先约定好的规则,这些规则明确规定了所交换数据的格式和时序。这些为保证网络准确通信而制定的规则、约定与标准称为网络协议(Protocol)。网络协议主要由以下三个要素构成。

(1)语法。用户数据与控制信息的结构与格式。

(2)语义。需要发出何种控制信息,以及完成的动作与做出的响应。

(3)时序。对事件实现顺序的详细说明。

8.2.2　网络体系结构

计算机网络通常包含一组网络协议,把它们按层次结构进行组织,每个层次可以包含若干个协议,层和层之间定义了信息交互接口,某个层次中的协议既可以为上层协议提供服务,也可以使用下层协议提供的服务。计算机网络的各层及各层协议的集合称为网络的体系结构(Architecture)。换一种说法,计算机网络的体系结构就是这个计算机网络及其部件所应完成的功能的精确定义。

随着网络技术的发展与计算机网络的广泛应用,一些大的计算机公司纷纷开展了计算机网络研究与产品开发工作,同时也提出了各种网络体系结构与网络协议,如 IBM 公司的 SNA (System Network Architecture)、DEC 公司的 DNA(Digital Network Architeecture)等。但是,随着时间的推移,人们看到了计算机网络发展中出现的问题,即网络体系结构和协议标准的不统一,将会限制计算机网络自身的发展和应用。因此,网络体系结构与网络协议必须走国际标准化的道路。

经过多年的努力,国际化标准组织(International Organization for Standardization,ISO)正式制订了开放系统互联(Open System Interconnection,OSI)参考模型,即 ISO/IEC 7498 国际标准。该协议分为 7 层,OSI 模型的 7 层模型如图 8－1 所示。

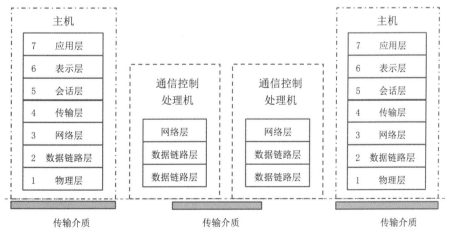

图 8－1　OSI 模型的 7 层模型

各层所规定的在通信过程中的功能如下。

1.物理层

物理层的主要功能是利用传输介质为数据链路层提供物理连接，负责处理数据传输率并监控数据出错率，以实现数据流的透明传输。

2.数据链路层

数据链路层的主要功能是在物理层提供的服务基础上，在通信的实体间建立数据链路连接，传输数据包，并采用差错控制和流量控制方法，使有差错的物理线路变成无差错的数据链路。在数据链路层，数据传输的基本单位是帧（Frame）。

3.网络层

网络层的主要功能是为数据在结点之间传输创建逻辑链路，通过路由选择算法为分组通信子网选择最适当的路径，以及实现拥塞控制、网络互联等功能。在网络层，数据传输的基本单位是分组（Packet）。

4.传输层

传输层的主要功能是向用户提供可靠的端到端（End－to－End）服务，处理数据包错误、数据包次序及其他一些关键传输问题。传输层向高层屏蔽了下层数据通信的细节。因此，它是计算机通信体系结构中关键的一层。在传输，层数据传输的基本单位是报文（Message）。

5.会话层

会话层的主要功能是负责维护两个结点之间的传输链接，以便确保点到点传输不中断，以及实现管理数据交换等功能。

6.表示层

表示层的主要功能是用于处理在两个通信系统中交换信息的表示方式，主要包括数据格式变换、数据加密与解密、数据压缩与恢复等功能。

7.应用层

应用层的主要功能是为应用软件提供文件服务器、数据库服务、电子邮件与其他网络软件服务。

8.3　局域网的基本知识

局域网技术是当前计算机网络研究应用的一个热点问题，也是目前技术发展最快的领域之一。它已在信息管理与信息服务领域中得到了广泛应用，应该重点学习与掌握。

8.3.1　局域网的特点

局域网是将小区域内的各种通信设备互联在一起的通信网络。局域网的主要特点归纳为以下几点。

（1）是一种数据通信网络。

（2）覆盖范围一般在几公里以内。

（3）采用专用的传输媒介来构成网路，传输速率为 1～100 Mbit/s 或更高。

（4）多台（一般在数十台到数百台之间）设备共享一个传输媒介。

（5）网络的布局比较规则，在单个 LAN 内部一般不存在交换节点与路由选择问题。

（6）拓扑结构主要为总线型和环型。

8.3.2　局域网的组成

局域网由网络硬件和网络软件两部分组成。网络硬件包括服务器、工作站、传输介质和网络连接部件等;网络软件包括网络操作系统、控制信息传输的网络协议及相应的协议软件、大量的网络应用软件等。图 8-2 所示为一种比较常见的局域网。

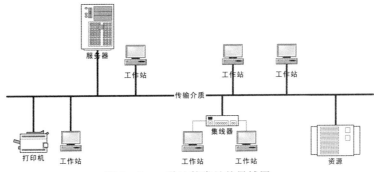

图 8-2　一种比较常见的局域网

服务器可分为文件服务器、打印服务器、通信服务器、数据库服务器等。文件服务器是局域网上最基本的服务器,用来管理局域网内的文件资源;打印服务器为用户提供网络共享打印服务;通信服务器主要负责本地局域网与其他局域网、主机系统或远程工作站的通信;而数据库服务器则是为用户提供数据库检索、更新等服务。

工作站(Workstation)又称客户机(Clients),可以是一般的个人计算机,也可以是专用电脑(如图形工作站等)。工作站可以有自己的操作系统,独立工作。通过运行工作站的网络软件可以访问服务器的共享资源,目前常见的工作站有 Windows 2000 工作站和 Linux 工作站。

工作站和服务器之间的连接通过传输介质和网络连接部件来实现。

网络连接部件主要包括网卡、中继器、交换机和集线器等(图 8-3)。

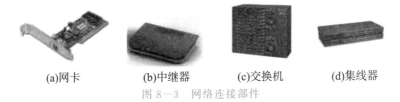

(a)网卡　　　(b)中继器　　　(c)交换机　　　(d)集线器

图 8-3　网络连接部件

网卡是工作站与网络的接口部件。它除作为工作站连接入网的物理接口外,还控制数据帧的发送和接收(相当于物理层和数据链路层功能)。

集线器又称 HUB,能够将多条线路的端点集中连接在一起。集线器可分为无源和有源两种。无源集线器只负责将多条线路连接在一起,不对信号做任何处理;有源集线器具有信号处理和信号放大功能。

交换机采用交换方式进行工作,能够将多条线路的端点集中连接在一起,并支持端口工作站之间的多个并发连接,实现多个工作站之间数据的并发传输,可以增加局域网带宽,改善局域网的性能和服务质量。与集线器不同的是,集线器多采用广播方式工作,接到同一集线器的所有工作站都共享同一速率,而接到同一交换机的所有工作站都独享同一速率(图 8-4)。

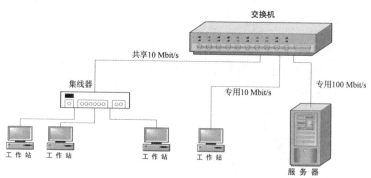

图 8-4　交换式以太网示例

除网络硬件外，网络软件也是局域网的一个重要组成部分。目前常见的网络操作系主要有 Netware、Unix、linux 和 Windows NT 几种。

8.3.3　局域网的主要拓扑结构

网络中的计算机等设备要实现互联，就需要以一定的结构方式进行连接，这种连接方式就称为拓扑结构。目前常见的网络拓扑结构主要有以下四大类。

（1）星型结构。

（2）环型结构。

（3）总线型结构。

（4）星型和总线型结合的复合型结构。

下面分别对这几种网络拓扑结构进行介绍。

1.星型结构

这种结构是目前在局域网中应用得最为普遍的一种，在企业网络中几乎都是采用这一方式。星型网络几乎是以太网网络专用，它是因网络中的各工作站节点设备通过一个网络集中设备（如集线器或者交换机）连接在一起，各节点呈星状分布而得名。这类网络目前用得最多的传输介质是双绞线，如常见的五类线、超五类双绞线等。

这种拓扑结构网络的基本特点主要有如下几点。

（1）容易实现。所采用的传输介质一般都是采用通用的双绞线，这种传输介质相对来说比较便宜。这种拓扑结构主要应用于 IEEE 802.2、IEEE 802.3 标准的以太局域网中。

（2）节点扩展、移动方便。节点扩展时只需要从集线器或交换机等集中设备中拉一条线即可，而要移动一个节点则只需要把相应节点设备移到新节点即可，不会像环型网络那样"牵其一而动全局"。

（3）维护容易。一个节点出现故障不会影响其他节点的连接，可任意拆走故障节点。

（4）采用广播信息传送方式。任何一个节点发送信息在整个网中的节点都可以收到，这在网络方面存在一定的隐患，但这在局域网中使用影响不大。

（5）网络传输数据快。这一点可以从目前最新的 1 000 Mbit/s～10 Gbit/s 以太网接入速度看出。

其实，星型结构的主要特点远不止这些，但因为后面还要具体讲一下各类网络接入设备，而网络的特点主要是受这些设备的特点来制约的，所以其他一些方面的特点在后面讲到相应网络设备时再补充。

2.环型结构

这种结构的网络形式主要应用于令牌网(Token Ring Network)中,在这种网络结构中各设备是直接通过电缆来串接的,最后形成一个闭环,整个网络发送的信息就是在这个环中传递,通常把这类网络称为令牌环网。

这种拓扑结构的网络主要有如下几个特点。

(1)这种网络结构一般仅适用于IEEE 802.5的令牌网,在这种网络中,令牌在环型连接中依次传递,所用的传输介质一般是同轴电缆。

(2)这种网络实现非常简单,投资最小。可以从其网络结构示意图中看出,组成这个网络的除各工作站外就是传输介质——同轴电缆,以及一些连接器材,没有价格昂贵的节点集中设备(如集线器和交换机)。但也正因如此,这种网络所能实现的功能最为简单,仅能当作一般的文件服务模式。

(3)传输速度较快。在令牌网中允许有16 Mbit/s的传输速度,它比普通的10 Mbit/s以太网要快许多。当然,随着以太网的广泛应用和以太网技术的发展,以太网的速度也得到了极大提高,目前普遍都能提供100 Mbit/s的网速,远比16 Mbit/s要高。

(4)维护困难。从其网络结构可以看到,整个网络各节点间直接串联,这样任何一个节点出了故障都会造成整个网络的中断、瘫痪,维护起来非常不便。另一方面,因为同轴电缆所采用的是插针式的接触方式,所以非常容易造成接触不良、网络中断,而且这样查找起来非常困难,这一点相信维护过这种网络的人都会深有体会。

(5)扩展性能差。也是它的环型结构决定了它的扩展性能远不如星型结构的好,如果要新添加或移动节点,就必须中断整个网络,在环的两端做好连接器才能连接。

3.总线型结构

这种网络拓扑结构中所有设备都直接与总线相连,它所采用的介质一般也是同轴电缆(包括粗缆和细缆),不过现在也有采用光缆作为总线型传输介质的,如后面将要讲的ATM网、Cable Modem所采用的网络等都属于总线型网络结构。

这种结构具有以下几个方面的特点。

(1)组网费用低。从示意图可以看出这样的结构根本不需要另外的互联设备,直接通过一条总线进行连接,所以组网费用较低。

(2)因为各节点是共用总线带宽的,所以在传输速度上会随着接入网络的用户的增多而下降。

(3)网络用户扩展较灵活。需要扩展用户时只需要添加一个接线器即可,但所能连接的用户数量有限。

(4)维护较容易。单个节点失效不影响整个网络的正常通信。但是如果总线断了,那么整个网络或者相应主干网段就断了。

(5)这种网络拓扑结构的缺点是一次只能支持一个端用户发送数据,其他端用户必须等待到获得发送权。

4.复合型结构

这种网络拓扑结构是由前面所讲的星型结构和总线型结构的网络结合在一起的网络结构,这样的拓扑结构更能满足较大网络的拓展,解决星型网络在传输距离上的局限,同时又解决了总线型网络在连接用户数量的限制。这种网络拓扑结构兼顾了星型网络与总线型网络的优点，在缺点方面得到了一定的弥补。

这种网络拓扑结构主要用于较大型的局域网中。如果一个单位有几栋在地理位置上分布较远(当然是同一小区中)，则若单纯用星型网来组整个公司的局域网，会因受到星型网传输介质——双绞线的单段传输距离(100 m)的限制而很难成功；如果单纯采用总线型结构来布线，则很难承受公司的计算机网络规模的需求。结合这两种拓扑结构，在同一栋楼层采用双绞线的星型结构，不同楼层采用同轴电缆的总线型结构，而在楼与楼之间也必须采用总线型。传输介质要视楼与楼之间的距离而定。如果距离较近(500 m 以内)，可以采用粗同轴电缆来做传输介质，如果在 180 m 之内，还可以采用细同轴电缆来做传输介质；但是如果超过 500 m，那么只有采用光缆或者粗缆加中继器。这种布线方式就是常见的综合布线方式。这种拓扑结构主要有以下几个方面的特点。

(1)应用相当广泛。这主要是因为它解决了星型和总线型拓扑结构的不足，满足了大公司组网的实际需求。

(2)扩展相当灵活。这主要是继承了星型拓扑结构的优点。但由于仍采用广播式的消息传送方式，因此在总线长度和节点数量上也会受到限制，不过在局域网中不存在太大的问题。

(3)同样，具有总线型网络结构的网络速率会随着用户的增多而下降的弱点。

(4)较难维护。这主要受到总线型网络拓扑结构的制约。如果总线断，则整个网络也就瘫痪了；但是如果是分支网段出了故障，则仍不影响整个网络的正常运作。同时，整个网络非常复杂，维护起来不容易。

(5)速度较快。因为其骨干网采用高速的同轴电缆或光缆，所以整个网络在速度上应不受太多的限制。

8.3.4 局域网组网的常用技术

过去几十年，计算机的处理速度提高了百万倍，但网络速率只提高了上千倍，因此网络速率成为整个系统的瓶颈，急需提高。从用户的角度来看，新的应用不断出现，如分布式计算、多媒体应用等，这些应用都要求更高的网络带宽和速率。高速局域网的出现从技术上解决这些问题。一般而言，速率达到或超过 100 Mbit/s 的局域网称为高速局域网。下面介绍几种高速局域网技术。

1.交换式以太网

交换式以太网的工作原理是检测从以太网端口来的数据包的源和目的地的 MAC(介质访问层)地址，然后与系统内部的动态检查表进行比较。若数据包的 MAC 层地址不在查找表中，则将该地址加入查找表，并将数据包发送给相应的目的端口。

交换式以太网不需要改变网络其他的硬件，包括电缆和用户的网卡，仅需要交换式交换机改变共享式集线器，节省了用户网络升级的费用，可在高速与低速网络间转换，实现不同网络的协调，每个端口可以独占 10/100 Mbit/s 带宽。

2.光纤网和 FDDI 标准

光纤分布式数据接口标准是由 ANSI X3T9.5 委员会负责制定的。该标准规定了 1 个100 Mbit/s光纤环形局域网的介质访问控制(MAC)协议和物理层规范。高速光纤网的介质访问方式与 IEEE 802.5 标准中对应部分类似，但 FDDI 采用了多个数据帧的访问方式，提高了信道的利用率。

3.异步传输模式

异步传输模式(Asynchronous Transfer Mode,ATM)技术是新一代的数据传输与分组交换技术,是当今世界网络技术研究与应用的热点问题。ATM 是一种面向连接的技术,各类信息均采用小的、固定长度的数据传输单元——信元为单位进行传送。ATM 能够支持多媒体通信。ATM 以统计时分多路复用方式动态分配网络,网络传输延迟小,适应实时通信的要求。ATM 没有链路对链路的纠错与流量控制,协议简单,数据交换率高。ATM 的数据传输率在155 Mbit/s~2.4 Gbit/s 范围内。

4.快速以太网

100 Mbit/s 快速以太网(Fast Ethernet)是基于 10BASET 和 10BASEF 技术发展的传输网络达到 100 Mbit/s 的局域网。快速以太网技术与产品推出后,迅速获得广泛应用,目前几乎所有的局域网技术中均采用了快速以太网产品。同样,它既有共享型集线器组成的共享型快速以太网系统,又有快速以太网交换器构成交换型以太网系统。在 100BASEFX 使用光缆作为介质的环境中,又充分发挥了全双工以太网技术的优势。10/100 Mbit/s 自适应的特点保证了10 Mbit/s 系统平滑地过渡到 100 Mbit/s 以太网系统。

5.吉比特高速以太网

1 Gbit/s 以太网技术及其产品的出现正是适应局域网从 10/100 Mbit/s 升级的潮流,它的优势如下。

(1)使系统主干或者客户访问服务器的速度大大提高。

(2)技术过渡平滑,用户的培训和维护方面的技术投资得到有效保护。

(3)升级投资降到最低限度,即花了最少的再投资,能获得高性能的回报。

(4)不需要再花过多的精力去学习新的协议和技术。升级使用户没有感到技术上有难度和风险。

1 Gbit/s 以太网是 10/100 Mbit/s 以太网的自然"进化",它不仅使系统增加了带宽,而且还带来了服务质量的功能,这一切都是在低开销的条件下实现的,它在未来的成功都不会出人意料。

8.4　互联网的基本概念与接入方式

8.4.1　互联网的发展与基本概念

互联网(Internet)又称国际计算机网络,是目前世界上影响最大的国际计算机网络。其准确的描述为:互联网是一个网络中的网络,它以 TCP/IP 网络协议将各种不同类型、不同规模、位于不同地理位置的物理网络连接成一个整体,它也是一个国际性的通信网络集合体,融合了现代通信技术和现代计算机技术,集各部门、领域的各种信息资源为一体,从而构成网上用户共享的信息资源网。

互联网最早来源于 1969 年美国国防部高级研究计划局(Defense Advanced Research Projects Agenc,DARPA)的前身 ARPA 建立的 ARPAnet,最初的 ARPAnet 主要用于军事研究目的。1972 年,ARPAnet 首次与公众见面,并成为现代计算机网络诞生的标志。ARPAnet在技术上的另一重大贡献是 TCP/IP 协议族的开发和使用,ARPAnet 试验并奠定了互联网存在和发展的基础，较好地解决了异种计算机之间互联的一系列理论和技术问题。

同时，局域网和其他广域网的产生和发展对互联网的进一步发展起了重要作用。其中，最有影响的就是美国国家科学基金会（National Science Foundation，NSF）建立的美国国家科学基金网 NSFnet，它于 1990 年 6 月彻底取代了 ARPAnet 成为因特网的主干网，但 NSFnet 对互联网的最大贡献是使互联网向全社会开放。随着网上通信量的迅猛增长，1990 年 9 月，由 Merit、IBM 和 MCI 公司联合建立了先进网络与科学公司 ANS（Advanced Network ＆ Science，Inc），其目的是建立一个全美范围的 T3 级主干网，能以 45 Mbit/s 的速率传送数据，相当于每秒传送 1 400 页文本信息。到 1991 年底，NSFnet 的全部主干网都已同 ANS 提供的 T3 级主干网相通。

近十年来，随着社会科技、文化和经济的发展，特别是计算机网络技术和通信技术的大发展，人类社会从工业社会向信息社会过渡的趋势越来越明显，人们对信息的意识、对开发和使用信息资源的重视越来越加强，这些都强烈刺激了 ARPAnet 和 NSFnet 的发展，连入这两个网络的主机和用户数目急剧增加。1988 年，由 NSFnet 连接的计算机数猛增到 56 000 台，此后每年更以 2～3 倍的惊人速度向前发展。1994 年，Internet 上的主机数目达到了 320 万台，连接了世界上的 35 000 个计算机网络，Internet 上已经拥有了 5 000 多万个用户，每月仍以 10％～15％的数目增长。专家曾预测，到 1998 年，Internet 上的用户将突破 1 亿，到 2000 年，全世界将有 100 多万个网络、1 亿台主机和超过 10 亿的用户。

2000 年下半年，中国电信利用 $n\times10$ Gbit/s DWDM 和千兆位路由器技术，对 ChinaNet 进行了大规模扩容。目前，ChinaNet 网络节点间的路由中继由 155 Mbit/s 提升到 2.5 Gbit/s，提速 16 倍。到 2000 年底，ChinaNet 国内总带宽已达 800 Gbit/s。到 2001 年 3 月，国际出口总带宽突破 3 Gbit/s。

互联网在我国的发展历程可以大略地划分为三个阶段。

①第一阶段为 1986 年 6 月—1993 年 3 月，是研究试验阶段（E－mail Only）。在此期间，我国一些科研部门和高等院校开始研究 Internet 联网技术，并开展了科研课题和科技合作工作。这个阶段的网络应用仅限于小范围内的电子邮件服务，而且仅为少数高等院校、研究机构提供电子邮件服务。

②第二阶段为 1994 年 4 月—1996 年，是起步阶段（Full Function Connection）。1994 年 4 月，中关村地区教育与科研示范网络工程进入互联网，实现与 Internet 的 TCP/IP 连接，开通了 Internet 全功能服务。从此，中国被国际上正式承认为有互联网的国家。随后，ChinaNet、CERnet、CSTnet、ChinaGBnet 等多个互联网络项目在全国范围相继启动，互联网开始进入公众生活，并在国得到了迅速的发展。1996 年底，中国互联网用户数已达 20 万，利用互联网开展的业务与应用逐步增多。

③第三阶段为 1997 年至今，是快速增长阶段。国内互联网用户数 1997 年以后基本保持每半年翻一番的增长速度。增长到今天，上网用户已超过 2 000 万。据中国互联网络信息中心（China Internet Network Information Center，CNNIC）公布的统计报告显示，截止到 2001 年 6 月 30 日，我国共有上网计算机约 1 002 万台，其中专线上网计算机 163 万台，拨号上网计算机 839 万台；上网用户约 2 650 万人，其中专线上网的用户人数为 454 万，拨号上网的用户人数为 1 793 万，同时使用专线与拨号的用户人数为 403 万。除计算机外，同时使用其他设备（移动终

端、信息家电)上网的用户人数为 107 万。CN 下注册的域名 128 362 个,WWW 站点 242 739 个,国际出口带宽 3 257 Mbit/s。

8.4.2　Internet 提供的主要服务

Internet 提供的主要服务有万维网(WWW)、文件传输(FTP)、电子邮件(E-mail)、远程登录(Telnet)等。

1.万维网(WWW)

Internet 最激动人心的服务就是 WWW(World Wild Web),它是一个集文本、图像、声音、影像等多种媒体的最大信息发布服务,同时具有交互式服务功能,是目前用户获取信息的最基本手段。Internet 的出现产生了 WWW 服务,WWW 的产生又促进了 Internet 的发展。目前,Internet 上已无法统计 Web 服务器的数量,越来越多的组织机构、企业、团体甚至个人都建立了自己的 Web 站点和页面。

2.文件传输(FTP)

文件传输是指计算机网络上主机之间传送文件,它是在网络通信协议 FTP(File Transfer Protocol)的支持下进行的。

用户一般不希望在远程联机情况下浏览存放在计算机上的文件,更愿意先将这些文件取回到自己计算机中,这样不仅能节省时间和费用,还可以从容地阅读和处理这些取来的文件。Internet 提供的文件服务 FTP 正好能满足用户的这一需求。Internet 网上的两台计算机在地理位置上无论相距多远,只要二者都支持 FTP 协议,网上的用户就能将一台计算机上的文件传送到另一台。

FTP 与 Telnet 类似,也是一种实时的联机服务。使用 FTP 服务,用户首先要登录到对方的计算机上,与远程登录不同的是,用户只能进行与文件搜索和文件传送等有关的操作。使用 FTP 可以传送任何类型的文件,如正文文件、二进制文件、图像文件、声音文件、数据压缩文件等。

普通的 FTP 服务要求用户在登录到远程计算机时提供相应的用户名和口令。许多信息服务机构为方便用户通过网络获取其发布的信息,提供了一种被称为匿名 FTP(Anonymous FTP)的服务。用户在登录到这种 FTP 服务器时无须事先注册或建立用户名与口令,而是以 anonymous 为用户名,一般用自己的电子邮件地址作为口令。

匿名 FTP 是最重要的 Internet 服务之一。许多匿名 FTP 服务器上都有免费的软件、电子杂志、技术文档及科学数据等供人们使用。匿名 FTP 对用户使用权限有一定限制:通常仅允许用户获取文件,而不允许用户修改现有文件或向它传送文件,另外对于用户可以获取的文件范围也有一定限制。为便于用户获取超长的文件或成组的文件,在匿名 FTP 服务器中,文件 预先进行压缩或打包处理。用户在使用这类文件时应具备一定的文件压缩与还原、文件打包与解包等处理能力。

3.电子邮件(E-mail)

电子邮件(Electronic Mail)也称 E-mail,是用户或用户组之间通过计算机网络收发信息的服务。目前,电子邮件已成为网络用户之间快速、简便、可靠且低成本低廉的现代通信手段,也是 Internet 上使用最广泛、最受欢迎的服务之一。

电子邮件使网络用户能够发送或接收文字、图像和语音等多种形式的信息。目前,Internet

网上 60％以上的活动都与电子邮件有关。使用 Internet 提供的电子邮件服务，实际上并不一定需要直接与 Internet 联网，只要通过已与 Internet 联网并提供 Internet 邮件服务的机构收发电子邮件即可。

使用电子邮件服务的前提是拥有自己的电子信箱，一般又称为电子邮件地址（E－Mail Address）。电子信箱是提供电子邮件服务的机构为用户建立的，实际上是该机构在与 Internet 联网的计算机上为用户分配的一个专门用于存放往来邮件的磁盘存储区域，这个区域是由电子邮件系统管理的。

电子邮件系统的特点如下。

（1）方便性。

像使用留言电话那样在自己方便时处理记录下来的请求，通过电子邮件传送文本信息、图像文件、报表和计算机程序等。

（2）广域性。

电子邮件系统具有开放性，许多非 Internet 网上的用户可以通过网关（Gateway）与 Internet 网上的用户交换电子邮件。

（3）廉价性和快捷性。

电子邮件系统采用"存储转发"方式为用户传递电子邮件。在一些 Internet 的通信节点计算机上运行相应的软件，可以使这些计算机充当"邮局"的角色。用户使用的电子邮箱就是建立在这类计算机上的。当用户希望通过 Internet 给某人发送信件时，他先要与为自己提供电子邮件服务的计算机联机，然后将要发送的信件与收信人的电子邮件地址送给电子邮件系统。电子邮件系统会自动将用户的信件通过网络一站一站地送到目的地，整个过程对用户来讲是透明的。

若在传递过程中某个通信站点发现用户给出的收信人电子邮件地址有误而无法继续传递，系统会将原信逐站退回并通知不能送达的原因。当信件送到目的计算机后，该计算机的电子邮件系统就将它放入收信人的电子邮箱中等候用户自行读取。用户只要随时以计算机联机方式打开自己的电子邮箱，便可以查阅自己的邮件了。

通过电子邮件还可访问的信息服务有 FTP、Archie、Gopher、WWW、News、WAIS 等。Internet 网上的许多信息服务中心就提供了这种机制。当用户想向这些信息中心查询资料时，只需要向其指定的电子信箱发送一封含有一系列查询命令的电子邮件，用户就可以获得相应服务。

4.远程登录（Telnet）

Telnet 是 Internet 提供的最基本的信息服务之一，是在网络通信协议 Telnet 的支持下使本地计算机暂时成为远程计算机仿真终端的过程。在远程计算机上登录，必须事先成为该计算机系统的合法用户并拥有相应的账号和口令。登录时，要给出远程计算机的域名或 IP 地址，并按照系统提示输入用户名及口令。登录成功后，用户便可以实时使用该系统对外开放的功能和资源，如共享它的软硬件资源和数据库、使用其提供的 Internet 的信息服务（如 E－mail、FTP、Archie、Gopher、WWW、WAIS 等）等。

Telnet 是一个强有力的资源共享工具。许多大学图书馆都通过 Telnet 对外提供联机检索服务，一些政府部门、研究机构也将它们的数据库对外开放，使用户通过 Telnet 进行查询。

8.4.3　Internet 的通信协议

在所有网络软件中,除网络操作系统外,最重要的莫过于各种各样的网络协议了。网络能有序安全运行的一个很重要原因,就是它遵循一定的规范。也就是说,信息在网络中的传递与人在街上行走一样,也要用规则来约束和规范。网络里的这个规则就是通信协议。换句话说,通信协议是网络社会中信息在网络的计算机之间、网络设备之间及其相互之间"通行"的交通规则。在不同类型的网络中,应用的网络通信协议也是不一样的。虽然这些协议各不相同,各有优缺点,但是所有协议的基本功能或者目的都是一样的,即保证网络上信息能畅通无阻、准确无误地被传输到目的地。通信协议也规定信息交流的方式,信息在哪条通道间交流、什么时间交流、交流什么信息、信息怎样交流,这就是网络中通信协议的几个基本内容。

TCP/IP 是网络中使用的基本的通信协议。虽然从名字上看,TCP/IP 包括两个协议,即传输控制协议(TCP)和网际协议(IP),但 TCP/IP 实际上是一组协议,它包括上百个各种功能的协议,如远程登录、文件传输和电子邮件等,而 TCP 协议和 IP 协议是保证数据完整传输的两个基本的重要协议。TCP/IP 是用于计算机通信的一组协议,通常称它为 TCP/IP 协议族,是20 世纪 70 年代中期美国国防部为其 ARPANET 广域网开发的网络体系结构和协议标准,以它为基础组建的 Internet 是目前国际上规模最大的计算机网络。正因为 Internet 的广泛使用,TCP/IP 成了事实上的标准。之所以说 TCP/IP 是一个协议族,是因为 TCP/IP 协议包括TCP、IP、UDP、ICMP、RIP、TELNETFTP、SMTP、ARP、TFTP 等许多协议,这些协议一起称为 TCP/IP 协议。

8.4.4　IP 地址

1. IP 地址的定义

互联网采用一种全局通用的地址格式,为全网的每一网络和每一台主机都分配唯一的地址,称为 IP 地址。所有使用 IP 的网络装置都必须有至少一个独一无二的 IP 地址。若要让网络装置具有多个 IP 地址,必须有操作系统的支持,如 Windows 2000/NT 支持给同一网卡指派多个 IP 地址。

2. IP 地址的结构

互联网上的每台主机(Host)都有唯一的 IP 地址。IP 协议就是使用这个地址在主机之间传递信息的,这是 Internet 能够运行的基础。IP 地址的长度为 32 位(共有 2^{32} 个 IP 地址),分为4 段,每段 8 位,用十进制数字表示,每段数字范围为 0～255,段与段之间用句点隔开,如 159. 226.1.1。IP 地址可以视为网络标识号码与主机标识号码两部分,因此 IP 地址可分两部分组成:一部分为网络地址;另一部分为主机地址。IP 地址分为 A、B、C、D、E 五类,它们适用的类型分别为大型网络、中型网络、小型网络、多目地址、备用,常用的是 B 和 C 两类。

IP 地址就像家庭住址一样,如果要写信给一个人,就要知道他的地址,这样邮递员才能把信送到。计算机发送信息就好比是邮递员,它必须知道唯一的"家庭地址"才能不把信送错人。只不过人们的地址是用文字来表示的,计算机的地址是用二进制数字来表示的。

众所周知,在电话通信中,电话用户是靠电话号码来识别的。同样,在网络中为区别不同的计算机,也需要给计算机指定一个连网专用号码,这个号码就是 IP 地址。

将 IP 地址分成网络号和主机号两部分,设计者就必须决定每部分包含多少位。网络号的位数直接决定了可以分配的网络数(计算方法是 $2^{网络号位数}-2$)；主机号的位数则决定了网络中最大的主机数(计算方法是 $2^{主机号位数}-2$)。然而，由于整个互联网所包含的网络规模可能比较大，也可能比较小，因此设计者最后选择了一种灵活的方案：将 IP 地址空间划分成不同的类别，每一类具有不同的网络号位数和主机号位数。

3.IP 地址的分类

最初设计互联网络时，为便于寻址及层次化构造网络，每个 IP 地址包括两个标识码(ID)，即网络 ID 和主机 ID。同一个物理网络上的所有主机都使用同一个网络 ID，网络上的一个主机(包括网络上工作站、服务器和路由器等)有一个主机 ID 与其对应。Internet 委员会定义了五种 IP 地址类型以适合不同容量的网络，即 A～E 类。其中，A、B、C 三类由 InternetNIC 在全球范围内统一分配，D、E 类为特殊地址。

(1)A 类 IP 地址。

一个 A 类 IP 地址是指在 IP 地址的四段号码中，第一段号码为网络号码，剩下的三段号码为本地计算机的号码。如果用二进制表示 IP 地址，A 类 IP 地址就由 1 字节的网络地址和 3 字节主机地址组成，网络地址的最高位必须是"0"。A 类 IP 地址中网络的标识长度为 8 位，主机标识的长度为 24 位。A 类网络地址数量较少，可以用于主机数达 1 600 多万台的大型网络。

A 类 IP 地址范围为 1.0.0.0～127.255.255.255(二进制表示为 00000001 00000000000000000 00000000～01111111 11111111 11111111 11111111)。

A 类 IP 地址的子网掩码为 255.0.0.0，每个网络支持的最大主机数为 $256^3-2=$ 16 777 214 台。

(2)B 类 IP 地址。

一个 B 类 IP 地址是指在 IP 地址的四段号码中，前两段号码为网络号码。如果用二进制表示 IP 地址，B 类 IP 地址就由 2 字节的网络地址和 2 字节主机地址组成，网络地址的最高位必须是"10"。B 类 IP 地址中网络的标识长度为 16 位，主机标识的长度为 16 位。B 类网络地址适用于中等规模的网络，每个网络所能容纳的计算机数为 6 万多台。

B 类 IP 地址范围为 128.0.0.0～191.255.255.255(二进制表示为 10000000 00000000 00000000 00000000～10111111 11111111 11111111 11111111)，最后一个是广播地址。

B 类 IP 地址的子网掩码为 255.255.0.0，每个网络支持的最大主机数为 $256^2-2=$ 65 534 台。

(3)C 类 IP 地址。

一个 C 类 IP 地址是指在 IP 地址的四段号码中，前三段号码为网络号码，剩下的 1 段号码为本地计算机的号码。如果用二进制表示 IP 地址，C 类 IP 地址就由 3 字节的网络地址和 1 字节主机地址组成，网络地址的最高位必须是"110"。C 类 IP 地址中网络的标识长度为 24 位，主机标识的长度为 8 位。C 类网络地址数量较多，适用于小规模的局域网络，每个网络最多只能包含 254 台计算机。

C 类 IP 地址范围为 192.0.0.0～223.255.255.255(二进制表示为 11000000 00000000 00000000 00000000～11011111 11111111 11111111 11111111)。

C 类 IP 地址的子网掩码为 255.255.255.0，每个网络支持的最大主机数为 256－2＝254 台。

(4)D 类 IP 地址。

D 类 IP 地址在历史上称为多播地址(multicast address),即组播地址。在以太网中,多播地址命名了一组应该在这个网络中应用接收到一个分组的站点。多播地址的最高位必须是"1110",范围为 224.0.0.0~239.255.255.255。

(5)E 类 IP 地址暂时保留,它的范围是 240.0.0.0~255.255.255.255。E 类 IP 地址用于某些试验和将来使用。

A~E 类 IP 地址格式示意图如图 8-5 所示。

0	网络地址	主机地址	
10	网络地址	主机地址	
110	网络地址	主机地址	
1110	组广播地址		
11110	保留		

A	1.0.0.0~127.255.255.255
B	128.0.0.0~191.255.255.255
C	192.0.0.0~223.255.255.255
D	224.0.0.0~239.255.255.255
E	240.0.0.0~255.255.255.255

图 8-5　A~E 类 IP 地址格式示意图

(6)特殊的网址。

①每一个字节都为 0 的地址("0.0.0.0"),对应于当前主机。

②IP 地址中的每一个字节都为 1 的 IP 地址("255.255.255.255"),是当前子网的广播地址。

③IP 地址中凡是以"11110"开头的 E 类 IP 地址都保留用于将来和实验使用。

④IP 地址中不能以十进制"127"作为开头,该类地址中数字 127.0.0.1~127.255.255.255 用于回路测试。例如,127.0.0.1 可以代表本机 IP 地址,用"http://127.0.0.1"就可以测试本机中配置的 Web 服务器。

⑤网络 ID 的第一个 8 位组也不能全置为"0",全"0"表示本地网络。

8.4.5　Internet 域名机制

1.域名的定义

IP 地址为 Internet 提供了统一的编址方式,直接使用 IP 地址就可以访问 Internet 中的主机。但一般来说,用户很难记住 IP 地址。若能用代表一定含义的字符串来表示主机的地址,每个字符串都有一定的意义,并且书写有一定的规律,这样就很容易理解,而且也容易记忆。因此,提出了域名的概念。

2.域名的结构

Internet 的域名结构是由 TCP/IP 协议集的域名系统(Domain Name System,DNS)定义的。域名系统也与 IP 地址的结构一样,采用的是典型的层次结构,各层次之间用"."作为分隔符,层次从左到右逐级提高,一般格式为计算机名.组织机构名.二级域名.顶级域名。

（1）顶级域名。

顶级域名分为以下两类。

①国家顶级域名（National Top－Level Domain Name，nTLD）。200多个国家都按照ISO3166国家代码分配了顶级域名。例如，中国是cn，美国是us，日本是jp等。

②国际顶级域名（International Top－Level Domain Name，iTLD）。例如，表示工商企业的com、表示网络提供商的net、表示非盈利组织的org等。

大多数域名争议都发生在com的顶级域名下，因为多数公司上网的目的都是为了盈利。为加强域名管理、解决域名资源紧张的问题，Internet协会、Internet分址机构及世界知识产权组织（World Intellectual Property Organization，WIPO）等国际组织经过广泛协商，在三个国际通用顶级域名的基础上新增加了7个国际通用顶级域名：firm（公司企业）、store（销售公司或企业）、web（突出www活动的单位）、arts（突出文化、娱乐活动的单位）、rec（突出消遣、娱乐活动的单位）、info（提供信息服务的单位）、nom（个人），并在世界范围内选择新的注册机构来受理域名注册申请。

（2）二级域名。

二级域名是指顶级域名之下的域名。在国际顶级域名下，它是指域名注册人的网上名称，如ibm、yahoo、microsoft等；在国家顶级域名下，它是表示注册企业类别的符号，如com、edu、gov、net等。

我国在国际互联网络信息中心（Inter NIC）正式注册并运行的顶级域名是cn，这也是我国的一级域名。在顶级域名之下，我国的二级域名又分为类别域名和行政区域名两类。类别域名共六个，包括用于科研机构的ac、用于工商金融企业的com、用于教育机构的edu、用于政府部门的gov、用于互联网络信息中心和运行中心的net、用于非盈利组织的org；而行政区域名有34个，分别对应于我国各省、自治区和直辖市。

（3）三级域名。

三级域名用字母（A～Z，a～z，大小写等）、数字（0～9）和连接符组成，各级域名之间用实点连接，三级域名的长度不能超过20个字符。如无特殊原因，建议采用申请人的英文名（或者缩写）或者汉语拼音名（或者缩写）作为三级域名，以保持域名的清晰性和简洁性。

（4）注册域名。

注册域名需要遵循先申请先注册原则。既然域名是一种有价值的资源，那么它是否能够成为知识产权保护的客体呢？在新的经济环境下，域名所具有的商业意义已远大于其技术意义，成为企业在新的科学技术条件下参与国际市场竞争的重要手段，它不仅代表了企业在网络上的独有的位置，也是企业的产品、服务范围、形象、商誉等的综合体现，是企业无形资产的一部分。同时，域名也是一种智力成果，它是有文字含义的商业性标记，与商标、商号类似，体现了相当的创造性。在域名的构思选择过程中，需要一定的创造性劳动，使得代表自己公司的域名简洁并具有吸引力，以便使公众熟知并对其访问，从而达到扩大企业知名度、促进经营发展的目的。可以说，域名不是简单的标识性符号，而是企业商誉的凝结和知名度的表彰，域名的使用对企业来说具有丰富的内涵，远非简单的"标识"二字可以穷尽。因此，无论学术界还是实际部门，大都倾向于将域名视为企业知识产权客体的一种，而且从世界范围来看，尽管各国立法尚未把域名作为专有权加以保护，但国际域名协调制度是通过世界知识产权组织来制定的，这足以说明人们已经把域名看作知识产权的一部分。

当然,相对于传统的知识产权领域,域名是一种全新的客体,具有其自身的特性。例如,域名的使用是全球范围的,没有传统的严格地域性的限制;域名一经获得即可永久使用,并且无须定期续展;域名在网络上是绝对唯一的,一旦取得注册,其他任何人不得注册、使用相同的域名,因此其专有性也是绝对的;与传统的专利、商标等客体不同,域名非经法定机构注册不得使用;等等。把域名作为知识产权的客体也是科学和可行的,在实践中对于保护企业在网络上的相关合法权益是有利而无害的。

（5）域名与 IP 地址的关系。

主机的 IP 地址和主机的域名必须对应,当用户要与互联网中某台计算机通信时,既可以使用这台计算机的 IP 地址,也可以使用域名。在互联网中,每个域都有各自的域名服务器,由它们负责注册该域内的足迹,即建立本域中有名字的主机与 IP 地址对照表。当该服务器收到域名请求时,将域名解释为对应的 IP 地址,对于本域内未知的域名则回复没有找到向右域名项信息,而对于不属于本域的域名则转发给上级域名服务器去查找对应的 IP 地址。

域名在互联网中的 IP 地址是唯一的,一个 IP 地址可以对应多个域名,而一个域名只能对应一个 IP 地址。

8.4.6　Internet 的接入方式

接入互联网的方式多种多样,一般都是通过提供互联网接入服务的 ISP(Internet Service Provider)接入。主要的接入方式如下。

1.局域网接入

一般单位的局域网都已接入 Internet,局域网用户可通过局域网接入 Internet。局域网接入传输容量较大,可提供高速、高效、安全、稳定的网络连接。现在许多住宅小区也可以利用局域网提供宽带接入。

2.电话拨号接入

电话拨号入网可分为两种:一是个人计算机经过调制解调器和普通模拟电话线,与公用电话网连接;二是个人计算机经过专用终端设备和数字电话线,与综合业务数字网(Integrated ServiceDigital Network,ISDN)连接。通过普通模拟电话拨号入网方式,数据传输能力有限,传输速率较低(最高 56 kbit/s),传输质量不稳,上网时不能使用电话;通过 ISDN 拨号入网方式,信息传输能力强,传输速率较高(128 kbit/s),传输质量可靠,上网时还可使用电话。

3.ADSL 接入

非对称数字用户线路(Asymmetric Digital Subscriber Line,ADSL)是一种新兴的高速通信技术。上行(指从用户电脑端向网络传送信息)速率最高可达 1 Mbit/s,下行(指浏览 www 网页、下载文件)速率最高可达 8 Mbit/s,上网同时可以打电话,而且上网时不需要另交电话费。安装 ADSL 也极其方便快捷,只需在现有电话线上安装 ADSL MODEM 即可使用,用户现有线路无须改动(改动只在交换机房内进行)。

4.Cable Modem 接入

基于有线电视的线缆调制解调器(Cable Modem)接入方式可以达到下行 8 Mbit/s、上行 2 Mbit/s的高速率接入。要实现基于有线电视网络的高速互联网接入业务,还要对现有的 CATV 网络进行相应的改造。基于有线电视网络的高速互联网接入系统有两种信号上行信号传送方式：一种是通过 CATV 网络本身采用上下行信号分频技术来实现；另一种是通过 CATV 网传送下行信号，通过普通电话线路传送上行信号。

8.4.7 Internet 主要术语

1.浏览器

浏览器是指可以显示网页服务器或者文件系统的 HTML 文件内容，并让用户与这些文件交互的一种软件。网页浏览器主要通过 HTTP 协议与网页服务器交互并获取网页，这些网页由 URL 指定，文件格式通常为 HTML，并由 MIME 在 HTTP 协议中指明。一个网页中可以包括多个文档，每个文档都是分别从服务器获取的。大部分的浏览器本身支持除 HTML 外的广泛格式，如 JPEG、PNG、GIF 等图像格式，并且能够扩展支持众多的插件（Plug－Ins）。另外，许多浏览器还支持其他的 URL 类型及其相应的协议，如 FTP、Gopher、HTTPS（HTTP 协议的加密版本）等。HTTP 内容类型和 URL 协议规范允许网页设计者在网页中嵌入图像、动画、视频、声音、流媒体等。个人电脑上常见的网页浏览器包括微软的 Internet Explorer、Mozilla 的 Firefox、Apple 的 Safari、Opera、Google Chrome、GreenBrowser 浏览器、360 安全浏览器、搜狗高速浏览器、腾讯 TT、傲游浏览器、百度浏览器、腾讯 QQ 浏览器等。浏览器是最常用的客户端程序。

2.网页

网页是构成网站的基本元素，是承载各种网站应用的平台。通俗地说，网站就是由网页组成的，如果只有域名和虚拟主机而没有制作任何网页，用户仍旧无法访问网站。

网页是一个文件，它存放在世界某个角落的某一部计算机中，而这部计算机必须是与互联网相连的。网页经由网址（URL）来识别与存取，是万维网（WWW）中的一"页"，是超文本标记语言格式（标准通用标记语言的一个应用，文件扩展名为.html 或.htm）。网页通常用图像档来提供图画。网页要通过网页浏览器来阅读，如图 8－6 所示。网页可以分为静态网页和动态网页。

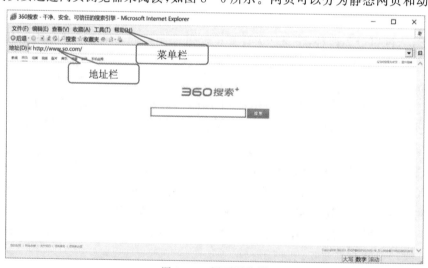

图 8－6　网页浏览器

（1）浏览网页。

浏览网页就是打开要查看的页面，这是在浏览器中最常用的一个功能。例如，访问 360 搜索网页就可以搜索想要的信息。浏览网页时在地址栏中输入网页所在的网址，按 Enter 键或单击地址栏上的"转到"按钮,即可打开这个网站首页或指定页面。

(2)网页保存。

在浏览网页时,可以把浏览的网页保存下来。保存的方法很简单,与保存 Word 文件类似,单击"文件"→"另存为"命令,会弹出"保存网页"对话框,如图 8-7 所示。选择正确的保存类型,单击"保存"按钮即可。

图 8-7　"保存网页"对话框

(3)收藏夹的使用。

浏览器中收藏夹是个很实用的功能,可以把一些常用或重要的网址放在收藏夹内,下次要打开它时只要到收藏夹内单击它即可,这样就省掉了手动记录网址这一过程,让浏览器帮助记录常用或重要的网址。

要把当前浏览的网址放入收藏夹,可单击浏览器上的"收藏夹"菜单,再单击"添加到收藏夹"菜单项,弹出"添加收藏"对话框,如图 8-8 所示。

图 8-8　"添加收藏"对话框

3.主页

主页也称首页或起始页,是用户打开浏览器时默认打开的一个或多个网页。首页也可以指一个网站的入口网页,即打开网站后看到的第一个页面,大多数作为首页的文件名是 index、 default、main 或 portal 加上扩展名。

主页设置方法如下。

一般打开浏览器主页会出现 about:blank，即空白页。为快速找到自己需要的网站，而不用去记住各类网站的网址，需要对浏览器主页进行设置。在常规情况下，设置步骤如下。

（1）打开浏览器"菜单"→"工具"→"Internet 选项"，弹出"Internet 选项"对话框，如图 8－9 所示，点击"常规"→"主页"（框里输入要设为主页的网址），然后单击"应用"或"确定"按钮。关掉浏览器，再打开就是设为主页的网址了。

（2）如果电脑上安装有 360 安全卫士，则以上方法修改可能不成功，原因是 360 把主页给锁定了，这时需要进入 360 安全卫士→系统修复→"主页已锁定"右边的"修改"→在第三个单选按钮文本框中输入自己想要网址，再单击"安全锁定"按钮，主页修改就成功了。可以再次打开浏览器试试看。

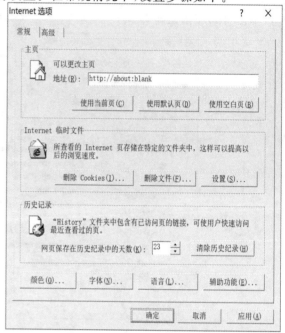

图 8－9 "Internet 选项"对话框

4.统一资源定位器

统一资源定位器（URL）是在 Internet 上查找信息时采用的一种准确定位机制，可以访问 Internet 上任何一台主机或者主机上的文件夹和文件。URL 是一个简单的格式化字符串，它包含有被访问资源的类型、服务器的地址及文件的位置等，又称网址。

统一资源定位器 URL 由四部分组成，它的一般格式是方式://主机名/路径/文件名。

（1）方式。指数据的传输方式，通常称为传输协议，如超文本传输协议 http。

（2）主机名。指计算机的地址，可以是 IP 地址，也可以是域名地址。例如，202.112.144.62 为 IP 地址；www.gb.com.cn 则为域名地址，www 代表计算机名为万维网，gb 代表"金桥"这个组织实体，com 代表这是一个商业机构，cn 代表中国。

一些常见的网址有 www.163.com（网易）、www.sohu.com（搜狐）、www.yahoo.com.cn（雅虎中国）。要想掌握更多的网址，可使用 Internet 上的一些搜索引擎，如雅虎搜索、搜狐搜索等。Google 和百度是方便使用的搜索引擎。

（3）路径。指信息资源在 Web 服务器上的目录。

（4）文件名。指要访问的文件名。

5.下载

上网的主要目的是从网上获得所需要的信息和资源，前面介绍了如何浏览网页以获取信息，那么如何获得所需要的资源呢，也就是如何从网上把我们所需要的软件资源下载下来呢？

从网上下载资源有两种方法：一种是通过浏览器直接下载；另一种是通过下载软件下载。下面分别介绍这两种方法。

（1）直接使用浏览器下载。

浏览器本身提供了一个简单的下载功能，从网页上直接单击要下载的资源，或者右击鼠标在弹出的快捷菜单上选择"目标另存为"，会弹出文件下载的窗口，指定保存位置和保存类型，保存即可。

（2）使用下载软件。

常用的下载软件有迅雷、腾讯 QQ 旋风、快车 3（FlashGet）等，下载软件一般都支持断点续传、多线程下载、多任务下载等功能。下载软件只有安装后才能使用，IE 是 Windows 操作系统自带的，不需要安装。

使用下载软件下载非常简单，用鼠标直接单击要下载的软件，或者用鼠标右键单击要下载的资源，在弹出的快捷菜单中选择相应的下载软件下载。使用迅雷下载资源会弹出图 8－10 所示的"迅雷下载"对话框，在对话框内选择下载文件存放的目录和修改要被下载文件的名称，单击"确定"按钮开始下载。迅雷下载界面如图 8－11 所示。

图 8－10　"迅雷下载"对话框

图 8－11　"迅雷下载"界面

6.超文本

标记语言的真正威力在于其收集能力，它可以将收集来的文档组合成一个完整的信息库，并且可以将文档库与世界上其他文档集合链接起来。这样，读者不仅可以完全控制文档在屏幕上的显示，还可以通过超链接来控制浏览信息的顺序。这就是 HTML 和 XHTML 中的"HT"——超文本（Hypertext），就是它将整个 Web 网络连接起来的。

超文本的基本特征就是可以超链接文档。可以指向其他位置，该位置可以在当前的文档中、在局域网中的其他文档，也可以在互联网上任何位置的文档中，这些文档组成了一个杂乱的信息网。目标文档通常与其来源有某些关联，并且丰富了来源，来源中的链接元素则将这种关系传递给浏览者。

7.超链接

超链接可以用于各种效果。超链接可以用在目录和主题列表中，浏览者可以在浏览器屏幕上单击鼠标或在键盘上按下按键，从而选择并自动跳转到文档中自己感兴趣的那个主题，或跳转到世界上某处完全不同的集合中的某个文档。

超链接还可以向浏览者指出有关文档中某个主题的更多信息，如"如果您想了解更详细的信息，请参阅某某页面。"。作者可以使用超链接来减少重复信息。例如，建议创作者在每个文档中都签署上自己的姓名，这样就可以使用一个将名字和另一个包含地址、电话号码等信息的单独文档链接起来的超链接，而不必在每个文档中都包含完整的联系信息。

超链接（Hyper Text），或者按照标准叫法称为锚（Anchor），是使用 ＜a＞ 标签标记的，可以用两种方式表示：锚的一种类型是在文档中创建一个热点，当用户激活或选中（通常是使用鼠标）这个热点时，会导致浏览器进行链接，浏览器会自动加载并显示同一文档或其他文档中的某个部分，或触发某些与互联网服务相关的操作，如发送电子邮件或下载特殊文件等；锚的另一种类型会在文档中创建一个标记，该标记可以被超链接引用。

还有一些与超链接相关联的鼠标相关事件，这些事件与 JavaScript 结合使用可以产生一些令人激动的效果。

8.4.8 电子邮件基础知识

1.电子邮件简介

电子邮件（标志为@）是一种用电子手段提供信息交换的通信方式，是互联网应用最广的服务。通过网络的电子邮件系统，用户可以以非常低廉的价格（无论发送到哪里，都只需负担网费）、非常快速的方式（几秒钟之内可以发送到世界上任何指定的目的地）与世界上任何一个角落的网络用户联系。

电子邮件可以是文字、图像、声音等多种形式。同时，用户可以得到大量免费的新闻、专题邮件，并实现轻松的信息搜索。电子邮件的存在极大地方便了人与人之间的沟通与交流，促进了社会的发展。

2.电子邮件的工作原理

（1）电子邮件的发送和接收。

电子邮件可以很形象地用日常生活中邮寄包裹来形容：当要寄一个包裹时，首先要找到任何一个有这项业务的邮局，在填写完收件人姓名、地址等之后包裹就寄出；而到了收件人所在地的邮局，对方取包裹的时候就必须去这个邮局才能取出。同样，当发送电子邮件时，这封邮件是由邮件发送服务器（任何一个都可以）发出的，并根据收信人的地址判断对方的邮件接收服务器而将这封信发送到该服务器上，收信人要收取邮件也只能访问这个服务器才能完成。

(2)电子邮件地址的构成。

电子邮件地址的格式由三部分组成。第一部分"USER"代表用户信箱的账号,对于同一个邮件接收服务器来说,这个账号必须是唯一的;第二部分"@"是分隔符;第三部分是用户信箱的邮件接收服务器域名,用以标志其所在的位置。

3.电子邮件的工作过程

(1)电子邮件系统是一种新型的信息系统,是通信技术和计算机技术结合的产物。

电子邮件的传输是通过电子邮件简单传输协议(Simple Mail Transfer Protocol,SMTP)这一系统软件来完成的,它是 Internet 下的一种电子邮件通信协议。

(2)电子邮件的基本原理是在通信网上设立"电子信箱系统",它实际上是一个计算机系统。

系统的硬件是一个高性能、大容量的计算机。硬盘作为信箱的存储介质,在硬盘上为用户分一定的存储空间作为用户的"信箱",每位用户都有属于自己的一个电子信箱,并确定一个用户名和用户可以自己随意修改的口令。存储空间包含存放所收信件、编辑信件及信件存档三部分空间,用户可以使用口令开启自己的信箱,并进行发信、读信、编辑、转发、存档等各种操作。系统功能主要由软件实现。

(3)电子邮件的通信是在信箱之间进行的。

用户首先开启自己的信箱,然后通过键入命令的方式将需要发送的邮件发到对方的信箱中。邮件在信箱之间进行传递和交换,也可以与另一个邮件系统进行传递和交换。收方在取信时,使用特定账号从信箱提取。

电子邮件的工作过程遵循客户－服务器模式。每份电子邮件的发送都要涉及发送方与接收方,发送方构成客户端,而接收方构成服务器,服务器含有众多用户的电子信箱。发送方通过邮件客户程序,将编辑好的电子邮件向邮局服务器(SMTP 服务器)发送。邮局服务器识别接收者的地址,并向管理该地址的邮件服务器(POP3 服务器)发送消息。邮件服务器将消息存放在接收者的电子信箱内,并告知接收者有新邮件到来。接收者通过邮件客户程序连接到服务器后,就会看到服务器的通知,进而打开自己的电子信箱来查收邮件。

通常,Internet 上的个人用户不能直接接收电子邮件,而是通过申请 ISP 主机的一个电子信箱,由 ISP 主机负责电子邮件的接收。一旦有用户的电子邮件到来,ISP 主机就将邮件移到用户的电子信箱内,并通知用户有新邮件。因此,当发送一条电子邮件给一个客户时,电子邮件首先从用户计算机发送到 ISP 主机,再到 Internet,再到收件人的 ISP 主机,最后到收件人的个人计算机。

ISP 主机起着"邮局"的作用,管理着众多用户的电子信箱。每个用户的电子信箱实际上就是用户所申请的账号名。每个用户的电子邮件信箱都要占用 ISP 主机一定容量的硬盘空间,由于这一空间是有限的,因此用户要定期查收和阅读电子信箱中的邮件,以便腾出空间来接收新的邮件。

常见电子邮箱如下：

微软睿邮（微软）	Hotmail mail（微软）	MSN mail（微软）
Gmail（谷歌）	35mail（35 互联）	常用邮箱 LOGO
Yahoo mail（雅虎）	QQ mail（腾讯）	FOXMAIL（腾讯）
163mail（网易）	126 邮箱（网易）	188 邮箱（网易）
21CN 邮箱（世纪龙）	139 邮箱（移动）	189 邮箱（电信）
梦网随心邮	新华邮箱	人民邮箱
中国网邮箱	新浪邮箱	

4.Outlook Express 的使用

Outlook Express（OE）是 Windows 操作系统自带的一个收发邮件的客户端程序。通常，收发邮件是采用 IE 浏览器的方式来进行的，这样就要先登录网页再加载网页信息，而且邮件是放在互联网上而不是在本地端，不能断网操作，收发邮件比较烦琐。利用 OE 就可以很好地解决这些问题。利用 OE 收发邮件不需要登录网页，如果设置好邮件账号，则直接在桌面上单击图标就可以进入邮箱了，收到的邮件放在本地端，即便断网也可以随时查看邮件，使用 OE 可以随时接收新到的邮件。

OE 只是一个方便收发邮件的工具，没有它一样可以用 IE 浏览器收发邮件。要想使用 OE，单击启动或在 OE 中建立一个自己的账户即可。

（1）配置 OE 账户。

下面介绍如何添加一个 OE 账户。

首先，从"开始菜单"→"Outlook 2016"，弹出图 8－12 所示窗口，单击下一步，弹出图 8－13 所示窗口。

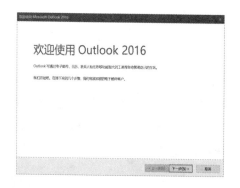

图 8－12　Outlool2016 启动

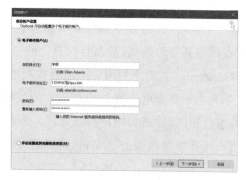

图 8－13　邮件账户配置（1）

在图 8－13 中点击"是"，单击下一步，弹出"添加新账户"窗口。Outlook Express 有三种账户类型：电子邮件账户、短信和其他服务器类型账户，这里主要介绍电子邮件账户的配置管理。选择电子邮件账户，可以输入一个账户名称，在电子邮件地址栏输入已有的电子邮件地址，这个邮件地址必须是已经申请好的，而且这个邮箱所在的服务器要支持 Outlook Express 客户端软件，例如，输入一个腾讯网站的邮箱 1234567@qq.com，输入对应的密码（图 8－14）。

单击"下一步",弹出图 8－15 所示窗口,如果不再添加新用户,单击"完成"即可结束配置,下面就可以从邮箱中接收和发送邮件了。

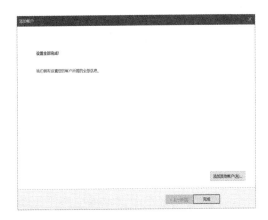

图 8－14　邮件账户配置(2)　　　　　　图 8－15　邮件账户配置(3)

配置成功后,即可启动 Outlook2016,或单击从"开始菜单"→"程序"→"Microsoft Office 2016"→"Microsoft Outlook 2016"同样可以启动 OE,打开图 8－16 所示的 Outlook 窗口。

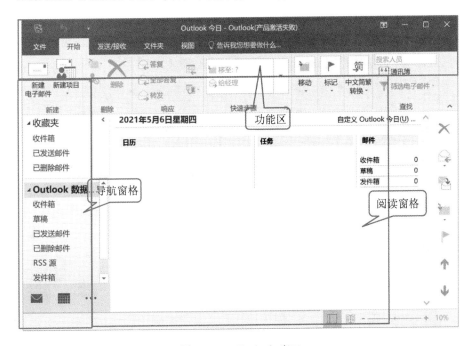

图 8－16　Outlook 窗口

(2)阅读邮件。

默认情况下,Outlook 会将收到的电子邮件放在"收件箱"文件夹中,如图 8－17 所示,并且根据接收日期和时间进行存储。可以看到,发件人、主题、接收时间和日期及邮件大小都会列出来。同时,还要注意以下几点。

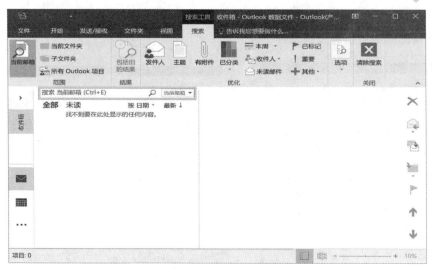

图8-17 "收件箱"文件夹

①尚未阅读的邮件会以粗体显示，并且带有封口的信封图表，如图中的第二封邮件；已经阅读过的邮件以正常字体显示，并且带有打开的信封图标，如图中的第一封邮件。

②如果邮件包含一个或多个附件，将会显示别针图标。

要阅读邮件，可在"收件箱"中单击它，默认情况下邮件会在右侧的"阅读窗格"中打开；也可以双击邮件，在单独的窗口打开。阅读邮件如图8-18所示。

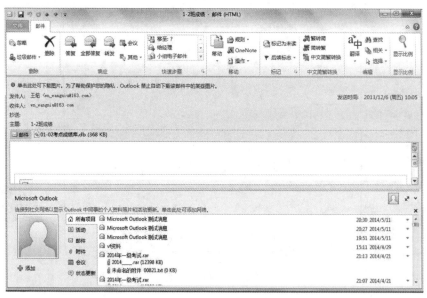

图8-18 阅读邮件

（3）发新邮件。

Outlook在创建和设置电子邮件格式方面非常灵活。然而，通常要做的只是快速创建和发送基本邮件。操作步骤如下。

①单击导航窗格中的"邮件"按钮。

②在"开始"选项卡中单击"新建"→"新建电子邮件"按钮,以创建一个新的空白电子邮件,此时将会显示新建邮件,如图 8-19 所示。

图 8-19　新建邮件

③在"收件人"字段中键入收件人的地址,或者单击"收件人"按钮,从通讯簿中选择收件人。

④在"主题"字段中键入邮件主题。

⑤在邮件窗口的正文区域键入邮件正文。

⑥单击"发送"按钮。

(4)发送附件。

附件是随电子邮件一起发送的文件。当收件人收到邮件时,可将附件保存到磁盘上并打开。无论是传送图片还是其他类型的文档,附件都是传递文档的一种很有用的方式。

关于附件,有几个方面需要注意。

①文件大小。大多数电子邮件账户都对每封电子邮件的大小进行限制。不同账户施加的限制也不一样,但是 10 MB 的限制十分常见。即使账户允许发送较大的附件,收件人的账户也有可能阻止接收它们。

②安全性。某些类型的文件可能会携带病毒,或以其他方式损害计算机。Outlook 和其电子邮件客户端程序会根据扩展名阻止可能有害的附件。例如,可执行程序文件使用.exe 扩展名,Outlook 会阻止它们。

解决这两个问题的一种方法是使用文件存档工具将文件压缩为 ZIP 文件或其他存档格式。压缩不仅可以减小文件大小,而且可以发送原本会被接收端阻止的某些类型的文件。

撰写电子邮件时,可以按以下步骤添加附件。

①如有必要,在邮件窗口中单击功能区的"邮件"选项卡。

②单击"添加"组中的"附件文件"按钮（带有一个别针图标）。Outlook 将打开"插入文件"对话框，这个对话框与打开的保存文件的对话框十分类似。

③如有必要，导航到包含想要附件的文件的文件夹。

④单击要附加的文件名称。附加来自同一文件夹的多个文件，可在单击时按住 Ctrl 键。

⑤单击"插入"按钮。

附加一个或多个文件时，邮件会在标题中显示"附件"栏（图 8－20），该栏中会列出附件文件及其大小。如果改变了主意，不想附加某个文件，可在"附件"框中单击其名称，然后按 Delete 键。

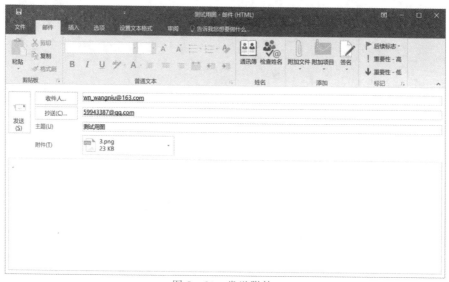

图 8－20　发送附件

Outlook 的默认设置是在程序启动时使用所有账户发送和接收邮件，然后每 30 min 进行一次发送和接收操作。如果想手动发送或接收邮件，可以单击工具栏上的"发送/接收"按钮，或者按 F9 键。

（5）答复和转发邮件。

答复和转发邮件是使用 Outlook 时可以对邮件执行的两个十分有用的操作。打开邮件后，"功能区"的"邮件"选项卡的"响应"组包含三个按钮。如果尚未打开邮件窗口，也可在"开始"选项卡的"响应"组找到这三个按钮。

①答复。

创建新邮件，以发送给最初向你发送邮件的人。默认情况下，新邮件中包含完整的原邮件，而且新邮件的主题为"答复："，后面是原邮件的内容。

②全部答复。

与答复类似，只是新邮件也会发送给原邮件的"收件人"和"抄送"字段中的其他所有人。

③转发。

创建新的、没有收件人地址的邮件。新邮件将引用整个原邮件，包括随原邮件一切发送的附件,并且主题为"转发:",后面是原邮件的主题。

现在就可以编辑新邮件了。

可在邮件正文中添加自己的文本、添加或删除收件人(转发时必须添加至少一个收件人)、添加附件等,完毕后单击"发送"按钮。

单击某个"答复"按钮之前,确认在列表中添加了正确的邮件。

(6)处理收到的附件。

Outlook 允许将附件保存到磁盘,也允许查看附件,而不必在创建它们时使用的应用程序中打开它们。这种查看选项方法对许多附件类型都是可用的,包括大多数图像文件、Word 文档和 Excel 工作簿。

①保存附件。

当收到的邮件包含一个或多个附件时,邮件旁边会显示一个小的别针图标。可用采用以下两种方法来保存附件。

a.在"阅读窗格"中右击附件,选择"另存为",然后使用打开的"保存附件"对话框保存附件。

b.在不打开邮件的情况下保存附件,操作步骤为在"收件箱"(或者任何正在使用的邮件文件夹)中选择邮件,或双击该邮件来打开它,然后在功能区中选择"文件"→"保存附件"命令。Outlook 将打开"保存所有附件"对话框,如图 8-21 所示。

②查看附件。

当收到的邮件包含一个或多个附件时,邮件标题下方会列出这些附件(在阅读窗格和打开的邮件窗口中都是如此),附件名称旁边还会显示一个"邮件"按钮。可以执行以下操作。

图 8-21　"保存所有附件"对话框

a.单击附件名称查看附件。

b.单击"邮件"按钮返回邮件。

③打开附件。

通常,打开附件的方法是将附件保存到磁盘(如前所述),然后启动创建该附件的原应用程序,并像往常一样打开文件。不过,可以通过以下步骤直接在 Outlook 中打开附件。

a.打开邮件,或者在"阅读窗格"中显示它。

b.右击附件名称。

c.从快捷菜单中选择"打开"命令。

对于某些类型文件,Outlook 可能会显示一个警告对话框,询问是打开还是保存文件。单击"打开"按钮,附件将在其原应用程序中打开。

(7)删除邮件。

单击"功能区"中"开始"选项卡的"删除"组中的"删除"按钮来关闭邮件并删除它。

当删除某个文件夹或 Outlook 项目时，并不会立即删除它，相反，它会进入"已删除邮件"文件夹。这是一项安全功能，允许用户在意外删除后可以找回误删除的内容。可以按正常方式删除项目（选中它们并按 Delete 键），也可以通过将项目拖动到"已删除邮件"文件夹来删除它们。

从"已删除邮件"文件夹删除项目时，它就彻底被删掉了。大多数人喜欢通过选中一个或多个项目，然后按 Delete 键手动删除此文件夹中的项目。要删除"已删除邮件"文件夹中的所有项目，可以从"工具"菜单中选择"清空'已删除邮件'"文件夹，也可将 Outlook 设置为在每次退出时自动清空"已删除邮件"文件夹，方法如下。

①选择"文件"→"选项"，打开"Outlook 选项"对话框。

②在左侧的列表中单击"高级"选项卡（图 8—22）。

③选中"退出 Outlook 时清空'已删除邮件'文件夹"。

图 8—22　设置清空"已删除邮件"文件夹选项

8.4.9　搜索引擎

搜索引擎是指根据一定的策略、运用特定的计算机程序从互联网上搜集信息，在对信息进行组织和处理后，为用户提供检索服务，将用户检索相关的信息展示给用户的系统。搜索引擎包括全文索引、目录索引、元搜索引擎、垂直搜索引擎、集合式搜索引擎、门户搜索引擎与免费链接列表等。百度和谷歌等是搜索引擎的代表。

搜索引擎一般由搜索器、索引器、检索器和用户接口四个部分组成。

①搜索器。其功能是在互联网中漫游，发现和搜集信息。

②索引器。其功能是理解搜索器所搜索到的信息，从中抽取出索引项，用于表示文档及生成文档库的索引表。

③检索器。其功能是根据用户的查询在索引库中快速检索文档,进行相关度评价,对将要输出的结果排序,并能按用户的查询需求合理反馈信息。

④用户接口。其作用是接纳用户查询、显示查询结果、提供个性化查询项。

工作原理大致如下。

(1)爬行。

搜索引擎通过一种特定规律的软件跟踪网页的链接,从一个链接爬到另外一个链接,像蜘蛛在蜘蛛网上爬行一样,所以称为“蜘蛛”,也称“机器人”。搜索引擎“蜘蛛”的爬行是被输入了一定的规则的,它需要遵从一些命令或文件的内容。

(2)抓取存储。

搜索引擎是通过“蜘蛛”跟踪链接爬行到网页,并将爬行的数据存入原始页面数据库。其中,页面数据与用户浏览器得到的 HTML 是完全一样的。搜索引擎“蜘蛛”在抓取页面时,也做一定的重复内容检测,一旦遇到权重很低的网站上有大量抄袭、采集或者复制的内容,很可能就不再爬行。

(3)预处理。

搜索引擎将“蜘蛛”抓取回来的页面,进行各种步骤的预处理。

①提取文字。

②中文分词。

③去停止词。

④消除噪音(搜索引擎需要识别并消除这些噪声,如版权声明文字、导航条、广告等)。

⑤正向索引。

⑥倒排索引。

⑦链接关系计算。

⑧特殊文件处理。

除 HTML 文件外,搜索引擎通常还能抓取和索引以文字为基础的多种文件类型,如 PDF、WORD、WPS、XLS、PPT、TXT 文件等。在搜索结果中也经常会看到这些文件类型,但搜索引擎还不能处理图片、视频、Flash 这类非文字内容,也不能执行脚本和程序。

(4)排名。

用户在搜索框输入关键词后,排名程序调用索引库数据,计算排名显示给用户,排名过程与用户直接互动。但是,由于搜索引擎的数据量庞大,因此虽然能达到每日都有小的更新,但是一般情况搜索引擎的排名规则都是根据日、周、月阶段性不同幅度地更新。

国内常用的搜索引擎简介如下。

①百度。百度是中国互联网用户最常用的搜索引擎,每天完成上亿次搜索,也是全球最大的中文搜索引擎。

②谷歌。Google 的使命是整合全球范围的信息,使人人皆可访问并从中受益。

③SOGOU。搜狗是搜狐公司于 2004 年 8 月 3 日推出的全球首个第三代互动式中文搜索

引擎。

④微软必应。2009 年 6 月 1 日，微软新搜索引擎 Bing（必应）中文版上线。测试版必应提供了六个功能：页面搜索、图片搜索、资讯搜索、视频搜索、地图搜索及排行榜。

⑤YAHOO。中国 Yahoo! 全球性搜索技术（Yahoo! Search Technology，YST）是一个涵盖全球 120 多亿网页（其中，雅虎中国为 12 亿）的强大数据库，拥有数十项技术专利、精准运算能力，支持 38 种语言，近 10 000 台服务器，服务全球 50％以上互联网用户的搜索需求。

⑥网易有道搜索。网易自主研发的搜索引擎。目前有道搜索已推出的产品包括网页搜索、博客搜索、图片搜索、新闻搜索、海量词典、桌面词典、工具栏和有道阅读。

⑦新浪搜索。全球最大的中文网络门户，是新浪汇集技术精英、耗时一年多完全自主研发完成的，采用了目前最为领先的智慧型互动搜索技术，充分体现了人性化应用理念，将给网络搜索市场带来前所未有的挑战。

⑧中国搜索。简称中搜，在 2002 年进入中文搜索引擎市场，为全球最大的中文搜索引擎技术供应和服务商之一，曾为新浪、TOM、网易等国内主流门户网站及各地区、各行业上千家中国搜索联盟网站提供搜索引擎技术服务。2004 年，中搜进入个人门户。2006 年，中搜推出个人门户（Internet Gateway，IG），完成了互联网从传统搜索引擎到个人门户的跨越，中搜一举从搜索引擎的推动者转变为个人门户领导者。

⑨TOM 搜索。TOM 最早建立的中国门户网站之一，与谷歌合作建立中文搜索引擎。

8.4.10 文件传输

文件传输（File Transfer）通过一条网络连接从远地站点（Remote Site）向本地主机（Local Host）复制文件。

文件传输的类型有很多种，如 FTP。FTP 是文件传输协议（File Transfer Protocol）的英文简称，其中文简称为"文传协议"，用于 Internet 上的控制文件的双向传输。同时，它也是一个应用程序（Application）。用户可以通过它把自己的 PC 机与世界各地所有运行 FTP 协议的服务器相连，访问服务器上的大量程序和信息。FTP 的主要作用就是让用户连接上一个远程计算机（这些计算机上运行着 FTP 服务器程序），查看远程计算机有哪些文件，然后把文件从远程计算机拷到本地计算机，或把本地计算机的文件送到远程计算机。

远程登录是最早的互联网应用之一，而文件传输则是互联网上第二个开发出来的应用。文件传输是依靠文件传输协议实现的，它的基本思想是客户机利用类似于远程登录的方法登录到 FTP 服务器，然后利用该机文件系统的命令进行操作。事实上，互联网中很多资源都是放在 FTP 服务器中的，如一些试用版软件、完全免费试用的自由软件等，都可以采用 FTP 的方式大批量获取。因此，FTP 服务与万维网服务在互联网应用领域中都占据了重要的地位。

常用的文件传输工具如下。

1.Uploadify

Uploadify 针对 jQuery 的免费文件上传插件，可以轻松将单个或多个文件上传到网站上，可控制并发上传的文件数，通过接口参数和 CSS 控制外观。Web 服务器需支持 flash 和后端开发语言。

2.Fancy Upload

由 CSS 和 XHTML 编写样式的 Ajax 文件上传工具,安装简便,服务器独立,由 MooTools 模块驱动,可以在任何现代浏览器上使用。

3.Aurigma Upload Suite(Image Uploader)

这是一个不限大小、不限格式的文件/图片批量上传工具,是收费控件。它支持云端存储和客户端文件处理,支持断点续传,稳定可靠。从 8.0.8 版本开始,Image Uploader 将名称改为 Aurigma Upload Suite。

4.Multiple File Upload — JQuery

Multiple File Upload—JQuery 是 JQuery JavaScript 库的多文件上传插件,在帮助用户选择多个文件同时上传,还可以识别一些简单的错误。

5.Mootool based Multiple file uploader

这是一个基于 MooTools 的轻量级多文件上传工具,只有 2.5 KB。有一些简单的 CSS、一个 HTML 示例文件和一个 readme。

6.Ajax File Upload

顾名思义,这是一个 Ajax 文件上传工具,是由 yvind Saltvik 创建的 Ajax Upload 的黑客版。它简化了 HTML 文档的遍历、处理事件和执行动画,并添加 Ajax 交互到 Web 页面。

7.File upload progress bars with PHP

上传文件时,通过 PHP 5.2.x 的 file upload hooks 生成进度条。

8.Create An Ajax Style File Upload

这个一个 Ajax 版本的文件上传工具,操作简单。使用 Iframe 上传文件,页面无刷新,上传文件时会显示一个进度条。

9.Styling inputs with css and dom

这是一个样式文件输入工具,提供标记、CSS 和 JavaScript,旨在解决设计师无法精细的表达设计思想的问题,支持 IE 5.5＋、Firefox 1.5＋和 Safari 2＋。

10.jQ Uploader

这也是一个 jQuery 插件,界面上有进度条和百分比,可以在菜单中用 HTML 代码直接定义,如最大文件尺寸。

8.5　网络安全

8.5.1　网络安全的概念与特征

网络安全指网络系统的硬件、软件及其系统中的数据受到保护,不因偶然的或者恶意的原因而遭到破坏、更改、泄露,系统连续可靠正常地运行,网络服务不中断。网络安全包含网络设备安全、网络信息安全、网络软件安全。从广义来说,凡是涉及网络上信息的保密性、完整性、可用性、真实性和可控性的相关技术和理论都是网络安全的研究领域。网络安全是一门涉及计算

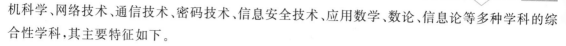

机科学、网络技术、通信技术、密码技术、信息安全技术、应用数学、数论、信息论等多种学科的综合性学科，其主要特征如下。

1.保密性

信息不泄露给非授权用户、实体或过程，或供其利用的特性。

2.完整性

据未经授权不能进行改变的特性，即信息在存储或传输过程中保持不被修改、不被破坏和丢失的特性。

3.可用性

可被授权实体访问并按需求使用的特性，即当需要时能否存取所需的信息。网络环境下拒绝服务、破坏网络和有关系统的正常运行等都属于对可用性的攻击。

4.可控性

对信息的传播及内容具有控制能力。

5.可审查性

出现安全问题时提供依据与手段。

从网络运行和管理者角度说，希望对本地网络信息的访问、读写等操作受到保护和控制，避免出现"陷门"、病毒、非法存取、拒绝服务和网络资源非法占用和非法控制等威胁，制止和防御网络黑客的攻击。对安全保密部门来说，希望对非法的、有害的或涉及国家机密的信息进行过滤和防堵，避免机要信息泄露，避免对社会产生危害，对国家造成巨大损失。从社会教育和意识形态角度来说，网络上不健康的内容会对社会的稳定和人类的发展造成阻碍，必须对其进行控制。

随着计算机技术的迅速发展，在计算机上处理的业务也由基于单机的数学运算、文件处理、基于简单连接的内部网络的内部业务处理、办公自动化等发展到基于复杂的内部网（Intranet）、企业外部网（Extranet）、全球互联网（Internet）的企业级计算机处理系统和世界范围内的信息共享和业务处理。

在系统处理能力提高的同时，系统的连接能力也在不断的提高。但在连接能力信息、流通能力提高的同时，基于网络连接的安全问题也日益突出。整体的网络安全主要表现在以下几个方面：网络的物理安全、网络拓扑结构安全、网络系统安全、应用系统安全和网络管理的安全等。

计算机安全问题应该像每家每户的防火防盗问题一样，做到防范于未然。

8.5.2　网络黑客和防火墙的概念

1.网络黑客

Jargon File 中对"黑客"一词给出了很多个定义，大部分定义都涉及高超的编程技术、强烈的解决问题和克服限制的欲望。如果想成为一名黑客，那么态度和技术是十分重要的。长久以来，存在一个专家级程序员和网络高手的共享文化社群，其历史可以追溯到几十年前第一台分时共享的小型机和最早的 ARPAnet 实验时期，这个文化的参与者们创造了"黑客"这个词。

黑客们建起了 Internet，使 Unix 操作系统成为今天的样子。黑客们搭起了 Usenet，让万维网正常运转。

黑客精神并不仅局限于软件黑客文化圈中。有些人同样以黑客态度对待其他事情,如电子和音乐。事实上,可以在任何较高级别的科学和艺术中发现黑客态度。软件黑客们识别出这些在其他领域的同类并把他们也称为黑客——有人宣称黑客实际上是独立于他们工作领域的。本书将注意力集中在软件黑客的技术和态度。

另外还有一群人,他们大声嚷嚷着自己是黑客,实际上他们却只是一些蓄意破坏计算机和电话系统的人。真正的黑客把这些人称为骇客(Cracker),并不屑与之为伍。多数真正的黑客认为骇客们是些不负责任的懒家伙,还没什么大本事。专门以破坏别人安全为目的的行为并不能使你成为一名黑客,正如拿根铁丝能打开汽车并不能使你成为一个汽车工程师。不幸的是,很多记者和作家往往错把骇客当成黑客。二者根本的区别是:黑客们建设,而骇客们破坏。

2.防火墙

防火墙指的是一个由软件和硬件设备组合而成,在内部网和外部网之间、专用网与公共网之间的界面上构造的保护屏障,是一种获取安全性方法的形象说法。它是一种计算机硬件和软件的结合,使 Internet 与 Intranet 之间建立起一个安全网关(Security Gateway),从而保护内部网免受非法用户的侵入。防火墙主要由服务访问规则、验证工具、包过滤和应用网关四个部分组成。防火墙就是一个位于计算机和它所连接的网络之间的软件或硬件,该计算机流入流出的所有网络通信和数据包均要经过此防火墙。

在网络中,防火墙是指一种将内部网和公众访问网(如 Internet)分开的方法,它实际上是一种隔离技术。防火墙是在两个网络通信时执行的一种访问控制尺度,它能允许"同意"的人和数据进入网络,同时将"不同意"的人和数据拒之门外,最大限度地阻止网络中的黑客来访问网络。换句话说,如果不通过防火墙,公司内部的人就无法访问 Internet,Internet 上的人也无法和公司内部的人进行通信。

防火墙从诞生开始,已经历了四个发展阶段:基于路由器的防火墙、用户化的防火墙工具套、建立在通用操作系统上的防火墙、具有安全操作系统的防火墙。常见的防火墙属于具有安全操作系统的防火墙,如 NETEYE、NETSCREEN、TALENTIT 等。

8.6　计算机技术与网络技术的最新发展

8.6.1　物联网的基本概念

物联网是新一代信息技术的重要组成部分,其英文名称是 The Internet of Things。顾名思义,物联网就是物物相连的互联网。这句话有两层意思:其一,物联网的核心和基础仍然是互联网,是在互联网基础上的延伸和扩展的网络;其二,其用户端延伸和扩展到了任何物品与物品之间,进行信息交换和通信。物联网通过智能感知、识别技术与普适计算,广泛应用于网络的融合中,也因此称为继计算机、互联网之后世界信息产业发展的第三次浪潮。物联网是互联网的应用拓展,与其说物联网是网络,不如说物联网是业务和应用。因此,应用创新是物联网发展的核心,以用户体验为核心的创新 2.0 是物联网发展的灵魂。

物联网是利用局部网络或互联网等通信技术把传感器、控制器、机器、人员和物品等通过新的方式联在一起，形成人与物、物与物相联，实现信息化、远程管理控制和智能化的网络。物联网是互联网的延伸，它包括互联网及互联网上所有的资源，兼容互联网所有的应用，但物联网中所有的元素（所有的设备、资源及通信等）都是个性化和私有化的。

1.在物联网应用中有三项关键技术

（1）传感器技术。也是计算机应用中的关键技术。众所周知，到目前为止，绝大部分计算机处理的都是数字信号，自从有计算机以来就需要通过传感器把模拟信号转换成数字信号，计算机才能处理。

（2）RFID 标签。也是一种传感器技术。RFID 技术是融合了无线射频技术和嵌入式技术为一体的综合技术，在自动识别、物品物流管理有着广阔的应用前景。

（3）嵌入式系统技术。是综合了计算机软硬件、传感器技术、集成电路技术、电子应用技术的复杂技术。经过几十年的演变，以嵌入式系统为特征的智能终端产品随处可见，小到人们身边的 MP3，大到航天航空的卫星系统都包含嵌入式系统。嵌入式系统正在改变着人们的生活，推动着工业生产及国防工业的发展。如果把物联网比喻为人体，则传感器相当于人的眼睛、鼻子、皮肤等感官，网络就是用来传递信息的神经系统，嵌入式系统就是人的大脑，在接收到信息后要进行分类处理。这个例子很形象地描述了传感器、嵌入式系统在物联网中的位置与作用。

2.根据其实质用途可以归结为三种基本应用模式

（1）对象的智能标签。通过 NFC、二维码、RFID 等技术标识特定的对象，用于区分对象个体。例如，在生活中使用的各种智能卡、条码标签的基本用途就是用来获得对象的识别信息；通过智能标签还可以获得对象物品所包含的扩展信息，智能卡上的金额余额、二维码中所包含的网址和名称等。

（2）对象的智能控制。物联网基于云计算平台和智能网络，可以依据传感器网络用获取的数据进行决策，改变对象的行为进行控制和反馈。例如，根据光线的强弱调整路灯的亮度，根据车辆的流量自动调整红绿灯间隔等。

（3）物联网用途广泛，遍及智能交通、环境保护、政府工作、公共安全、平安家居、智能消防、工业监测、环境监测、路灯照明管控、景观照明管控、楼宇照明管控、广场照明管控、老人护理、个人健康、花卉栽培、水系监测、食品溯源、敌情侦查和情报搜集等多个领域。

3.物联网的发展趋势

物联网将是下一个推动世界高速发展的"重要生产力"，是继通信网之后的另一个万亿级市场。

物联网一方面可以提高经济效益，大大节约成本；另一方面可以为全球经济的复苏提供技术动力。美国、欧盟等都在投入巨资深入研究探索物联网，我国也正在高度关注、重视物联网的研究，工业和信息化部会同有关部门在新一代信息技术方面正在开展研究，以形成支持新一代信息技术发展的政策措施。

物联网普及以后,用于动物、植物和机器、物品的传感器与电子标签及配套的接口装置的数量将大大超过手机的数量。物联网的推广将会成为推进经济发展的又一个驱动器,为产业开拓又一个潜力无穷的发展机会。按照对物联网的需求,需要按亿计的传感器和电子标签,这将大大推进信息技术元件的生产,同时增加大量的就业机会。

物联网产品服务智能家居、交通物流、环境保护、公共安全、智能消防、工业监测、个人健康等各种领域,构建了"质量好、技术优、专业性强,成本低,满足客户需求"的综合优势,持续为客户提供有竞争力的产品和服务。物联网产业是当今世界经济和科技发展的战略制高点之一。据了解,2011 年,全国物联网产业规模超过了 2 500 亿元,预计 2015 年将超过 5 000 亿元。

8.6.2　云计算的基本概念。

云计算(Cloud Computing)是基于互联网的相关服务的增加、使用和交付模式,通常涉及通过互联网来提供动态易扩展且经常是虚拟化的资源。云是网络、互联网的一种比喻说法,过去在图中往往用云来表示电信网,后来也用来表示互联网和底层基础设施。

对云计算的定义有多种说法。对于到底什么是云计算,至少可以找到 100 种解释。目前广为接受的是中国云计算专家咨询委员会副主任、秘书长刘鹏教授,著云台团队给出的定义:"云计算是通过网络提供可伸缩的廉价的分布式计算能力。"云计算代表了以虚拟化技术为核心、以低成本为目标的动态可扩展网络应用基础设施,是近年来最有代表性的网络计算技术与模式。

云计算使计算分布在大量的分布式计算机上,而非本地计算机或远程服务器中,企业数据中心的运行将与互联网更相似,这使得企业能够将资源切换到需要的应用上,根据需求访问计算机和存储系统。就像是从古老的单台发电机模式转向了电厂集中供电的模式,这意味着计算能力也可以作为一种商品进行流通,像煤气、水电一样,取用方便,费用低廉。最大的不同在于,它是通过互联网进行传输的。

云计算可以认为包括以下几个层次的服务:基础设施级服务(IaaS)、平台级服务(PaaS)和软件级服务(SaaS)。

8.6.3　大数据技术的基本概念

大数据(Big Data)又称巨量资料,指的是所涉及的资料量规模巨大到无法通过目前主流软件工具,在合理时间内达到撷取、管理、处理并整理成为帮助企业经营决策更积极目的的资讯(在维克托·迈尔-舍恩伯格及肯尼斯·库克耶编写的《大数据时代》中,大数据指不用随机分析法(抽样调查)这样的捷径,而采用所有数据的方法)。大数据的 4V 特点分别为 Volume(大量)、Velocity(高速)、Variety(多样)、Value(价值)。

大数据的四个特点有四个层面:第一,数据体量巨大,从 TB 级别跃升到 PB 级别;第二,数据类型繁多,如前文提到的网络日志、视频、图片、地理位置信息等;第三,价值密度低,商业价值高,以视频为例,连续不间断监控过程中,可能有用的数据仅仅有一两秒;第四,处理速度快,1秒定律。最后这一点也是大数据和传统的数据挖掘技术本质的不同。

8.6.4　3D 打印技术的基本概念

3D 打印,即快速成型技术的一种,是一种以数字模型文件为基础,运用粉末状金属或塑料等可黏合材料,通过逐层打印的方式来构造物体的技术。

3D打印通常是采用数字技术材料打印机来实现的,常在模具制造、工业设计等领域被用于制造模型,后逐渐用于一些产品的直接制造,已经有使用这种技术打印而成的零部件。该技术在珠宝、鞋类、工业设计、建筑、工程和施工、汽车、航空航天、牙科和医疗产业、教育、地理信息系统、土木工程、枪支以及其他领域都有所应用。

日常生活中使用的普通打印机可以打印电脑设计的平面物品,而3D打印机可以打印立体物体。3D打印机与普通打印机工作原理基本相同,只是打印材料不同:普通打印机的打印材料是墨水和纸张,而3D打印机内装有金属、陶瓷、塑料、砂等不同的打印材料,是实实在在的原材料。打印机与电脑连接后,通过电脑控制可以把打印材料一层层叠加起来,最终把计算机上的蓝图变成实物。通俗地说,3D打印机是可以打印出真实的3D物体的一种设备,如打印一个机器人、打印玩具车、打印各种模型甚至是食物等。之所以通俗地称其为打印机,是因为其参照了普通打印机的技术原理,分层加工的过程与喷墨打印十分相似。这项打印技术称为3D立体打印技术。3D打印存在着许多不同的技术,它们的不同之处在于以可用的材料的方式,并以不同层构建创建部件。3D打印常用的材料有尼龙玻纤、耐用性尼龙材料、石膏材料、铝材料、钛合金、不锈钢、镀银、镀金、橡胶类材料等。

8.6.5　移动终端的基本知识

移动终端(或称移动通信终端)是指可以在移动中使用的计算机设备,广义地讲包括手机、笔记本、平板电脑、POS机甚至包括车载电脑,但是大部分情况下是指手机或者具有多种应用功能的智能手机及平板电脑。随着网络和技术朝着越来越宽带化的方向的发展,移动通信产业将走向真正的移动信息时代。另外,随着集成电路技术的飞速发展,移动终端的处理能力已经拥有了强大的处理能力,移动终端正在从简单的通话工具变为一个综合信息处理平台,这也给移动终端增加了更加宽广的发展空间。

1.移动终端可分为有线、无线、智能三大类

(1)有线可移动终端。指U盘、移动硬盘等需要用数据线和电脑连接的设备。

(2)无线移动终端。指利用无线传输协议来提供无线连接的模块,最常见的是手机等。

终端这个词可以这样理解:消费者购买了某个产品,那他就是这个产品的消费终端。用电脑登陆某服务器,终端就是个人电脑。通过手机使用了某服务运营商的网络,终端就是手机。

(3)移动智能终端。配备进口激光扫描引擎、高速CPU处理器、正版WINCE5.0操作系统,具备超级防水、防摔及抗压能力。

2.主要应用领域

(1)物流快递。

可用在收派员运单数据采集、中转场/仓库数据采集,通过扫描快件条码的方式将运单信息通过3G模块直接传输到后台服务器,同时可实现相关业务信息的查询等功能。

(2)物流配送。

典型的有烟草配送、仓库盘点、邮政配送,值得开发的有各大日用品生产制造商的终端配送、药品配送、大工厂的厂内物流、物流公司仓库到仓库的运输。

(3)连锁店/门店/专柜数据采集。

用于店铺的进、销、存、盘、调、退、订和会员管理等数据的采集和传输,还可实现门店的库存

盘点。

（4）鞋服订货会。

用于鞋服行业无线订货会，基于 Wi-Fi 无线通信技术，通过销邦 PDA 手持终端扫描条码的方式进行现场订货，将订单数据无线传至后台订货会系统，同时可实现查询、统计及分析功能。

（5）卡片管理。

用于管理各种 IC 卡和非接触式 IC 卡，如身份卡、会员卡等。顾名思义，卡片管理就是管理各种接触式/非接触式 IC 卡，所以其使用的扫描枪主要的扩展功能为接触式/非接触式 IC 卡读写。

（6）票据管理。

用于影院门票、火车票、景区门票等检票单元的数据采集。

8.6.6　计算思维

计算思维是运用计算机科学的基础概念进行问题求解、系统设计及人类行为理解等涵盖计算机科学广度的一系列思维活动。

计算思维吸取了问题解决所采用的一般数学思维方法、现实世界中巨大复杂系统的设计与评估的一般工程思维方法，以及复杂性、智能、心理、人类行为的理解等的一般科学思维方法。

1.优点

计算思维建立在计算过程的能力和限制之上，由机器执行。计算方法和模型使人们敢于去处理那些原本无法由个人独立完成的问题求解和系统设计。

2.内容

计算思维中的抽象完全超越物理的时空观，并完全用符号来表示。其中，数字抽象只是一类特例。

与数学和物理科学相比，计算思维中的抽象显得更为丰富，也更为复杂。数学抽象的最大特点是抛开现实事物的物理、化学和生物学等特性，仅保留其量的关系和空间的形式；而计算思维中的抽象却不仅仅如此。

许多人将计算机科学等同于计算机编程。有些家长为他们主修计算机科学的孩子看到的只是一个狭窄的就业范围。许多人认为计算机科学的基础研究已经完成，剩下的只是工程问题。当行动起来去改变这一领域的社会形象时，计算思维就是一个引导着计算机教育家、研究者和实践者的宏大愿景。特别需要抓住尚未进入大学之前的听众，包括老师、父母和学生，向他们传送下面两个主要信息。

智力上的挑战和引人入胜的科学问题依旧亟待理解和解决，这些问题和解答仅仅受限于自己的好奇心和创造力。一个人可以主修计算机科学，接着从事医学、法律、商业、政治，以及任何类型的科学和工程，甚至艺术工作。

计算机科学的教授应当为大学新生开一门"怎么像计算机科学家一样思维"的课程，面向所有专业，而不仅是计算机科学专业的学生。应当使进入大学之前的学生接触计算的方法和模型，应当设法激发公众对计算机领域科学探索的兴趣，而不是悲叹对其兴趣的衰落或者哀泣其研究经费的下降。因此，应当传播计算机科学的快乐、崇高和力量，致力于使计算思维成为常识。

参 考 文 献

［1］　尤霞光.计算机文化基础应用教程（Windows 7＋Office 2010）［M］.北京：机械工业出版社,2015.

［2］　李秀等.计算机文化基础［M］.5 版.北京：清华大学出版社,2017.

［3］　计算机文化基础［M］.北京：机械工业出版社,2011.

［4］　刘瑞新.计算机组装与维护［M］.北京：机械工业出版社,2015.

［5］　刘晨,张滨.黑客与网络安全［M］.北京：航空工业出版社,2019.